迷宫程序设计

Mazes for Programmers

Code Your Own Twisty Little Passages

[美] Jamis Buck 著

卢俊祥 译

華中科技大學出版社
http://press.hust.edu.cn
中国 · 武汉

图书在版编目(CIP)数据

迷宫程序设计 / (美) 贾米斯 · 巴克 (Jamis Buck) 著 ; 卢俊祥 译. -- 武汉 : 华中科技大学出版社, 2024.4
ISBN 978-7-5772-0651-6

Ⅰ. ①迷… Ⅱ. ①贾… ②卢… Ⅲ. ①游戏程序 – 程序设计 Ⅳ. ①TP317.6

中国国家版本馆CIP数据核字(2024)第071175号

Mazes for Programmers: Code Your Own Twisty Little Passages

湖北省版权局著作权合同登记 图字：17-2024-013号

书　　名 **迷宫程序设计**
　　　　 Migong Chengxu Sheji
作　　者 [美] Jamis Buck
译　　者 卢俊祥

策划编辑 徐定翔
责任编辑 徐定翔
责任监印 周治超

出版发行 华中科技大学出版社（中国 · 武汉）　电话：(027)81321913
　　　　 武汉市东湖新技术开发区华工科技园　邮编：430223
录　　排 武汉东橙品牌策划设计有限公司
印　　刷 湖北新华印务有限公司
开　　本 787mm x 960mm 1/16
印　　张 20
字　　数 290千字
版　　次 2024年4月第1版第1次印刷
定　　价 99.90元

前言
Introduction

迷宫无处不在。从老鼠四处寻觅奶酪的心理学实验，到机器人演示，再到电影（《迷宫》）和电子游戏（《吃豆人》《塞尔达传说》《毁灭战士》），乃至你用手指和铅笔玩的书里的迷宫，几乎可以肯定你一定遇到过迷宫。

本书不是解决迷宫的大全，而是更加令人兴奋的东西。这是一部赋予你灵感的思想秘籍。

你将学习生成自己的迷宫——随机的迷宫，独一无二，每一个都与众不同。阅读本书将是一次发现之旅，在登上山峰前，你永远不知道会发现什么。

本书利用现有软件工程知识生成各种形状和大小的迷宫。我们将制作正方形、圆形、三角形和六边形迷宫，将迷宫放在圆柱体、立方体、球体甚至莫比乌斯环上。还会把迷宫延展到其他维度、挤压成任意形状，并对迷宫进行交织、编排、打印和折叠等各种处理。

阅读本书，你会发现自己时刻都能迸发出思想的火花，这也许是解决程序员迟钝、倦怠、沮丧的最有效方法。

关于本书
About This Book

本书分为四个部分，介绍了十几种迷宫生成方法，涉及许多有趣的内容。

第一部分介绍一些基本技术，以及实现网格的基础知识。你将了解Dijkstra算法，用它来生成迷宫、深入了解隐藏在迷宫中的结构和模式。到第5章结束时，我们将学到六种生成弯曲小通道的方法。

第二部分将展示一些令人兴奋的方法来改变前五章的迷宫，将迷宫放入任意轮廓，将迷宫径向构建成圆形。同时将探索六边形和三角形等网格样式，甚至通过构建相互交织的通道来尝试3D迷宫。

第三部分介绍其余六种迷宫生成方法，包括一些改变算法的技巧，以生成交织密集的通道、房间，甚至无限长的迷宫。

最后，第四部分展示如何构建多维迷宫。我们将看到如何在迷宫的不同层之间添加上下移动的通道，甚至学习在3D对象（如立方体和球体）的表面生成迷宫的方法。

本书不涉及的内容 What This Book Isn't

本书找不出任何数学证明。虽然迷宫和迷宫算法背后肯定有强大的数学基础作为支撑，但我们无需了解这些内容，即可开始享受生成迷宫的乐趣。

我竭力避免使用数学术语描述算法。如果你喜欢数学，或者决定进一步学习图论，那就去学吧！这只会让你的学习主题更加丰富。

但是，制作随机迷宫并不需要这些知识。

读者对象 Who This Book Is For

如果你以前写过软件，那么这本书就适合你。你不需要拥有计算机科学学位，甚至不需要发布过任何大型软件项目——你只需要熟悉简单的编程概念。

也许你是一名游戏设计师。无论你的游戏复杂还是简单，迷宫都可以在其中发挥作用。任天堂的《塞尔达传说》，id Software 的《毁灭战士》都隐式地使用了迷宫。其他游戏，例如南梦宫的《吃豆人》，其中的迷宫是完全可见的，它的作用与其说是谜题，不如说是障碍。Will Crowther 的《巨洞冒险》使用迷宫发明了完整的互动文字游戏类型。

如果你是程序员——无论是业余爱好者还是专业人士，通常都非常喜欢学习和实现随机迷宫这样的算法。理解这些算法并将其变为现实是一个巨大挑战，沉浸其中，你会获得大量的满足感。

即使你不属于上述任何一种角色，也有可能发现迷宫算法的价值。我发现，适度的挑战和视觉上的吸引力可以非常有效地对抗倦怠和“程序员躺平症”。每天花点时间来摆弄一些不同算法，可以让头脑保持清新和灵活。这是很棒的大脑锻炼！

如何阅读
How to Read This Book

如何阅读本书在很大程度上取决于你之前生成随机迷宫的经验。

如果你以前从未生成过迷宫，那么应该从第 1 章开始，按顺序阅读这本书。这些主题彼此相关，从基础的概念和项目开始，逐渐深入。

如果你之前构建过随机迷宫，可能会对实际使用更感兴趣。你可以浏览第 2 章，熟悉示例使用的特定网格系统，然后跳到第 6 章、第 8 章。

如果你是迷宫算法高手，可以直接跳到附录 A，了解不同算法的概述，然后阅读特定章节，了解你不熟悉的内容。

每章末尾给出了练习建议，供你练习与探索。利用好这些内容，或者自己找一些探索项目。看看自己能做到何种程度！

关于代码
About the Code

本书的示例代码都是用 Ruby[1]写的，但也完全可以用 Python、C、Java、C#或任何其他语言实现。我希望这些示例写得足够清楚，即使大家不熟悉 Ruby，也能一目了然。无论 Ruby 是否适合你，这本书都有足够的试验空间。

如果你打算使用 Ruby，请用 2.1 或更高版本的 Ruby，因为这些示例不能完全在早期 Ruby 版本上运行。

所有示例代码都可以从本书网站[2]下载。如果你不想重新实现整个网格框架，可以下载现成代码，不过逐行写代码无疑是最有效的学习方式！

在线资源
Online Resources

本书网站上有社区论坛，可以在其中提问，发表评论和建议，还可以提交勘误。

网上还有各种迷宫算法资源，Walter Pullen 的 Think Labyrinth!（迷宫思考）站点[3]上有大量内容，涉及各种算法、迷宫分析，以及大大小小的迷宫样例。我的博客[4]上也有一系列算法文章，并用动画来展示工作方式。如果你喜欢算法可视化，Mike Bostock 写了一篇好文章（包括一些迷宫算法）[5]。这些资源都非常棒！

搜索引擎将是你的好朋友。看看你还能找到什么！

Jamis Buck

2015 年 7 月

---

1 http://www.ruby-lang.org
2 https://pragprog.com/book/jbmaze/mazes-for-programmers
3 http://www.astrolog.org/labyrnth.htm
4 http://weblog.jamisbuck.org/2011/2/7/maze-generation-algorithm-recap
5 http://bost.ocks.org/mike/algorithms/

目录

Table of Contents

第一部分 基础

第二部分 进阶

第三部分 更多的算法

第四部分 形状与表面

第 1 章 学画随机迷宫 Your First Random Mazes

从旁观者角度看，制作迷宫似乎很神奇，但别被骗了，个中并没有魔法。从此刻开始，我们将逐步揭开迷宫生成过程的神秘面纱，让迷宫表面之下的脚手架在我们面前一览无遗。我们还将具体讨论迷宫到底是什么，然后用两种简单方法来创建迷宫，用纸和铅笔来剖析它。

后面会很精彩，但起步的时候还是简单点为好。我们先从介绍算法开始。

我们将专注于那些随机产生迷宫的算法。通过从指定的可能性列表中随机选择，我们将确定通道长度、死角数量、交叉路口出现频率以及通道分支出现频率。

生成迷宫没有通用的理想算法，因此本书将探索十二种不同的迷宫。我们将学习如何根据项目需求在它们之间做选择，例如速度、内存效率或简单性（甚至是个人的审美观）。最重要的是，大多数算法都有一些小特质，导致生成的迷宫共享一些特征，比如短粗的通道，或者通道都偏向某个方向。

我们也会探索这些内容。

读完本书，你将成为专家，能够在这些不同算法间灵活切换，为工作选择合适算法。你会在不知不觉中就实现了算法代码。

不过，让我们先用纸笔做点事情。

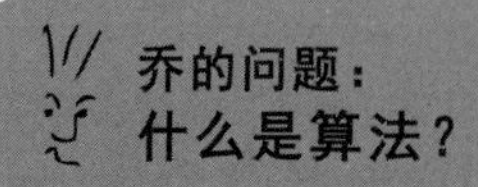

乔的问题：
什么是算法？

算法是对过程的描述。就像食谱中的某个烹饪方法一样，它会告诉我们完成某些任务需要采取哪些步骤。任何任务，都有对应算法。如果千层饼是目标，那么制作千层饼的步骤就是我们用的算法。无论是整理床铺，还是开车上班，都可以描述为一系列步骤。还有更多的算法！算法可以用来发射火箭、降落飞机、驾驶汽车、分类信息和搜索网络。算法当然也可以用来解决迷宫问题。如果像我们一样制作迷宫，那么算法就包括制作迷宫所采用的步骤。

1.1 准备网格 Preparing the Grid

我们从绘制网格（grid）开始——一组相互垂直的交叉线。它是迷宫的脚手架，是构建稳定项目的基础。

请拿出一张纸。它不必有太多讲究——不得已情况下也可以用餐巾纸。还有一支笔，可擦笔最好了。

在这张纸上，画一个网格（见图 1.1）。对于第一次实验，四乘四应该足够大了，而且不用担心线条是否整齐。像这张图就可以了。

这就是我们的出发点。我们将单个正方形称为单元格（cell），将围绕它们的网格线称为墙（wall）。从这个网格开始，我们的任务是拆除合适的墙——铺设（carve）合适的通道（passage）——以生成迷宫。

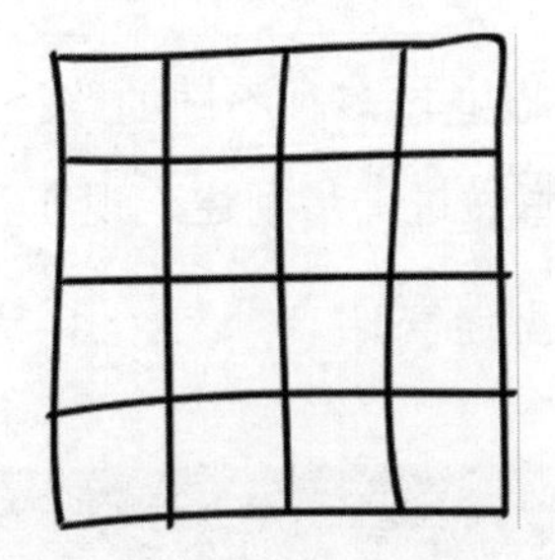

图 1.1 手绘网格

这就是本书算法要做的事。我们学习的大多数算法用来创建所谓的完美型迷宫，每个单元格都可以通过某条路径到达其他所有单元格。这些迷宫没有环路，也没有交叉路径。这类迷宫非常多！图 1.2 是完美型迷宫的一个例子。

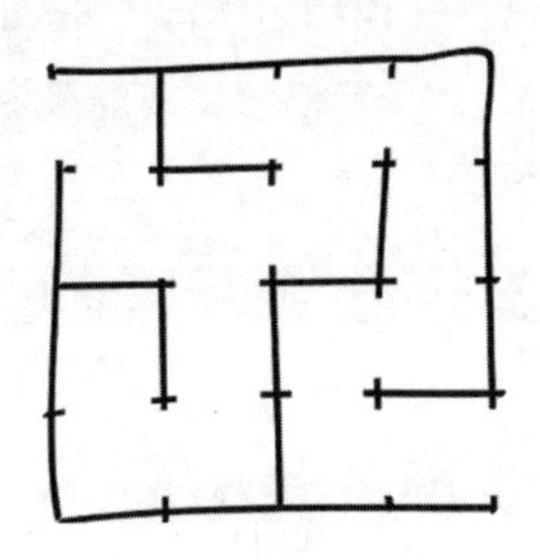

图 1.2 完美迷宫

这里“完美”的意思仅指其逻辑和数学纯度。这种迷宫（在数学上）可能是完美的，但（在美学上）可能有缺陷！

与完美型迷宫相对的是编排型迷宫。其特点是只包含很少死角（如果有的话），通道构成环路。图 1.3 是一个编排型迷宫的例子。

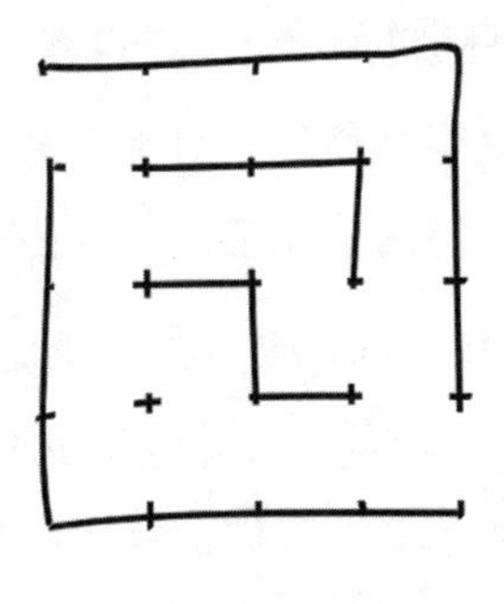

图 1.3 编排型迷宫

在这样的迷宫中，可以通过多种不同的路径或解决方案从一个点到达另一个点。我们将在第 9 章做进一步阐述，现在我们只需关注完美型迷宫。

让我们创造一些完美型迷宫！

迷宫：Labyrinth 还是 Maze？

有些人更喜欢用 Labyrinth 代表迷宫，其他人则选择 Maze。还有人用 Labyrinth 这个词来指代一种特殊的迷宫——没有分支，从头到尾蜿蜒曲折的通道。

怎么叫并不重要。Labyrinth 和 Maze 的意思几乎相同。本书优先使用 Maze。虽然无分支的迷宫——也称为单行（unicursal）迷宫——玩起来很有趣，但它们不是本书的重点。我们要生成的是多行（multicursal）迷宫——那些带有分支通道的迷宫！

1.2 二叉树算法 The Binary Tree Algorithm

二叉树算法很可能是最简单的迷宫生成算法。顾名思义，它只要求我们在每个步骤的两个可能选项中选出一个。对于网格中的每个单元格，我们决定是向北还是向东铺出一条通道。对每个单元都这样做之后，就生成了一个迷宫！

这种检查单元格的过程称为访问单元格。以某种顺序访问各个单元格称为网格游走。有些游走是随机的，每一步任意选择方向，就像第 4 章将介绍的那样。其他游走方式更容易预测。对于二叉树算法，两种方式都可行，它并不关心我们用什么顺序访问单元格。

来看看二叉树在实践中是如何应用的。我们在每一步掷硬币，决定应该在哪个方向铺设一条通道。此外，二叉树算法本身并不关心我们在网格的哪个位置开始游走，为方便起见，我们选择西南角的单元格（见图 1.4）。

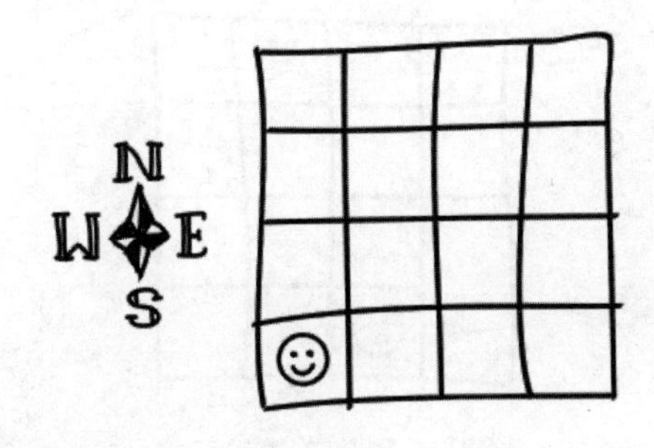

图 1.4　从西南角开始游走

现在我们要选择，是拆除这个单元格的北墙还是东墙？

看看硬币怎么说。如果正面向上，就拆北墙。否则就拆东墙。

嗯……正面向上。看起来要拆除北墙（见图 1.5）。

图 1.5　拆除北墙

请注意，虽然这两个单元格现在连接起来了，但从技术上讲，我们并没有访问第二个单元格。我们可以选择接下来访问该单元格（因为二叉树并不关心我们访问单元格的顺序），但是在一行中按顺序横移更容易实现。所以我们就等横移完了再去北边的单元格。现在，我们跳到东边的那个单元格（见图 1.6）。

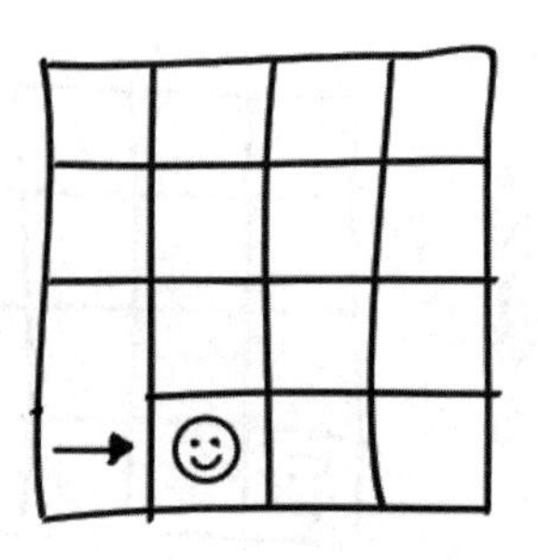

图 1.6　跳到东边单元格

抛硬币，反面向上。让我们拆除当前单元格的东墙（见图 1.7）。

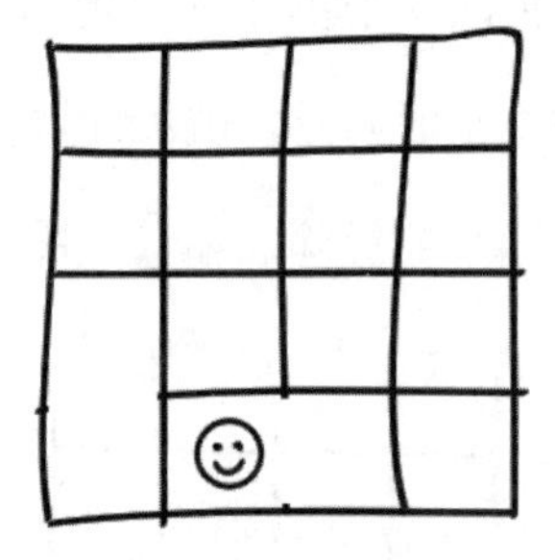

图 1.7　拆除东墙

下一个单元格继续抛硬币，还是反面（见图 1.8）。

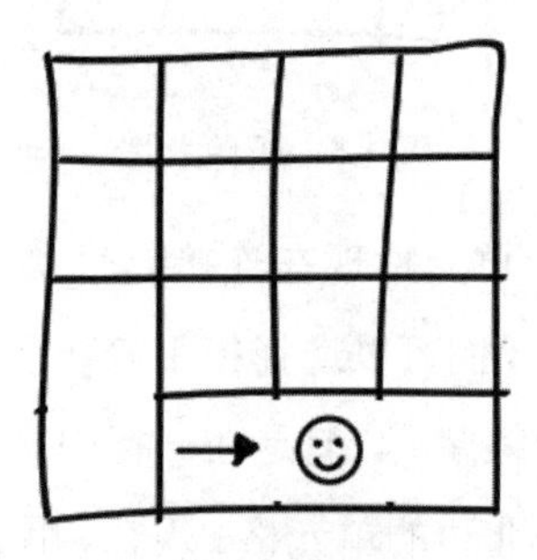

图 1.8　拆除东墙

再次向东移动，我们当前的单元格变成了东南角的单元格。我们当然也可以在这里抛硬币，但考虑一下如果硬币出现反面会发生什么。我们必须在迷宫的外墙上开辟一条通道。这不是一个好主意。我们稍后会详细讨论如何为迷宫添加入口和出口，但现在我们要避免通道越界。由于不能向东铺设，因此向北成为我们唯一的选择。无需抛硬币——让我们向北开凿（见图 1.9）。

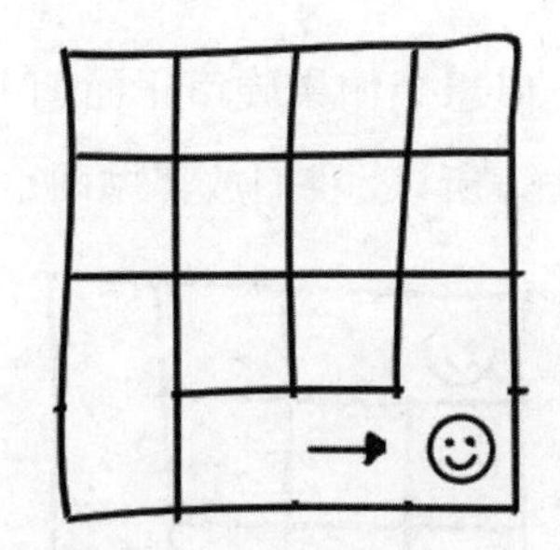

图 1.9 向东移动并向北开凿

事实上，靠东部边界的每个单元都存在这种限制。它们都无法打通朝东的通道。所以，我们干脆就逐一北向凿穿它们（见图 1.10）。就当我们逐一访问过这些单元格了。

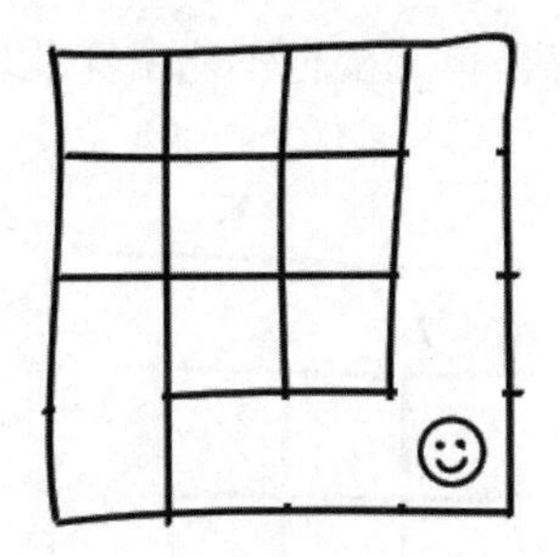

图 1.10 北向凿穿东列所有单元格

现在，为了演示说明，让我们一路跳到西北角（见图 1.11），看看接下来会发生什么。（记住，二叉树算法只要求我们访问所有单元格——它并不关心我们以什么顺序访问。）

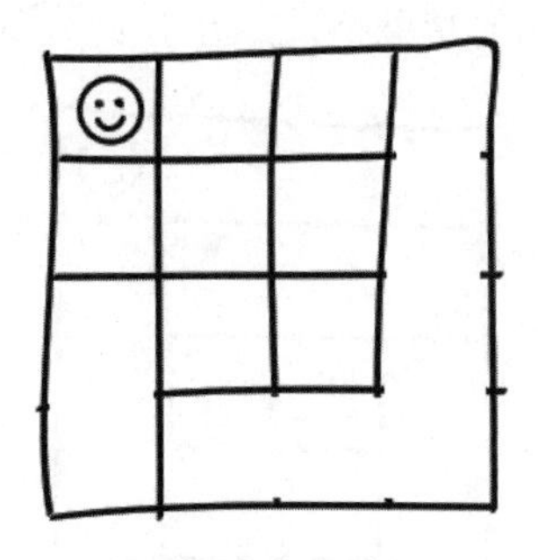

图 1.11 跳到西北角的单元格

我们还可以掷硬币，但想想如果硬币正面朝上会发生什么：我们必须穿过北墙。我们不希望这样。所以，我们放弃抛硬币，向东拆墙（见图 1.12）。

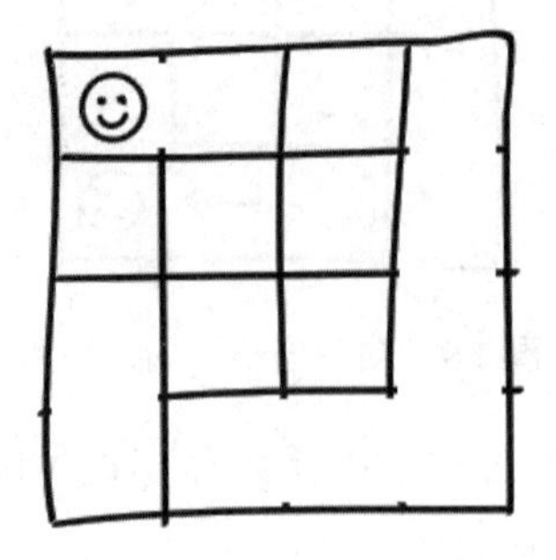

图 1.12　向东开凿

同样，北部边界的每个单元格也不能凿穿北墙，所以我们都默认向东走（见图 1.13）。

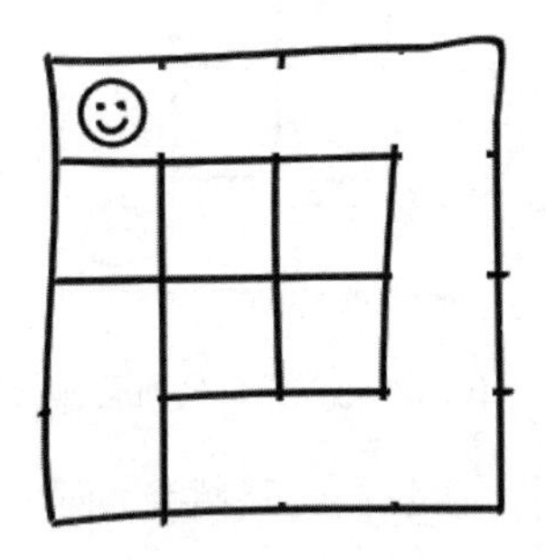

图 1.13　向东凿穿

还存在一个需要考虑的特殊情况。让我们跳到东北角（见图 1.14）。

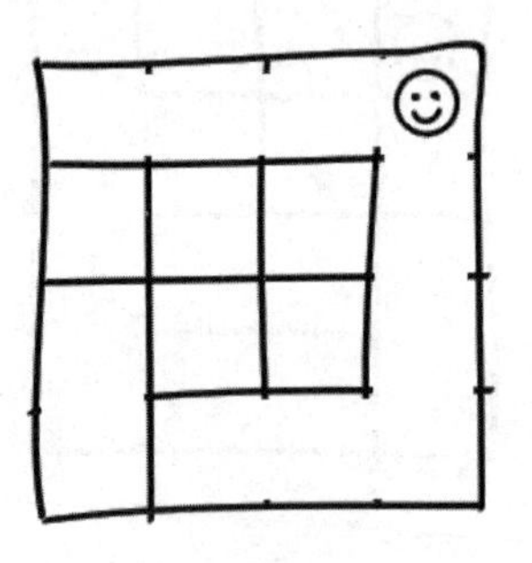

图 1.14　跳到东北角

从这里我们既不能向北，也不能向东。没有选择就不选择。在网格里的所有单元格中，这是唯一一个让我们无能为力的单元格。耸耸肩，跳过它。

现在，拿起硬币，走完其他尚未访问过的单元格。一旦针对所有单元都做出了选择，就应该形成一个看起来像图 1.15 那样的迷宫。

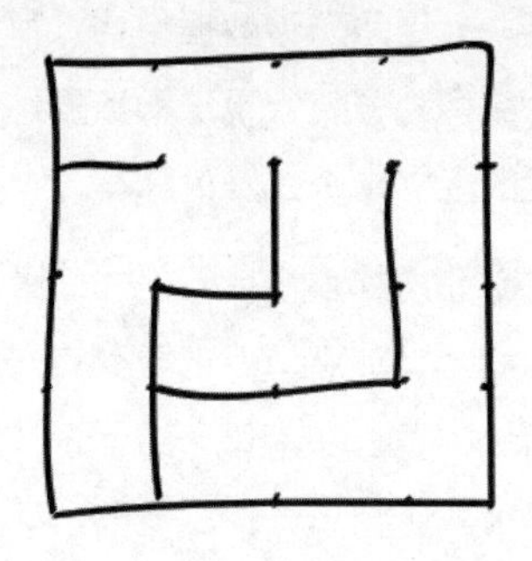

图 1.15 最终的迷宫

这就是生成随机迷宫的二叉树算法！

1.2.1 入口和出口

Entrances and Exits

你可能会想，如果无法进出那个盒子，它怎么能算是一个迷宫呢？迷宫不应该有起点和终点吗？老实说，这完全取决于我们自己。

之前谈到了完美型迷宫的概念。刚才画的迷宫就是一个完美型迷宫，它的一个特点是任意两个单元格之间都存在一条路径。随便选两个单元格，它们之间肯定有一条路径。

这意味着你可以选择迷宫中的任意两个单元，将其中一个作为起点，将另一个作为终点。想从一侧进入，从另一侧退出？分别选择迷宫边界上的两个单元格，拆除其外墙，就行了。

一切取决于你想用迷宫做什么。例如，《吃豆人》中的迷宫根本没有出口，因为我们的目标是在幽灵抓住你之前要吃掉所有的豆粒。其他游戏，如《塞尔达传说》，它有迷宫入口，但目标是迷宫内部的一个地点，这样你就可以击败一些 boss 级怪物并获得宝藏。

因此，当本书的示例省略了“开始”和“结束”点时，不要感到惊讶。

乔的问题：
为什么是二叉树？

也许你听说过二叉树，这是一种数据结构，其值按层次排列，每个值都有自己的零个、一个或两个子值。算法和数据结构共享一个名字并不是偶然的，因为算法生成的迷宫是个二叉树。

这是真的。还记得东北角的那个单元格——那个我们无能为力的单元格吗？那是树的根。它没有父节点，但它至少有一个子节点，并且可能有两个子节点，要么在西边，要么在南边。沿着子节点向外，一个单元格到另一个单元格，会看到每个后续单元格本身要么是死角（即叶节点），要么是最多有两个子节点的父节点。

1.2.2 理解纹理
Understanding Texture

看一下我们的迷宫，你可能会注意到一些奇怪的地方。例如，北行和东列都是连续廊道。如果细想一下，这些都是完全可以预料的。还记得在那些边界单元格上发生了什么，我们总是选择有效方向，北向或东向，强制打通这些单元格以合成一个通道。

这就是我们所说的迷宫纹理（texture）。纹理是一个通用术语，指的是迷宫通道的样式，例如它们趋向于多长以及它们趋向于哪个方向。你对迷宫的第一印象通常会受到迷宫纹理的强烈影响。

有些算法会倾向于产生所有通道都具有相似纹理的迷宫。例如，二叉树算法总是会产生在北部和东部有两条完整廊道的迷宫。不相信？试试看。图 1.16 是使用二叉树算法随机生成的几个迷宫，注意它们在北部和东部都有相同的长廊。

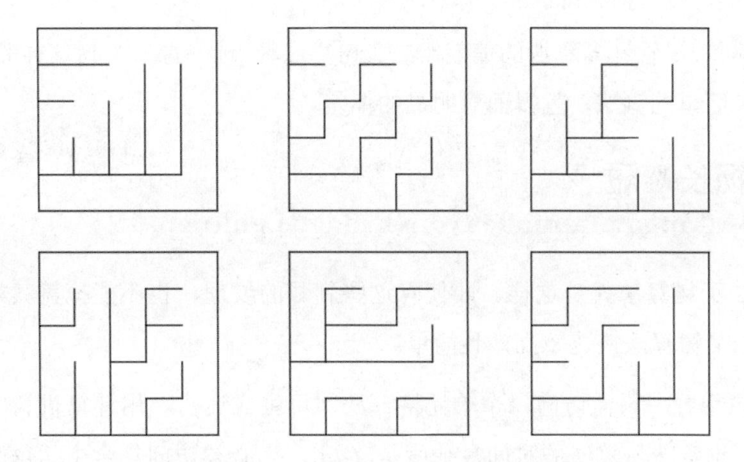

图 1.16 使用二叉树算法随机生成的几个迷宫

我们可以说二叉树算法偏向于生成具有特定纹理的迷宫。我们将在第 4 章中深入探讨偏差（bias）及其对算法的意义。偏差指的是算法倾向于产生具有特定纹理的迷宫。

二叉树算法还有另一个偏差。如果我们从迷宫的西南角出发，尝试找到通往东北角的路径。你会发现你的路径看起来像图 1.17 里的某条路径。

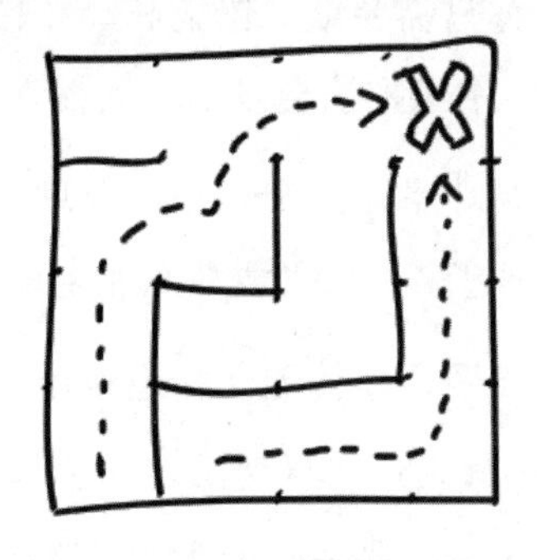

图 1.17 二叉树算法的另一个偏差

一点都不难，不是吗？在这个例子中，除了迷宫很小以外，甚至路径本身也很简单。每个单元格都有一个向北或向东的出口，因此可以随时向东北移动而不受任何阻碍。没有死角，无需原路返回。很简单。这种对角线纹理就是偏差的凭据。

我们不必过分责备二叉树算法。大多数随机迷宫算法都会有这样或那样的偏差，尽管许多算法的偏差比二叉树算法轻。选择像二叉树这样的快速、高效和简单的算法，就得面对明显的偏差。

1.2.3 扬长避短

Making Lemonade from Binary Lemons

二叉树算法就是这样。即使有这些刺眼的纹理，也不能掩盖其好的一面。二叉树算法快速、高效且简单。

想想看，只需访问每个单元格一次即可生成迷宫。用计算机科学术语来说，这意味着算法的时间复杂度是 $O(n)$，当必须访问集合中的每个项目时，我们可以获得的最快速度。

二叉树算法也很高效。它在任何指定时间都只需要描述单个单元格的内存。稍后将看到对内存要求更高的其他算法，其中某些算法要求与整个网格的大小成比例的内存。如果你想处理非常大的迷宫，那可能会遇到麻烦，而这对二叉树来说不是问题。

最后，它很简单。你只需要纸、铅笔和一枚硬币就可以生成迷宫。而其他算法都做不到这点。手工推演会难倒一大批人！

算法偏差也并非全是坏事。那个对角线纹理？当然，从西南到东北走迷宫可能容易做到，但倒过来，如果要从东北走到西南呢（见图 1.18）？

如果没有迷宫的全景图，那就无法知道哪个方向能通往目标。有时，一个看起来简单得要命的迷宫，仅仅换个方向就变复杂了！

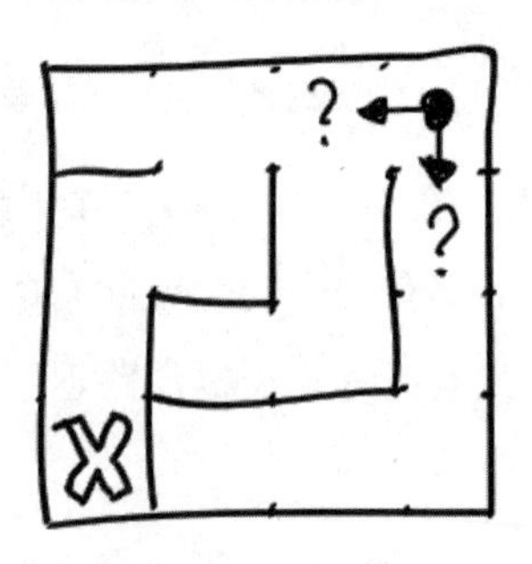

图 1.18　从东北角走到西南角该怎么办？

尽管如此，偏差就是偏差，消除算法的偏差几乎没有简单方法，甚至是不可能的。如果不能接受给定算法生成的纹理，通常最容易的办法就是换其他算法。

1.3 Sidewinder 算法
The Sidewinder Algorithm

Sidewinder 算法尽管与二叉树算法密切相关，但它将偏差缩小了一个档次。二叉树算法在每个单元格中都在北和东之间进行选择；而 Sidewinder 算法试图将相邻的单元格组合在一起，然后从其中一个单元格向北铺出一条通道。拿出一张新纸，画一个新网格，然后我们就开始。

与二叉树算法不同，Sidewinder 算法不会轻易让我们选择铺设的起点。它非常喜欢从西向的列开始，所以我们就从那里开始。事实上，我们还不如从之前的西南角开始。我们还是像以前一样掷硬币。同样，背面朝上代表“向东铺设”，但这次正面向上代表的意思不一样了。

开始啦！

从西南角开始，我们第一次抛硬币，是反面，于是我们拆除单元格的东墙。然后我们朝东移动到下一个单元格，如图 1.19 所示。

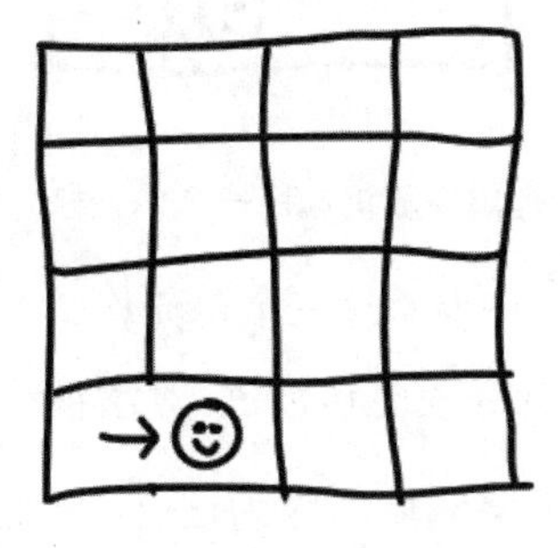

图 1.19　拆除东墙并向东移动一格

到达这个新单元格之后，我们继续掷硬币。又是反面。继续拆除东墙并移动到下一个相邻单元格，如图 1.20 所示。

图 1.20 继续拆除东墙并移动到下一个相邻单元格

再抛，然后是……正面！

当硬币正面朝上时，我们要回顾一下生成的路径，看看刚拆完墙连接在一起的那组单元格。也就是我们刚刚访问的那三个连续的单元格。我们称这个组集为单元格的铺展（run）。我们将从该铺展中随机选择一个单元格，然后拆除其北墙。这样，我们就完成了这三个单元格，不会再做进一步的更改。我们称之为关闭该铺展。如图 1.21 所示。

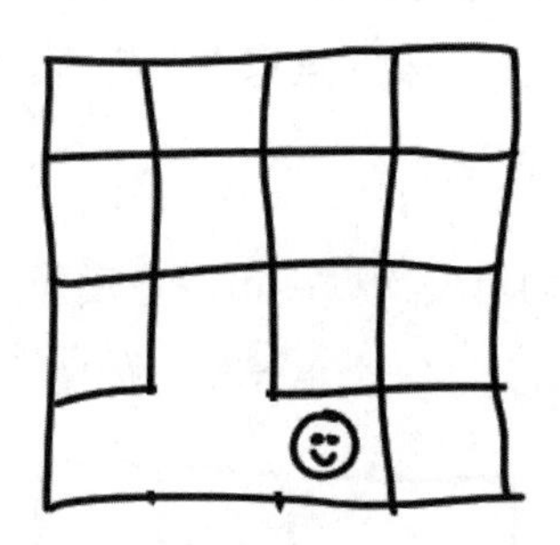

图 1.21 从铺展中随机选择一个单元格，拆除其北墙

请注意，此处的铺展仅涉及这三个单元格，不包括北面的那个单元格！这很重要。北面的那个单元还没有访问过，算法移动到第二行时才会用到它。

现在，我们故意不拆除东墙（因为这会改变已关闭的铺展），而是跨墙进下一个单元格。然后，从新的单元格开始铺展（见图 1.22）。

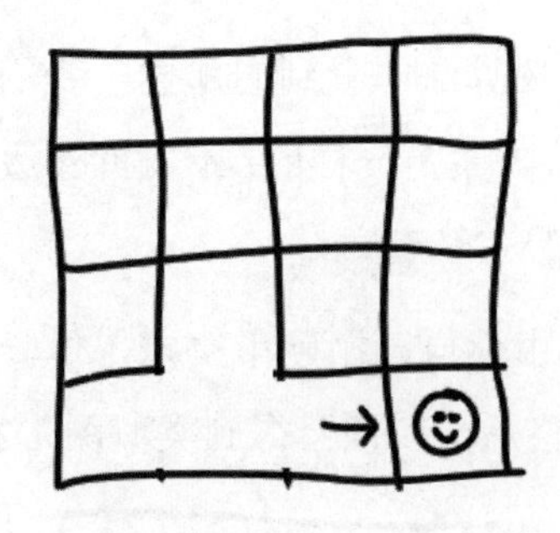

图 1.22 从新的单元格开始铺展

在这个例子中，我们已经到达了网格的东部边界。遇到这种情况，就不要再掷硬币了。就当硬币正面朝上，然后关闭该铺展。（原因很简单：该铺展中只有一个单元格，所以就拆除它的北墙，见图 1.23）

图 1.23 拆除北墙，关闭铺展

关闭该行后，向上移动到下一行并再次重复上面的过程。一个接一个地掷硬币，要么将单元格添加到铺展中，要么关闭铺展。请记住，到目前为止，还没有访问过下一行中的任何单元格。有的单元格已经被连接了，但尚未访问。在 Sidewinder 算法中，网格的每个单元格都要访问且仅访问一次。换句话说，Sidewinder 算法会访问每个单元格，即使它已经连与另一行的单元格相连。

稍等片刻，先让我们跳到西北角。（是的，这又是非常规做法，但我们可以这样做，因为 Sidewinder 只要求我们从每一行的行首开始，而对先访问哪一行后访问哪些一行没有要求。）现在，如果硬币在这里出现正面怎么办，那就得关闭铺展。

是的。正如在二叉树算法中看到的那样，我们遇到了边界。我们要避免拆除北侧的边界。解决方案是一样的：不要拆除边界。像二叉树算法一样，我们挖出一条贯穿顶部的完整走廊。

继续，剩余的步骤由你自己抛硬币决定，体验一下这种算法的感觉。访问完网格中所有单元格后，应该会得到类似图 1.24 的结果。

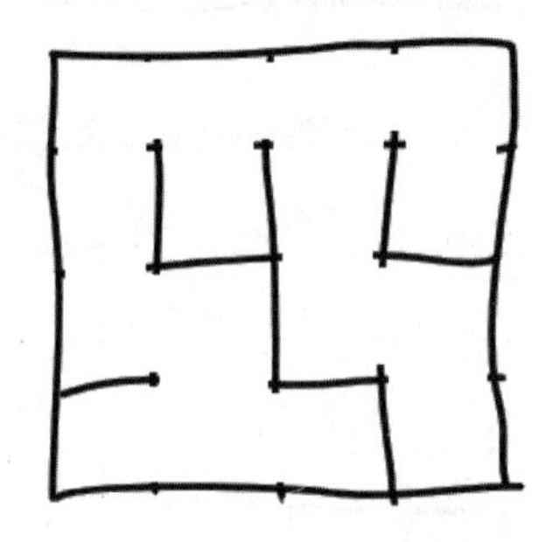

图 1.24 Sidewinder 算法生成的最终迷宫

它比二叉树算法复杂一点，不过仍然存在偏差。

穿过顶部的那条连续通道很显眼。Sidewinder 生成的每个迷宫都会有这条完整的廊道。它比二叉树算法的两条廊道少，但仍然算不上理想。这是 Sidewinder 存在偏差的一个证据。

另一个偏差更微妙一些。从南部边界的任意一个单元格出发，尝试找到通往北边的路，如图 1.25 所示。

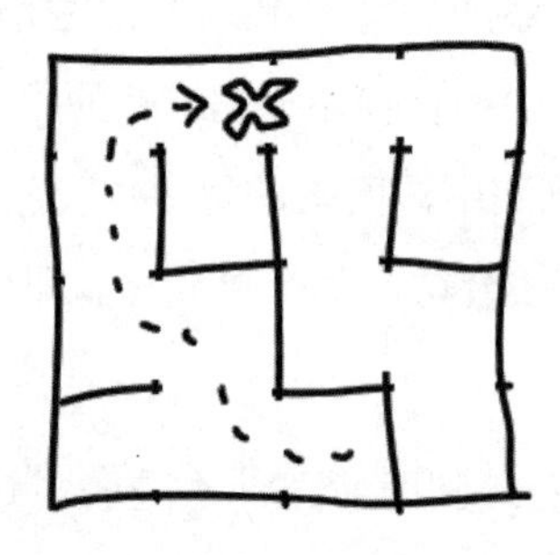

图 1.25 Sidewinder 算法的另一个偏差

很容易找到解决方案。这条路径可能会有点七拐八绕的样子（算法名称的由来）。但因为每个水平铺展都有且仅有一条向北的通道，因此不难找到解决方案。

像二叉树算法一样，反过来（从北到南）求解难度就大多了。

1.4 小试身手 Your Turn

至此，我们知道了什么是算法，了解了它们在生成随机迷宫时的作用。我们体验了二叉树算法和 Sidewinder 算法是如何生成迷宫的。我们在纸上完成了几个迷宫，并且明白了什么是迷宫纹理，它与算法偏差是有关联的。

很不错！

然而，正如任何一位出色厨师都会告诉你的那样，得到食谱——相当于我们的算法——只是开始。现在轮到你了，用你学到的东西生成迷宫。你可以试试下面的练习。

1.4.1 二叉树算法实验 Binary Tree experiments

只需稍微修改一下算法，就会出现奇妙的变化。动手试试，看看会发生什么！

重定向通道

二叉树算法沿北部和东部边界会生成连续的走廊。如果想在南部和西部边界生成连续走廊，该怎么修改算法？如果是北部和西部呢？南部和东部呢？对角线纹理会发生什么变化？

改变偏差

如何更改二叉树算法以使其生成更长的水平通道？如何生成更长的垂直通道？

1.4.2 Sidewinder 算法实验
Sidewinder Experiments

现在用 Sidewinder 算法试试。使用跟二叉树算法同样的实验，但方法将略有不同。

重定向通道

如前所述，Sidewinder 有明显的南北向纹理。如何改变算法，让它出现东西向纹理？原来贯通的北部廊道会发生什么变化？

改变偏差

如何让 Sidewinder 生成更长的水平铺展？如何生成更长的垂直铺展？

现在你应该对二叉树算法和 Sidewinder 算法都非常有信心了吧？太棒了！第 2 章将学习如何将这些算法转化为代码，让计算机完成所有工作。

第 2 章

自动处理和呈现迷宫

Automating and Displaying Your Mazes

在纸上画迷宫很不错，但这不是我们想要最终结果。程序员有自己做事的方式。

让计算机为我们干活。

由于网格是后续大部分内容的基础，我们就先从实现网格开始。我们将基于网格实现二叉树和 Sidewinder 算法，看看实践中如何玩转网格，并采用两种不同方式来展示它：文本方式（即 ASCII art）和图形方式。

2.1 引入基本网格

Introducing Our Basic Grid

本章及后续章节的示例都将建立在一个具体的网格实现上，因此我们在这里用几页内容来介绍它。它是构建迷宫的工具，可以直接使用这个 `Grid` 类，也可以继承它并添加更具体的功能。来看看它是怎样一步步搭建起来的，这应该会让事情变得更清楚。我们从简单的入手，在接下来的几章，将根据需要对其进行添加和扩展。

我们希望可以实例化网格，并对其包含的单元格进行操作。伪代码实现像这样：

```
# 实例化一个 10x10 网格
grid = Grid.new(10, 10)

# 获取行 1，列 2 的单元格
cell = grid[1, 2]

# 迭代网格中所有的单元格
grid.each_cell do |cell|
  # 处理具体某个单元格
end
```

我们立即可以看出网格应该是某种容器，在概念上是结构化的，如图 2.1 所示。

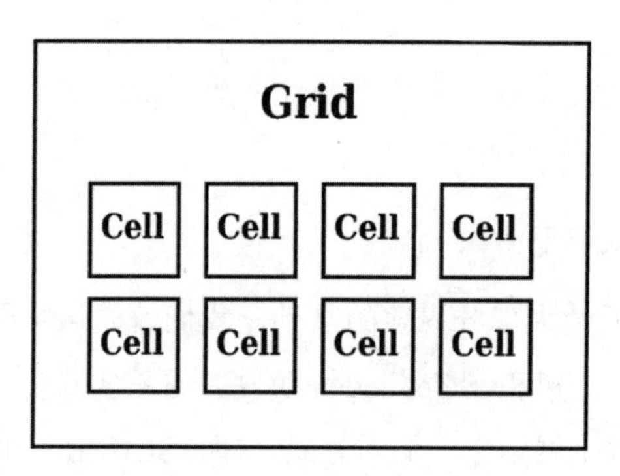

图 2.1 网格的组织

接下来的实现与该架构保持一致，`Grid` 类本质上充当单个单元格的容器。它根据需要多次实例化 `Cell` 类，以填充网格，每个单独的单元格都跟踪其边上的其他单元格，同时还跟踪它通过通道连接到的单元格。

实现是用 Ruby 编写的，[注1]但这些概念绝对不是 Ruby 特有的。这里的一切阐述都适用于你自己选择的编程语言。

[注1] http://www.ruby-lang.org

后面的例子也是使用 Ruby，并将重用这段代码，以其为基础，或者在其上画一个迷宫（就像我们在第 1 做的那样），或者根据需要扩展它以添加新功能。

2.1.1 实现 Cell 类

Implementing the Cell Class

由于 `Cell` 类是核心，我们就从它入手。将以下代码放入名为 `cell.rb` 的文件中。没什么棘手之处，但我们还是会逐步解释并介绍方法实现。[译者注 1]

cell.rb

```
class Cell
  attr_reader :row, :column
  attr_accessor :north, :south, :east, :west
end
```

每个单元格都应该知道自己在网格中的位置，所以我们的类记录了其坐标：行和列。同时还跟踪该单元的北、南、东和西各个方向上的直接邻居是谁。

接下来是构造函数 `initialize`。它接受两个参数：单元格在网格中所处的行和列。它还初始化一个名为`@links` 的哈希表，该表将用来跟踪自己连接了哪些相邻单元格（通过通道连接）。

```
def initialize(row, column)
  @row, @column = row, column
  @links = {}
end
```

接下来的两种方法用于操作`@links` 变量。第一个方法是 `link(cell)`，将 `cell` 参数跟当前单元格连接起来。第二个方法是 `unlink(cell)`，执行相反的操作断开两个单元格。然而，在这两种情况下，我们希望确保操作双向进行，以便在两个单元格上都记录两者间的连接关系。可选的 `bidi` 参数用于满足这个要求。

译者注 1　本书的代码格式跟原书略有区别。原书把一个类的结束 end 放在最后的代码片段中，这会导致某些编辑器报错，所以本书一旦定义一个完整的程序单元，必要时会一并放置对应的 end，后续输入代码片段时，只需把代码放入对应程序单元即可，不要再重复键入 end。

```
def link(cell, bidi = true)
  @links[cell] = true
  cell.link(self, false) if bidi
  self
end

def unlink(cell, bidi = true)
  @links.delete(cell)
  cell.unlink(self, false) if bidi
  self
end
```

之后，我们还有另外两个处理单元格连接的方法。第一个是 links，用于查询连接到本单元格的其他所有单元格的列表，第二个方法是 linked?(cell)，用于查询当前单元格是否连接到另一个指定单元格。

```
def links
  @links.keys
end

def linked?(cell)
  @links.key?(cell)
end
```

最后一个方法 neighbors 用来查询与该单元格相邻的单元格列表。

```
def neighbors
  list = []
  list << north if north
  list << south if south
  list << east if east
  list << west if west
  list
end
```

稍后，我们将向这个类添加更多方法，但是现在的这些代码足以让我们开始。不过，目前 Cell 类本身并未发挥太大作用——甚至很少需要直接引用它。只有当这些单元格一个个落子到网格时，它们才真正生效。接下来看看如何实现这一点。

2.1.2 实现 Grid 类

Implementing the Grid Class

如图 2.1 所示，网格类本质上只是一个包装器，裹着一个二维单元格数组。将以下代码放入名为 `grid.rb` 的文件中，确保它与我们之前创建的 `cell.rb` 文件位于同一目录，这样网格可以找到它需要的 `Cell` 类。再一次，我们一起来完成代码，一次一小步。

首先，我们需要刚刚编写的 `Cell` 类，因为网格依赖于它。还要注意，网格会跟踪自身所包含的行数和列数。

grid.rb

```
class Grid
  attr_reader :rows, :columns
end
```

构造函数将所需网格的尺寸作为参数，并将其设置为属性。`Grid` 类还通过调用 `prepare_grid` 和 `configure_cells` 来初始化网格，我们接着会实现它们。

```
def initialize(rows, columns)
  @rows = rows
  @columns = columns

  @grid = prepare_grid
  configure_cells
end
```

可以在构造函数中内联接下来两个方法的逻辑，但是我们现在的做法，在稍后使用不同类型的网格时，可以让子类覆盖这些方法。

```
def prepare_grid
  Array.new(rows) do |row|
    Array.new(columns) do |column|
      Cell.new(row, column)
    end
  end
end
```

```
def configure_cells
  each_cell do |cell|
    row, col = cell.row, cell.column
    cell.north = self[row - 1, col]
    cell.south = self[row + 1, col]
    cell.west = self[row, col - 1]
    cell.east = self[row, col + 1]
  end
end
```

现在，prepare_grid 只设置了一个 Cell 实例的简单二维数组，configure_cells表明每个单元格的北、南、西、东的直接邻居是谁。

请注意边界情况，例如北部边界，单元格在北部没有邻居，我们自定义的数组访问器（[]方法）会巧妙处理这类情况。该数组访问器主要用于授权随机访问网格中任意单元格，但它也会进行边界检查，因此如果传递给它的坐标超出范围，它将返回 nil。让我们接下来定义它。

```
def [](row, column)
  return nil unless row.between?(0, @rows - 1)
  return nil unless column.between?(0, @grid[row].count - 1)
  @grid[row][column]
end
```

子类可以（并且将）覆盖此方法以添加一些非常有趣的效果，例如圆柱形或环形迷宫。

说到这里，让我们先花点时间添加另一种访问单个单元格的方法：随机访问。我们还将创建一个报告网格中单元格数量的方法。

```
def random_cell
  row = rand(@rows)
  column = rand(@grid[row].count)
  self[row, column]
end

def size
  @rows * @columns
end
```

这两个方法可能看起来还不是特别有用，但我们很快就会看到一些使用它们的算法。

最后，我们将实现一些迭代器方法来遍历网格的单元格。一些算法如Sidewinder，需要一次查看一行单元格，所以我们将为它们提供一个 each_row 方法。其他算法如二叉树，只要一次查看一个单元格。我们将使用 each_cell 来满足这种情况。

```
def each_row
  @grid.each do |row|
    yield row
  end
end

def each_cell
  each_row do |row|
    row.each do |cell|
      yield cell if cell
    end
  end
end
```

这就是这段代码的全部内容：一个简单的网格实现，适用于演示迷宫算法。同样，这还不是最终实现——在后面章节会继续添加代码，但现在它足以用来研究我们目前的两种算法。来看看这个网格在实践中是如何工作的。

2.2 实现二叉树算法 Implementing the Binary Tree Algorithm

让我们从二叉树算法开始。正如前面介绍二叉树算法时所述，它访问网格中的每个单元格，并选择在北边或东边铺设一条通道。

下面的代码就是这样做的。我们把算法整理在类中，以便随时轻松重用。文件命名为 binary_tree.rb，并与之前创建的 cell.rb 和 grid.rb 文件位于同一目录中。

binary_tree.rb

```
Line 1 class BinaryTree
     -
     -   def self.on(grid)
```

```
-     grid.each_cell do |cell|
5       neighbors = []
-       neighbors << cell.north if cell.north
-       neighbors << cell.east if cell.east
-
-       index = rand(neighbors.length)
10      neighbor = neighbors[index]
-
-       cell.link(neighbor) if neighbor
-     end
-
15    grid
-   end
-
- end
```

on(grid)方法接受一个网格并迭代其中每个单元格，为单元格应用二叉树算法。对于每个单元格，收集其北部和东部的相邻单元格，放入一个列表中。然后，我们从该列表中随机选择一个单元格，并将其连接到当前单元格。请记住，网格东北角的单元格在北边或东边没有邻居，因此在尝试连接neighbor之前，需要确保neighbor有效。

不错！来一场代码高尔夫球，[译者注 2] 我们也许可以进一步简化它（如果你愿意，把它作为一项挑战）。但这段代码说明了一点，那就是二叉树算法其实很简单。

从数组中选择随机元素

查看 binary_tree.rb 代码清单中的第 9 行和第 10 行，程序随机选择其中一个邻居。这段代码没什么问题，但 Ruby（至少）有一个更简单的方法能做到这一点：

```
neighbor = neighbors.sample
```

这行代码将随机从 neighbors 数组中抽样（sample），或者说选择一个元素。从现在开始我们使用 sample 方法。

译者注 2 高尔夫（GOLF）指：Green、Oxygen、Light、Friendship，即"绿色、氧气、阳光、友谊"。在这里引申为"有益的代码重构"。

接下来我们编写一个简单的程序，把前面的代码整合起来。继续并将以下内容放入名为 binary_tree_demo.rb 的新文件中。

```
binary_tree_demo.rb
require "grid"
require "binary_tree"

grid = Grid.new(4, 4)
BinaryTree.on(grid)
```

这段代码平平无奇。我们引入 Grid 和 BinaryTree 类，实例化一个 4×4 网格，然后在其上运行二叉树算法。就这么简单。

可悲的是，运行这个小程序有点头重脚轻的感觉。请亲自运行一下。（一定要传递-I.，告知 Ruby 在当前目录中查找依赖项。）

```
$ ruby -I. binary_tree_demo.rb
$
```

代码一运行就结束，什么也没显示。但我们相信迷宫确实生成好了。

我们现在可以暂时放下手上的事情，转而拉出一个 canvas API 或一个图形库，然后开始绘制墙壁和通道。但目前还真没这个必要。我们很快会那么做，现在先从简单的 ASCII art 开始。

2.3 在终端上显示迷宫 Displaying a Maze on a Terminal

ASCII art 不一定是最时髦或最漂亮的方式，但它是展示迷宫最方便的方式。我们几乎总是可以轻松访问终端，而且我们不需要依赖什么（如外部库或 API）。总之，ASCII art 非常契合我们当下所需。来看一种仅使用四个不同字符来绘制迷宫的可能方法：空格（“ ”）用于单元格和通道，管道（“|”）用于垂直墙壁，连字符（“-”）用于水平墙壁，加号（“+”）绘制角落。一个使用这些字符绘制的小迷宫示例如图 2.2 所示：

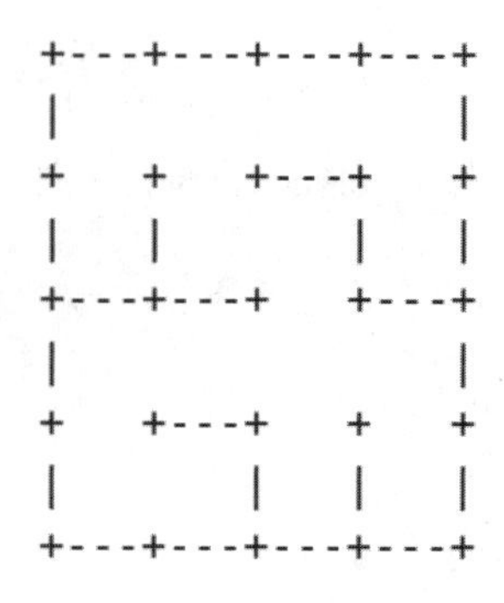

图 2.2 使用 ASCII art 字符绘制的小迷宫

> 注意不要将图中线条视为通道！线条是墙壁，空白是通道。

如图 2.2 所示，每个单元格都跟相邻单元格共享墙壁。也就是说，一个单元格的东墙就是它东边相邻单元格的西墙。这有助于简化实现，因为绘制迷宫时，只需要绘制每个单元格的东部和南部边界。无需担心单元格的北部或西部边界（一般情况下），北部或西部的相邻单元格开始绘制时，会绘制自己的南部或东部边界——对应于当前单元格的北部或西部边界。

迷宫本身的北部和西部边界仍然需要特别绘制，因为边界之外没有任何单元格可以为我们绘制这些墙壁。不过，这并不费事。

迷宫渲染是通用功能，而且会反复使用，所以我们准备着手实现 `Grid` 类将自己渲染为文本的功能。我们把实现代码放在 `Grid` 类的 `to_s` 方法中。

乔的问题：
to_s 有何神通？

在 Ruby 中，当运行时需要将对象转换为字符串时，就会调用对象的 to_s 方法。（因此得名 to_s，可看成 to string。）通过实现自定义 to_s 方法，能够让对象（如我们的 Grid）以人类可读的清晰方式显示自身。

其他面向对象语言也有类似功能。例如 JavaScript、Java 和 C#，可以覆盖 toString()方法；SmallTalk 是 asString，Objective-C 是 description，C++则覆盖<<运算符！

打开 grid.rb，在文件底部的 end 关键字之前添加以下方法。

grid.rb

```
Line 1 def to_s
     -   output = "+" + "---+" * columns + "\n"
     -
     -   each_row do |row|
     5     top = "|"
     -     bottom = "+"
     -
     -     row.each do |cell|
     -       cell = Cell.new(-1, -1) unless cell
    10
     -       body = "   " # <-- 这里有三个（3）空格！
     -       east_boundary = (cell.linked?(cell.east) ? " " : "|")
     -       top << body << east_boundary
     -
    15       # 下面也是三个空格 >>-------------->> >...<
     -       south_boundary = (cell.linked?(cell.south) ? "   " : "---")
     -       corner = "+"
     -       bottom << south_boundary << corner
     -     end
    20
     -     output << top << "\n"
     -     output << bottom << "\n"
     -   end
     -
    25   output
     - end
```

开门见山，第 2 行将 output 缓冲区初始化为网格顶部边界。其中包括第一行中每个单元格角落的加号字符，以及每个单元格北墙的三个连字符。

然后，从第 4 行开始遍历网格的每一行。如前所述，每个单元格简单地将其上方单元格的南墙用作自己的北墙，因此我们只需要关注单元格的主体部分、东墙和南墙。我们把每一行单元格的主体部分及其东墙累积到一个变量中（top），将南墙累积到另一个变量中（bottom）。每行开头，把这两个变量初始化为网格的西部边界，对西墙使用垂直管道，行的西南角使用加号（第 5 和第 6 行）。

初始化这两个变量后，就遍历行中的每个单元格（从第 8 行开始），一次构建一个单元格的输出，然后在该行完成时将两个变量连接在一起。

某些单元格可能（最终）为 `nil`，因此第 9 行根据需要实例化一个虚的 `Cell` 对象来处理这种情况。然后，将当前单元格的主体部分和东墙连接到 `top` 变量，将南墙和东南角连接到底部变量。每行都通过将这两个变量的内容追加到 `output` 中来完成工作，并加上换行符，然后再次遍历下一行，直到处理完每一行。

处理完成，第 25 行简单地返回 `output` 缓冲区的内容。请注意，在 Ruby 中，方法末尾的 `return` 关键字是可选的——每个方法都会返回最后的求值表达式的值。

将新方法保存到 `grid.rb` 后，就可以回到 `binary_tree_demo.rb` 文件并在最底部添加一行：

```
binary_tree_demo.rb
puts grid
```

`puts` 方法自动调用网格类上的 `to_s` 方法，将网格转换为字符串，然后打印出来。再次运行程序，现在应该会看到一些有趣的东西，如图 2.3 所示。

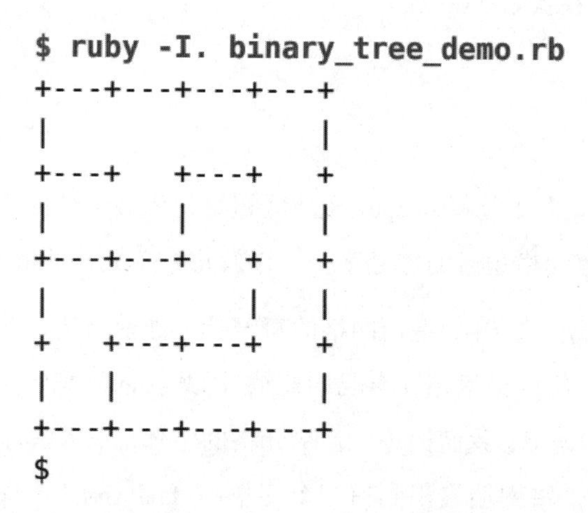

图 2.3 binary_tree_demo.rb 运行结果

我们并不是要画一幅《蒙娜丽莎的微笑》，但在必要时我们也可以制作一幅杰作。我们不需要考虑太多诸如调试或原型制作之类的事情，就算对一些正式应用来说，这种输出已经够用了。（玩过 NetHack 吗？）

现在有了一种查看构建中内容的方法，那就不妨来小试身手。更改网格的尺寸，看看在终端窗口出现乱码之前网格究竟可以设为多大。甚至可以回头看看第 1.4.1 节的建议，结合现在的进度看看如何实现。

做好准备，Sidewinder 就在不远处等你。

2.4 实现 Sidewinder 算法 Implementing the Sidewinder Algorithm

Sidewinder 算法（参考第 1.3 节）在许多方面与二叉树算法相似。回忆一下，两者有相似的偏差，甚至在（概念上）也有相似的实现方式：每一步都随机选择，一个是从当前单元格向东铺设，一个是从当前单元格所在铺展（run）向北铺设。然而，在实践中，Sidewinder 感觉就像一只不同寻常的野兽。

Sidewinder 算法的实现代码如以下所示。将以下内容放入名为 sidewinder.rb 的文件中。

sidewinder.rb

```
Line 1 class Sidewinder
     -
     -   def self.on(grid)
     -     grid.each_row do |row|
     5       run = []
     -
     -       row.each do |cell|
     -         run << cell
     -
    10         at_eastern_boundary = (cell.east == nil)
     -         at_northern_boundary = (cell.north == nil)
     -
     -         should_close_out =
     -           at_eastern_boundary ||
    15           (!at_northern_boundary && rand(2) == 0)
```

```
 -
 -         if should_close_out
 -           member = run.sample
 -           member.link(member.north) if member.north
20           run.clear
 -         else
 -           cell.link(cell.east)
 -         end
 -       end
25     end
 -
 -     grid
 -   end
 -
30 end
```

我们从第 4 行开始，逐行遍历网格。在开始遍历每一行时，都先创建一个新数组用作铺展集合，然后遍历当前行中的每个单元格。第 10 行和第 11 行检查我们是否在东部或北部边界，如果是，则该单元格在对应方向（东或西）上没有邻居。第 13~15 行使用 `at_eastern_boundary` 和 `at_northern_boundary` 来检查是否应该关闭当前铺展。回想一下，我们总是应该在行尾（即东部边界）关闭铺展，但我们也会在行内随机关闭铺展（如这里的 `rand(2) == 0`）——只要我们不在最北的那行（避免凿穿迷宫外墙）。

输入这段代码，接下来就可以尝试运行它。创建另一个文件 `sidewinder_demo.rb`，并放入以下内容。

```
sidewinder_demo.rb
require "grid"
require "sidewinder"

grid = Grid.new(4, 4)
Sidewinder.on(grid)
puts grid
```

运行此文件，应该会看到如图 2.4 所示的内容：

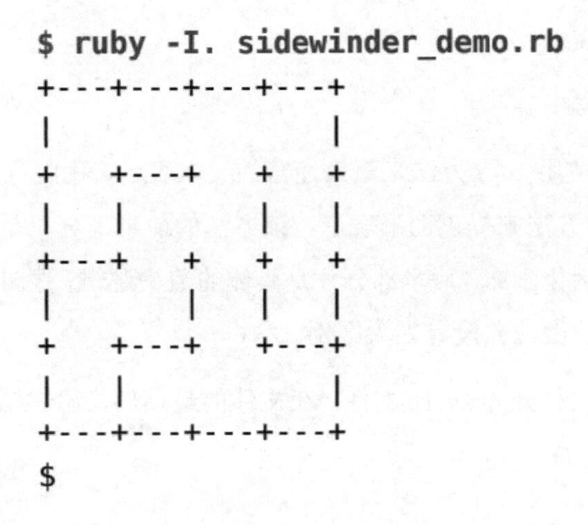

图 2.4 sidewinder_demo.rb 运行结果

小菜一碟！（我老爸的口头禅）。Sidewinder 算法可能比二叉树算法更复杂一些，但也算不上什么。多试试，再看一下第 1.4.1 节中提到的一些想法，思考如何用代码实现这些想法。

在结束这一章之前，看看如何更专业地渲染迷宫。

2.5 将迷宫渲染成图像 Rendering a Maze as an Image

不可否认，ASCII art 很实用，但却不一定有吸引力。通常，我们希望产品有更美观。幸运的是，大多数编程语言都提供作图相关的 API，要么可以用来直接绘制视图，要么可以用来渲染内存里的 canvas，然后再将 canvas 内容保存为图像文件。在这里，我们使用名为 ChunkyPNG [注2] 的 Ruby 库来探索后一种方案，这个库可以将迷宫编写为 PNG 图像。（这里渲染图像的思路，可以很容易转化为其他 UI 和图形 API 的实现。）

如果你在用 Ruby，则需要安装 ChunkyPNG 才能使后面的代码正常工作。幸运的是，这并不难：

注 2 https://github.com/wvanbergen/chunky_png

```
$ gem install chunky_png
```

现在请继续！

就像前面使用 `to_s` 方法来渲染迷宫的文本表示，我们将在 `Grid` 类中引入一个 `to_png` 方法来提供图形表示。该方法的前半部分只是设置、计算图像的尺寸并实例化画布。后半部分才是具体的渲染逻辑，逻辑实现与我们将迷宫写入终端的做法并没有太大区别。

继续。再次打开 `grid.rb` 文件，在文件的最顶部，添加以下行以确保加载 ChunkyPNG 库。

```
require 'chunky_png'
```

现在，在最后的 `end` 关键字之前添加以下方法（就在我们之前添加的 `to_s` 方法之后）。

```
Line 1 def to_png(cell_size: 10)
     -   img_width = cell_size * columns
     -   img_height = cell_size * rows
     -
     5   background = ChunkyPNG::Color::WHITE
     -   wall = ChunkyPNG::Color::BLACK
     -
     -   img = ChunkyPNG::Image.new(img_width + 1, img_height + 1, background)
     -
    10   each_cell do |cell|
     -     x1 = cell.column * cell_size
     -     y1 = cell.row * cell_size
     -     x2 = (cell.column + 1) * cell_size
     -     y2 = (cell.row + 1) * cell_size
    15
     -     img.line(x1, y1, x2, y1, wall) unless cell.north
     -     img.line(x1, y1, x1, y2, wall) unless cell.west
     -
     -     img.line(x2, y1, x2, y2, wall) unless cell.linked?(cell.east)
    20     img.line(x1, y2, x2, y2, wall) unless cell.linked?(cell.south)
     -   end
     -
     -   img
     - end
```

to_png 方法接受一个命名参数 cell_size，该参数用来指示应该绘制多大的单元格（默认为长宽皆是 10 像素的正方形）。第 2 行使用该参数值来计算图像尺寸。然后我们设定背景颜色（白色）和墙壁颜色（黑色），并在第 8 行实例化画布。

接下来开始遍历单元格，依次绘制每个单元格。第 11 到 14 行计算西北(x1,y1)和东南(x2,y2)角的坐标，[译者注3]这样，就为我们绘制当前单元格的四堵墙中的任意一堵奠定了基础。

我们接下来正好要绘制墙。首先，检查单元格的北面或西面是否有邻居，如果没有，就绘制这些墙（第 16 行、第 17 行）。请注意，如果单元格的北部或西部**确实**有邻居，则由该邻居来绘制这些墙，因为每个单元格总是根据需要绘制自己的东、南两堵墙。第 19 行和第 20 行分别负责绘制东墙和南墙。

然后，当所有单元格都访问过了，我们只需要返回图像对象供调用者按需处理。例如将图像保存到磁盘，只需简单地将以下代码添加到 sidewinder_demo.rb 或 binary_tree_demo.rb 的后面。

```
img = grid.to_png
img.save "maze.png"
```

现在只需要在我们最喜欢的图像查看器中打开 maze.png 就可以看到效果了，如图 2.5 所示。瞧瞧我们都做了什么！

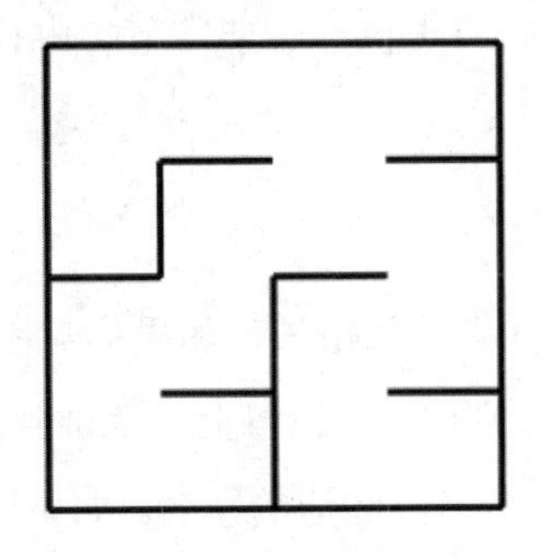

图 2.5 图片格式的迷宫

[译者注3] 亦即左上角、右下角的坐标。

把迷宫渲染为图像的能力可以带来多种可能性。本书将充分利用这个能力，特别是在探索不同形状（第 6 章、第 7 章）和形式（第 14 章）的迷宫时。

2.6 小试身手 Your Turn

你现在几乎踏上了统治世界的道路。不仅可以**生成**随机迷宫，还可以**展示**它们！你已经尝试过一些变化和技巧，并对这一切都感到非常自信。

现在是有趣的部分。在这里你可以动手探究，看看你的想法会产生什么结果。如果你渴望得到更多启发，那就紧跟以下内容来获取灵感！

2.6.1 网格 Grids

本章的实现只是网格众多呈现方式中的一种。这里提供另外两种思考问题的方法。或许你也可以多想几个出来！

位值字段网格

如果使用更加原始的方式，只是简单地使用整数数组，而不选择 `Cell` 对象数组，该怎么办？单元之间的连接将由数组每个元素上设置的位值（bits）来表示。这种方式将提供一个非常节省内存的网格，但它的表达能力往往相当有限。

边与节点

嗯，戴好你的计算机科学家帽子！如果你对图论非常熟悉，那么无疑会注意到网格和图之间的关联。还记得上一章讲到的那些完美迷宫？是的，就是树。单元格和通道只是节点和边的别名。如果这种关联对你有用，请尝试以图的方式实现网格。图中，每个节点有零个或多个边，每个边正好有两个节点。这种网格实现更耗内存，但几乎可以代表任何迷宫类型！

2.6.2 终端显示 Terminal Display

得承认本章的终端显示方式确实有点“粗糙”。这里有一些可能的清理手段。

更干净的字符

如果仅在三个及以上的墙段的交界处使用加号字符，则基于文本显示的迷宫看起来会更干净。如何更改显示程序使得展示出来的迷宫更整洁？

Unicode 网格

如果不用标准的标点字符而是使用 Unicode 框格绘图字符（即 U+2500 到 U+257F 的字符）来显示迷宫，该怎么实现？或者你也可以使用其他终端字符集中的类似字符。

2.6.3 图像显示 Graphical Display

ChunkyPNG 是一个很棒的库，但它不是绘制迷宫图像的唯一选择。以下是其他的一些绘制方式。也请你思考一下还能想到哪些？

其他图形平台

在其他一些图形平台上尝试一下。PDF 是另一种很好的格式，它支持多种语言。也许你更愿意将迷宫渲染为 SVG，或者甚至使用 JavaScript 将迷宫直接绘制到 HTML canvas 对象上！尝试不同的 API 看看哪个最适合你。

更厚的墙

本章的迷宫创建方法所生成的墙“薄如纸”，这样的迷宫并不总是最切实可行的迷宫。如果墙有实际厚度，你会如何渲染迷宫？（第 9 章的应用将面临这个问题）

拼贴法

不用按需绘制每个单元格，你可以预先渲染每种单元格，然后将它们像瓷砖一样铺好。考虑单元格所有可能的出口类型的组合，然后事先将它们全部绘制出来。对于一个简单的正交（即矩形）迷宫，有 15 种不同的单元格出口类型（如果包括空白单元格，则有 16 种），从四路交叉类型到四个不同的三路交叉类型，各种类型一直穷举到结束。

接下来的内容将让你真正势不可挡。我们将学习如何“勇闯”前面创建好的迷宫！

第 3 章

勇闯迷宫

Finding Solutions

尽管生成一个又一个的迷宫很有趣，但最终会有人问你如何破解这些谜题。一两次是可以的，但谁也不想永远拿着纸和笔逐个解决。这样我们将永远没有时间制作更多的迷宫！既然计算机能够生成迷宫，那么它肯定也可以破解迷宫难题，对吧？

计算机最好能做到！

事实证明，我们可以从一大堆算法中选取合适的算法来解决迷宫问题——实际上，如果我们想涵盖所有这些内容，这本书至少会变成两本。有些算法，如 Pledge 或 Trémaux 算法，在迷宫部分可见时很有用。其他的，像死角填充和最短路径算法，则需要一个更全面的视角。说真的，这些内容实在太多了，我们无法面面俱到。相反，我们只关注一个算法，即路径查找算法中的瑞士军刀：Dijkstra 算法。

乔的问题：
Dijkstra 是谁？

Edsger Dijkstra（1930—2002）是荷兰计算机科学家。除了发明了同名算法外，他还活跃于计算机科学的许多领域，例如形式验证和分布式计算等。他撰写了许多论文和文章，其中包括 1960 年代后期著名的一封信，名为“Go To Statement Considered Harmful”（goto 语句是有害的）。

Dijkstra 算法并不适合所有的迷宫破解。其他算法也许可以更快或更有效地解决某些迷宫。尽管如此，Dijkstra 的算法仍有大用处。首先，它对迷宫类型并不挑剔。有些算法只适用于某些类型的迷宫，但 Dijkstra 不是这样！它会解决我们扔给它的任何问题。其次，Dijkstra 算法的附带能力可以让我们做一些有趣的事情，比如增加迷宫难度，或者能够让我们深入了解迷宫纹理以及迷宫生成算法的偏差。

本章将介绍 Dijkstra 算法的一个简化版本，一步一步解释这个算法，然后用代码实现算法。当我们尝试在迷宫中搜寻更长路径，或为迷宫着色以更好地可视化纹理时，还将看到 Dijkstra 算法的一些附带能力的应用。

3.1 Dijkstra 算法
Dijkstra's Algorithm

Dijkstra 算法测量某个起点（由我们指定）与迷宫中其他每个单元格之间的最短距离。简而言之，它的工作原理是从我们选择的那个点开始，然后走遍迷宫。走到一个单元格的时间越长，该单元格离起点就越远。

下面是个简化的 Dijkstra 算法版本。完整的算法可以找到任意单元格和通道组合的最短路径，无论这些单元格如何连接。本书后面会介绍完整版本，目前我们只需要简化版本。

给定一个起点，就意味着 Dijkstra 算法的开始。这个起点通常是搜寻路径开始处的单元格，如迷宫入口。算法将起点标记为 `0`，因为从该单元到其自身的路径正好为零个单元格长度。Dijkstra 尚未计算出起点单元格与网格中其他所有单元格之间的距离，因此先将与其他所有单元格的距离设置为空白或未定义。图 3.1 以西北角为起点。

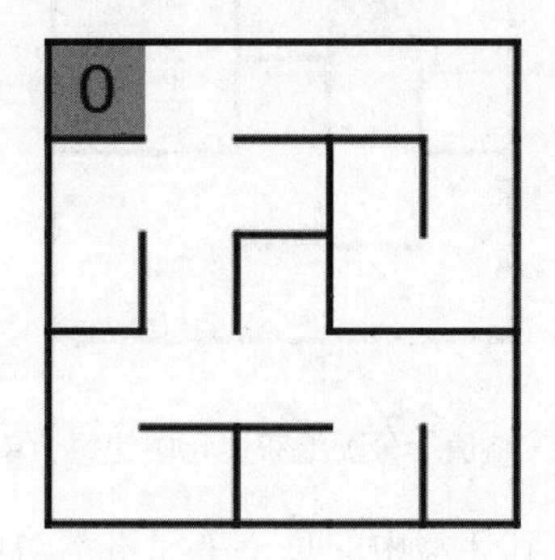

图 3.1　以西北角为起点

接下来，查看连接到起点单元格的所有未访问（白色，未编号）的邻居。我们将这组单元格称为边元（frontier）。算法将值 1 分配给边元中的每个单元格，因为这些单元格都距起点正好一个单元格。在这里，我们看到起点单元格只有一个可访问的邻居，所以新的边元集只包含那个邻居单元格。如图 3.2 所示。

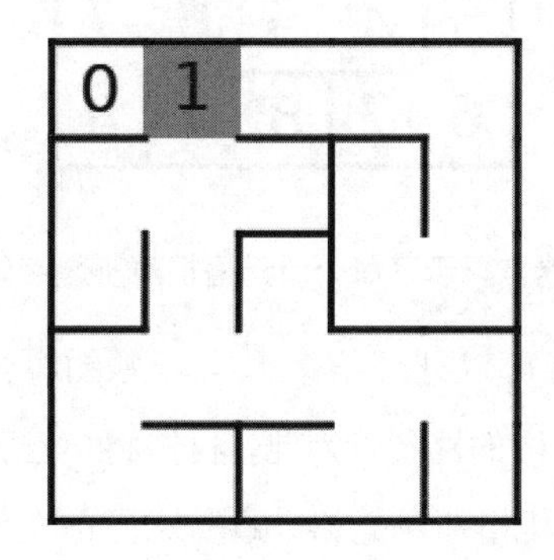

图 3.2　将值 1 分配给边元中的每个单元格

Dijkstra 算法对新边元集中刚刚标记为 1 的那个单元格再次执行所有操作。算法访问该单元格未访问且可访问的邻居，并将每个邻居的距离设为 2，因为算法每走一步也就远离起点一步。如图 3.3 所示，当前的邻居单元格现在成为了新的边元集。

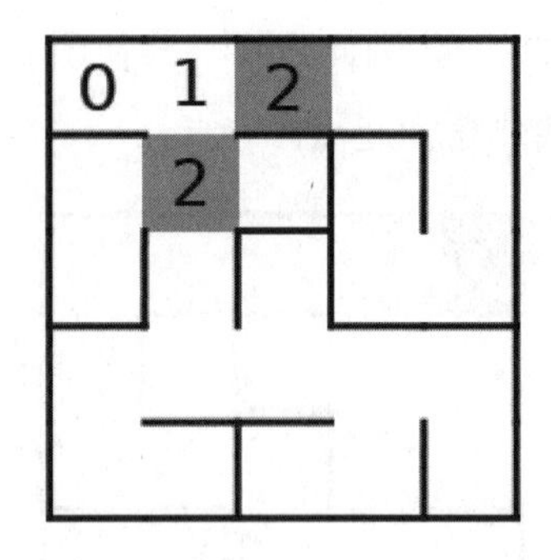

图 3.3 将值 2 分配给新边元中的每个单元格

重复以上过程，直到迷宫中的每个单元格都访问过（即分配了一个距离值）。图 3.4 描述了剩下的内容：一个矩阵，显示迷宫中每个单元格相对于起点单元格的距离。

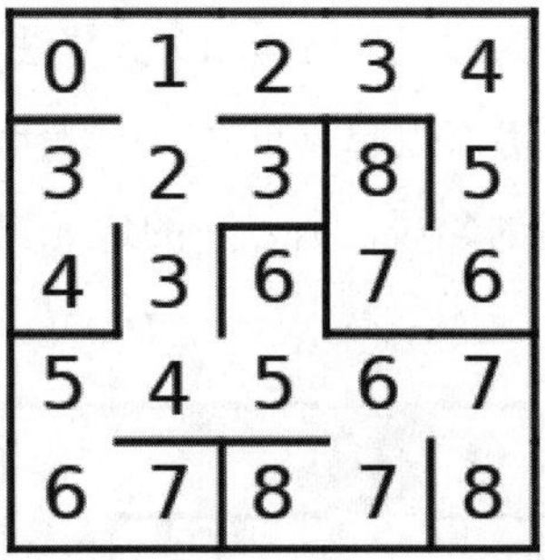

图 3.4 最终迷宫显示了每个单元格相对于起点单元格的距离

有了这个矩阵，就可以处理很多非常巧妙的事情，特别是找到从迷宫任一单元格到起点单元格的路径。为此，我们将自己定位在路径的终点——称之为目标，然后查看其相邻单元格。距离比当前单元格小 1 的单元格将是我们路径上的下一个跳板。接下来将该跳板设为当前单元格，重复上述过程，直到到达起点单元格（距离为零的单元格），查找就完成了！图 3.5 显示了一条这样的路径，该路径假设选择东南角作为目标。

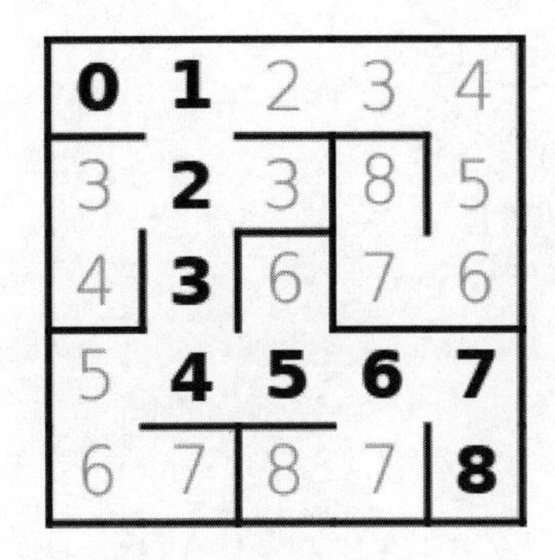

图 3.5 起点到目标的路径

这条路径肯定是两点间的最短路径。这是一个非常有用的保证！让我们来看一种 Dijkstra 算法思路的实现方法。

3.2 实现 Dijkstra 算法 Implementing Dijkstra's

为了最终实现这个 Dijkstra 算法的简化版本，我们将依赖一个名为 `Distances` 的新类，它跟踪每个单元格与参照单元格（即初始计数的起点单元格）之间的距离。一旦实现了该类，就把 Dijkstra 算法的实际实现添加到 `Cell` 类中，这将让我们几乎可以在任何需要的地方应用 Dijkstra 算法。

所以，首先让我们添加 `Distances` 类。目前，它只是一个 `Hash` 实例的简单包装器，但我们很快就会让它变得更有用。创建一个名为 `distances.rb` 的新文件，并将以下内容添加到其中。

distances.rb

```
class Distances
  def initialize(root)
    @root = root
    @cells = {}
    @cells[@root] = 0
  end

  def [](cell)
    @cells[cell]
```

```
  end

  def []=(cell, distance)
    @cells[cell] = distance
  end

  def cells
    @cells.keys
  end
end
```

我们将使用这个类来记录每个单元格到起点`@root`的距离，因此初始化构造函数只是简单地设置哈希表，让根（起点）到自身的距离为`0`。

我们还添加了一个数组访问器方法`[](cell)`，以便查询给定单元格到根的距离。同时添加一个相应的设置器`[]=(cell, distance)`，用于记录给定单元格到根的距离。

最后，我们添加一个`cells`方法来获取全部既有单元格的列表。

这些都很容易。

接下来使用这个新类。向`Cell`添加一个`distances`方法，该方法实现Dijkstra算法并返回一个`Distances`实例，该实例包含我们之前讨论过的距离矩阵。

首先，我们需要确保`Distances`类已加载。将以下代码行添加到`cell.rb`的最顶部。

```
require 'distances'
```

现在，在`cell.rb`文件的末尾添加以下方法，就是在最后的`end`关键字之前。

```
Line 1 def distances
     -   distances = Distances.new(self)
     -   frontier = [self]
     -
     5   while frontier.any?
     -     new_frontier = []
     -
     -     frontier.each do |cell|
```

```
-       cell.links.each do |linked|
10        next if distances[linked]
-         distances[linked] = distances[cell] + 1
-         new_frontier << linked
-       end
-     end
15
-     frontier = new_frontier
-   end
-
-   distances
20 end
```

第 2 行实例化了新的 Distances 类，我们将使用它来存储我们将要计算的所有距离。当前单元格是根单元格，因为这是所有距离都关联的单元格。我们还把边元集初始化为一个只有一个元素的数组：本单元格，我们的起点。

第 5 行开始的循环里是算法实现。不断循环，直到 frontier 边元集中没有更多单元格，这时表明已经测量好了每个单元格到根单元格的距离。

在每次 while 循环中，都会创建一个新的边元集 new_frontier（第 6 行），这个新边元集将包含与当前边元集 frontier 中单元格连接的所有未访问单元格。这些未访问单元格将在下一次算法循环时使用。当前循环迭代 frontier 中单元格（第 8 行），并使用与这些单元格连接的每个邻居（第 9 行）来填充 new_frontier。

因为如果一个单元格尚未被访问，distances 哈希表里就没有该单元格的记录，这时在 distances 中索引该单元格就会返回 nil，所以第 10 行可以根据此特征来检测已访问单元格，一旦发现是已访问单元格就跳过它们。如果连接单元格未被访问，则在第 11 行计算连接单元格的距离，使得连接单元格的距离比 frontier 里的单元格的距离大一（因为连接单元格离起点又更远了一步），然后将连接单元格添加到我们的新边元集（第 12 行）。

在处理了 frontier 里的所有单元格之后，我们将 new_frontier 设置为当前有效的边元集（第 16 行），然后再次重复处理。当算法完成时，我们返回距离哈希表，正如之前说的那样。

哇！

到这里就几乎准备就绪了，但还没办法查看 Dijkstra 算法返回什么。我们希望单元格本身能够显示对应距离的值，但现有 Grid#to_s 方法的可扩展性不是太好。我们要么不得不直接更改 Grid 类中的 to_s 方法（这不太妥，因为大多数网格不需要这个功能），要么得将大部分 to_s 方法的内容复制粘贴到另一个类中以便改造它。

别这样，不妨多花点时间退一步，解决根本问题，让 Grid#to_s 更具可扩展性。添加一个名为 contents_of(cell)的方法，子类可以覆盖该方法，该方法用于提供一些描述文本，这些文本用来标记任何给定的单元格。默认情况下，它只会渲染一处，这是我们当前的实现。打开 grid.rb 并在 to_s 方法之前添加这个新方法。

```
def contents_of(cell)
  " "
end
```

现在，在 grid.rb 仍然打开的情况下，找到 to_s 方法。我们要更改其中的一行代码，即单元格主体描述的部分，以便这里调用新的 contents_of(cell) 方法。要处理的行在以下代码段中突出显示。

```
row.each do |cell|
  cell = Cell.new(-1, -1) unless cell

➤ body = " #{contents_of(cell)} "
  east_boundary = (cell.linked?(cell.east) ? " " : "|")
  top << body << east_boundary

  south_boundary = (cell.linked?(cell.south) ? " " : "---")
  corner = "+"
  bottom << south_boundary << corner
end
```

多亏了这种便捷调整，现在可以生成一个简单的 Grid 子类，该子类能够呈现自己并显示每个单元格的距离数字。

创建一个名为 distance_grid.rb 的新文件，并将以下代码放入其中。在这里将覆盖 contents_of 方法以返回每个单元格的距离信息。请记住，Grid#to_s 方法调用 contents_of 来判断每个单元格应该如何呈现。通过在 contents_of 中返回距离信息，我们就可以将距离信息直接插入到文本格式的迷宫中！这应该能够让我们对进行中的事情有所了解。

distance_grid.rb

```
require "grid"

class DistanceGrid < Grid
  attr_accessor :distances

  def contents_of(cell)
    if distances && distances[cell]
      distances[cell].to_s(36)
    else
      super
    end
  end
end
```

请注意，由于单元格主体仅限于一个 ASCII 字符，因此我们将距离格式化为 base-36 的整数。也就是说，从 0 到 9 的数字照常表示，但是当数字到达十进制数 10 时，就切换到字母。数字 10 是 a，11 是 b，12 是 c，以此类推，一直到 z 是 35。然后，数字 36 变成 10，个位又重新开始。这让我们可以使用单个字符表示最多 35 个的距离值。

现在可以实例化这个 DistanceGrid 类并将所有代码都组合起来。将以下代码放入名为 dijkstra.rb 的文件中。

dijkstra.rb

```
Line 1 require 'distance_grid'
     - require 'binary_tree'
     -
     - grid = DistanceGrid.new(5, 5)
     5 BinaryTree.on(grid)
     -
     - start = grid[0, 0]
     - distances = start.distances
     -
```

```
10 grid.distances = distances
 - puts grid
```

这里选择二叉树算法并没啥特别的含义——可以用任何别的算法来替换，特别是当我们开始摸索更多算法时。关键步骤从第 7 行开始，我们在这里选择起点单元格。紧接着下一行调用刚建的 `Cell#distances` 方法来计算每个单元格相对起点单元格的距离，然后在第 10 行将计算好的距离分配给网格的 `distances` 属性。当最终显示网格时，将使用距离信息显示每个单元格。

尝试运行这段程序。应该得到类似下面图 3.6 的东西。

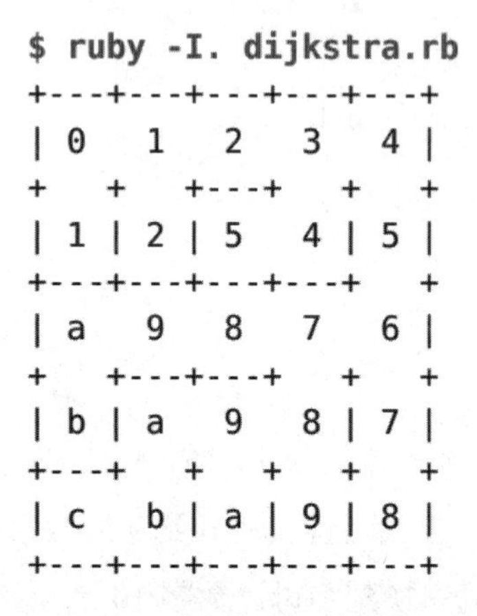

```
$ ruby -I. dijkstra.rb
+---+---+---+---+---+
| 0   1   2   3   4 |
+   +   +---+   +   +
| 1 | 2 | 5   4 | 5 |
+---+---+---+---+   +
| a   9   8   7   6 |
+   +---+---+   +   +
| b | a   9   8 | 7 |
+---+   +   +   +   +
| c   b | a | 9 | 8 |
+---+---+---+---+---+
```

图 3.6 运行 dijkstra.rb 的结果

瞧瞧！这就是我们自己生成的矩阵。正如预期的那样，起点位置（位于西北角）的距离为 0。其他单元格从 1 到 9 计算各自距离，在其他位置则切换为字母（以 36 为基数的数字）来表示 10、11 等。

3.3 查找最短路径 Finding the Shortest Path

这个练习的全部目的是找到迷宫的解决方案，即任意两个点之间的路径，所以接下来解决这个问题。我们将或多或少地实现之前描述的内容，从我们的目标往回走，按距离依次减小的顺序回溯相邻单元格。

我们首先要决定希望路径在哪里结束（在这里把终点设为西南角），然后从那里往寻找。对于路径上的每个单元格，距离最短的相邻单元格将是解决方案的下一步。

还记得前面说过会让 `Distances` 类尽快变得更有用吗？现在要开始修改它了。将以下方法插入 `Distances` 类中。打开 `distances.rb` 并将以下代码添加到 `Distances` 类定义的末尾，也就是该类最后的 `end` 关键字之前。

```
Line 1 def path_to(goal)
     -   current = goal
     -
     -   breadcrumbs = Distances.new(@root)
     5   breadcrumbs[current] = @cells[current]
     -
     -   until current == @root
     -     current.links.each do |neighbor|
     -       if @cells[neighbor] < @cells[current]
    10         breadcrumbs[neighbor] = @cells[neighbor]
     -         current = neighbor
     -         break
     -       end
     -     end
    15   end
     -
     -   breadcrumbs
     - end
```

此方法获取一个单元格并计算出从起点到该单元格的路径。处理逻辑始于第 2 行，首先确定给定目标是我们当前的单元格。然后，第 4 行 `breadcrumbs` 变量初始化为一个新的 `Distances` 实例，该实例最终将仅包括位于路径上的那些单元格，它刚开始只包含参照单元`@root`。

处理过程始于一个循环，从第 7 行开始，一直持续到我们到达那个`@root`单元格。该循环的每次迭代都会检查当前单元格的所有连接邻居（第 8 行），并寻找更接近根起点的邻居（第 9 行）。当找到更接近根起点的邻居，将该邻居添加到 `breadcrumbs`（第 10 行），然后把该邻居作为当前单元格来重复循环。

请注意返回的是一个 Distances 实例（breadcrumbs 对象）。这意味着 Distances 实例的显示已不是问题，因为我们所要做的就是获取新的哈希表（Distances 实例）并将其交给网格。[译者注1] 我们更新后的 contents_of 方法将在路径沿途的单元格中显示距离值(因为这些单元格存在于新的哈希表中)，而其他所有的单元格则呈现空白（因为它们不存在于新的哈希表中）。

要运行程序，只需要调用这个新的 path_to 方法。将其添加到 dijkstra.rb 的底部。

```
dijkstra.rb
puts "path from northwest corner to southwest corner:"
grid.distances = distances.path_to(grid[grid.rows - 1, 0])
puts grid.to_s
```

现在运行它就能得到结果，应该可以看到两个迷宫——一个是完整的距离值矩阵（见图 3.7），另一个只显示西北角和西南角之间的路径（见图 3.8）。

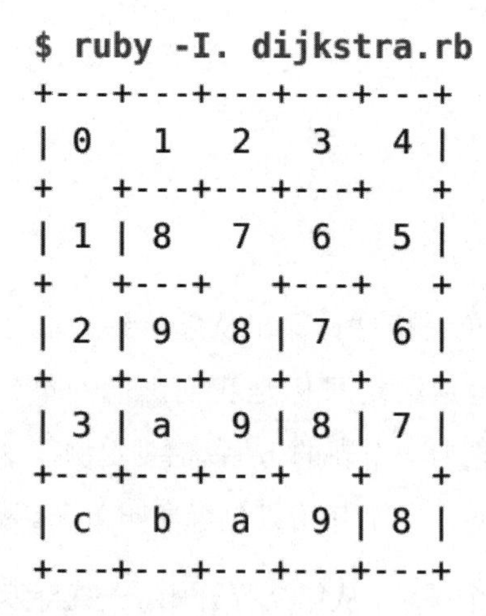

图 3.7 运行 dijkstra.rb 的结果，完整的距离值矩阵

[译者注1] 前面 cell.rb 中的 distances 方法，不就是这么做的吗？

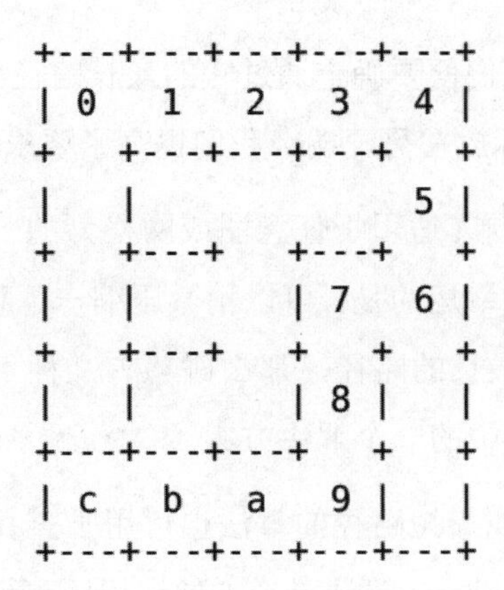

```
+---+---+---+---+---+
| 0   1   2   3   4 |
+   +---+---+---+   +
|   |           5   |
+   +---+   +---+   +
|   |       | 7   6 |
+   +---+   +   +   +
|   |       | 8 |   |
+---+---+---+   +   +
| c   b   a   9 |   |
+---+---+---+---+---+
```

图 3.8 运行 dijkstra.rb 的结果，西北角到西南角之间的路径

最短路径出现了！刚刚使用 Dijkstra 算法找到了迷宫中两点间的最短路径。这非常棒。现在，若是朋友向你请教迷宫解决方案时，你就不会尴尬了。这难不倒你。

但我们并没有完成 Dijkstra 算法。称它为瑞士军刀并不是开玩笑。嗯，并不是。到目前为止，我们所阐述的只是说明 Dijkstra 算法如何破解迷宫。实际上还可以用它来让迷宫更具挑战性，这是迷宫创造者应该了解的增强特性。接着我们就来看看。

3.4 制作更具挑战性的迷宫 Making Challenging Mazes

有很多方法可以使得迷宫更具挑战性，但其中的许多方法非常主观且难以量化。Think Labyrinth!（迷宫思考）网站的作者 Walter D. Pullen，在他的 Maze Psychology（迷宫心理学）页面上列出了许多有关挑战性迷宫的考虑因素，[注 1] 而且罗列的清单并不短。在这里我们只关注其中一个——解决方案长度（solution length），我们将看到 Dijkstra 的算法如何再次节省时间。

一般来说，路径越长，迷宫越困难。理想情况下，如果我们想要一个

[注 1] http://www.astrolog.org/labyrnth/psych.htm

更具挑战性的迷宫，我们便要确定通过它的最长路径。然后把迷宫的入口放在路径的一端，把目标放在另一端，我们提高了要求。就这么简单。

“最长路径”问题（适用于任意图或网格）的一般解决方案是数学家所说的 NP-hard 问题。幸运的是，可以稍微压缩一下我们的要求。如果只是想在完美迷宫中找到最长的路径，那么碰巧有几种不同方法可以解决该问题，而 Dijkstra 就是其中的一个解决方案。

我们刚刚用于查找最短路径的算法也可用于查找最长路径。这似乎违反直觉，但请记住：Dijkstra 算法已经方便地用距离值标记了每个单元格。剩下要做的就只是在迷宫中寻找最大的那个距离值。这将告诉我们从起点到目标单元格的最长路径。

不过要小心！这不一定是迷宫中最长的路径。假设我们的起点单元格恰好位于迷宫实际最长路径的中间某处，那么从该单元格算起的最长路径将比迷宫实际的最长路径短。诀窍是运行算法两次。第一次，从任意起点找到最远的单元格。第二次，倒转过来，用最远的单元格作起点，让 Dijkstra 算法告诉我们离这个单元格最远的单元格是哪个。这基本上是在要求 Dijkstra 算法告诉我们相对于最远点的最远点在哪里。

为了实现上述思路，我们需要在 `Distances` 类中引入一个新方法，用它来告诉我们哪个单元格离根单元格最远以及有多远。再次打开 `distances.rb` 并将以下方法添加到 `Distances` 类中，就在 `path_to` 方法之后。

```
def max
  max_distance = 0
  max_cell = @root

  @cells.each do |cell, distance|
    if distance > max_distance
      max_cell = cell
      max_distance = distance
    end
  end

  [max_cell, max_distance]
end
```

这个方法只是遍历哈希表中的每个单元格，跟踪哪个单元格的距离最大。完成后，返回一个结果数组。

现在，将以下代码放入名为 longest_path.rb 的文件中。请注意，它的工作原理与 dijkstra.rb 类似，但不是简单地显示距离矩阵，而是在第 7~15 行执行了两次 Dijkstra 算法，如刚才所述，这是为了找到穿越迷宫的最长路径。

longest_path.rb

```
Line 1 require 'distance_grid'
     - require 'binary_tree'
     -
     - grid = DistanceGrid.new(5, 5)
     5 BinaryTree.on(grid)
     -
     - start = grid[0, 0]
     -
     - distances = start.distances
    10 new_start, distance = distances.max
     -
     - new_distances = new_start.distances
     - goal, distance = new_distances.max
     -
    15 grid.distances = new_distances.path_to(goal)
     - puts grid
```

处理逻辑于第 7 行开始，我们选择西北角作为起点单元格。请记住，可以选择任何想要的单元格——西北角既简单又方便，所以我们挑选它。

接下来，第 9 行和第 10 行从该起点运行 Dijkstra 算法，并找到相对于起点最远的单元格，称之为 new_start。

Distances#max 返回一个二元数组，包含最远的单元格及其到根的距离。Ruby 支持并行赋值，因此我们可以直接将该数组的元素分配给单独的变量。尽管这里实际上并没有使用 distance 值，但 max 方法有返回它，所以我们得把它放在某个地方！

一旦有了最远单元格，我们在第 12 行和第 13 行再次执行查找最远单元格操作，通过新起点找到最远单元格。我们将那个新的最远单元格分配给 goal。

最后，使用通过 `new_start` 获取的 `new_distances` 哈希表，计算到目标单元格的路径（第 15 行），并将路径结果分配给网格的 `distances` 属性。

现在运行这个程序应该会显示所找到的路径（见图 3.9）。

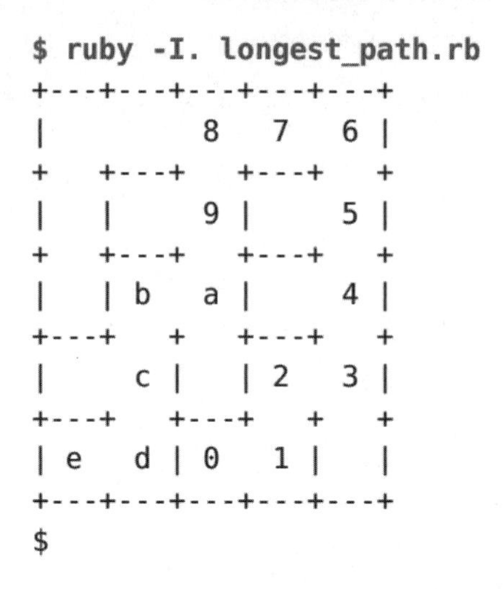

图 3.9 运行 longest_path.rb 的结果

我们得到了最长路径！但请注意，严格来说这只是一条最长路径。迷宫中可能有多条一样长的路径，它们同样也是最长路径。

高效查找最长路径

值得一提的是，Dijkstra 算法并不是找到穿越迷宫的最长路径的最有效方法。毕竟，必须运行该算法两次，这意味着在找到最长路径之前，每个单元格都将被访问两次。

如果利用一点图论知识，就可以更有效地计算最长路径。穿过一棵树（正是完美迷宫）的最长路径称为树的直径或宽度。使用深度优先搜索，可以遍历树并计算直径。遗憾的是，算法的细节超出了本书内容的范围，但如果你愿意，可以视其为一个挑战！

在继续讨论更多迷宫算法之前，我们看一下有关 Dijkstra 算法的最后一个技巧。事实证明，我们从 Dijkstra 算法得到的数字矩阵也可以用另一种方式理解：颜色。

接下来看看着色有什么用处。

3.5 为迷宫着色 Coloring Your Mazes

事实证明，以特定方式为迷宫着色就像拍 X 光，让我们能够窥视迷宫内部，更清楚地了解迷宫结构及生成迷宫的算法。Dijkstra 算法非常适合拿来为迷宫着色，因为它生成一个数字矩阵。每个具有相同距离值的单元格都有一个共同点：它们都与起始单元格等距。这简直就是一个大家抢着玩的按数字绘图的练习。

最简单的方法是，相对于最长路径的长度，将每个数字视为一个颜色强度值。若将处理逻辑倒过来，把具有最大距离值的单元格视为最暗的单元格，而起点单元格（距离为零）视为颜色最亮的单元格，则效果会更好。

为了完成这项工作，需要再次进入 Grid 类，调整 to_png 实现以支持对单元格着色。对 to_png 的调整参照对 to_s 的处理，只需照葫芦画瓢。我们将添加一个 background_color_for(cell)方法，该方法将返回一个颜色值，to_png 将为每个单元格调用这个方法。子类可以覆盖 background_color_for 以实现自己的着色规则。

再次打开 grid.rb，我们将进行如下更改，首先添加新的 background_color_for(cell)方法。把它放在 contents_of 之后，因为两者的职责相似。

```
def background_color_for(cell)
  nil
end
```

默认情况下，这个方法返回 nil，这意味着单元格不应该被着色，但是覆盖它的子类应该返回一个 ChunkyPNG::Color 实例。（我们很快就会看到实现方式。）

对于 to_png 方法，只更改其中的 each_cell 块，将其替换为以下内容。

```
Line 1 [:backgrounds, :walls].each do |mode|
     -   each_cell do |cell|
     -     x1 = cell.column * cell_size
     -     y1 = cell.row * cell_size
     5     x2 = (cell.column + 1) * cell_size
     -     y2 = (cell.row + 1) * cell_size
     -
     -     if mode == :backgrounds
     -       color = background_color_for(cell)
    10       img.rect(x1, y1, x2, y2, color, color) if color
     -     else
     -       img.line(x1, y1, x2, y1, wall) unless cell.north
     -       img.line(x1, y1, x1, y2, wall) unless cell.west
     -       img.line(x2, y1, x2, y2, wall) unless cell.linked?(cell.east)
    15       img.line(x1, y2, x2, y2, wall) unless cell.linked?(cell.south)
     -     end
     -   end
     - end
```

第 1 行将旧的 each_cell 块包装在另一个循环中，该循环遍历两个符号常量：:backgrounds 和:walls。第一次循环中，调用 background_color_for 方法并绘制填充矩形，为单元格着色（第 8 行）。第二次循环，则绘制墙壁，跟我们之前做的一样（第 12~15 行）。

接下来我们继承 Grid 并创建一个 ColoredGrid 类，ColoredGrid 类将实现我们基于 Dijkstra 算法的着色规则。

colored_grid.rb

```
Line 1 require 'grid'
     - require 'chunky_png'
     -
     - class ColoredGrid < Grid
     5   def distances=(distances)
     -     @distances = distances
     -     farthest, @maximum = distances.max
     -   end
     -
```

```
10   def background_color_for(cell)
 -     distance = @distances[cell] or return nil
 -     intensity = (@maximum - distance).to_f / @maximum
 -     dark = (255 * intensity).round
 -     bright = 128 + (127 * intensity).round
15     ChunkyPNG::Color.rgb(dark, bright, dark)
 -   end
 - end
```

我们的子类只实现了两个方法：供调用的写入器 distances=(distances)（第 5 行），以及 background_color_for(cell)方法（第 10 行）。

distances=方法只是简单地存储距离哈希表，并将哈希表中的最大距离值缓存为@maximum（第 7 行）。在 background_color_for 方法的第 12~14 行，通过测量每个单元格距离值与该最大距离值@maximum，计算出每个单元格的颜色强度。然后使用该颜色强度来计算 dark 值和 bright 值，并将颜色的红色和蓝色分量都设置为 dark，绿色分量设置为 bright，以此组合来返回绿色背景（第 15 行）。（也可以随意尝试其他颜色！例如，将红色和绿色分量设置为 bright，将蓝色分量设置为 dark，这样会返回黄色背景。看看你还能想出什么！）

最后，为迷宫着色就变得超级容易。将以下的代码放入名为 coloring.rb 的新文件中。

```
Line 1 require 'colored_grid'
     - require 'binary_tree'
     -
     - grid = ColoredGrid.new(25, 25)
     5 BinaryTree.on(grid)
     -
     - start = grid[grid.rows / 2, grid.columns / 2]
     -
     - grid.distances = start.distances
    10
     - filename = "colorized.png"
     - grid.to_png.save(filename)
     - puts "saved to #{filename}"
```

我们正在生成一个比以前更大的迷宫，25×25 的，这样颜色就更明显了。（这段代码同样适用于较小的迷宫，只是没有那么令人印象深刻！）同样，我们使用二叉树算法生成一个迷宫，然后，从第 7 行开始，选择网格的中心单元格作为我们的起点单元格。（从哪里开始并不重要，从中间开始通常视觉效果更佳。）接下来从起点单元格运行 Dijkstra 算法，将生成的距离矩阵分配给网格，并将网格绘制到 `colorized.png`。

让我们继续并运行程序。

```
$ ruby -I. coloring.rb
saved to colorized.png
$
```

打开 `colorized.png`，应该会看到类似图 3.10 的内容。

图 3.10 运行 `coloring.rb` 的结果，为迷宫着色

图片当然很漂亮，但我们看到的到底说明了啥？回想一下，我们是从网格中心开始运行 Dijkstra 算法的。

那个具有最小距离值的单元格的颜色最浅。随着其他单元格离那个单元格越来越远，其他单元格的颜色越来越深，直到最远的单元格，它是最暗的。

除了制作出了一些相当迷人的抽象艺术外，这个着色过程也恰好展示了一些非常有趣且可能非常有用的东西。它让我们非常清楚地看到了迷宫的结构。我们用 Dijkstra 算法味儿的 X 射线照着迷宫，看看里面到底有什么。事实证明，这么做非常适合从视觉上（以及主观地）比较各种不同的迷宫算法。

例如，图 3.11 展示了三个不同的迷宫，它们分别使用不同算法来生成。

图 3.11 分别用二叉树算法、Sidewinder 算法、递归回溯算法生成的迷宫

二叉树迷宫的对角线纹理和 Sidewinder 迷宫的垂直纹理，都清晰可见。第三种算法——递归回溯算法（Recursive Backtracker），我们尚未涉及到（第 5 章会阐述），把它放在这里是为了说明，即使不熟悉迷宫是如何生成的，这种着色技术也可以让人对算法效果有个直观了解。

本书后面都会用到着色技术。迷宫着色是一个很好的工具，它可以用来研究迷宫的结构，了解迷宫生成算法的行为。

3.6 小试身手 Your Turn

好吧，这就是 Dijkstra 算法。如前所述，它并非破解迷宫的唯一方法，甚至不是最快的方法，但它肯定是一种有效的方法。我们已经看到了如何使用 Dijkstra 算法来找到两个单元格之间的路径，以及如何使用它在迷宫中找到更长（且更具挑战性）的路径。

最后，我们使用 Dijkstra 算法来为迷宫着色，以便观察迷宫内部及其底层结构。

这里有很多探索空间。请花一些时间熟悉 Dijkstra 算法！

如果你需要一些建议做个引子，请考虑以下内容。

动画的 Dijkstra 算法

如果你在 Dijkstra 算法的每一步都画出迷宫会怎样？你应该能够清晰

地看到"洪水"是如何从起点蔓延并填满迷宫的。

自适应单元格宽度

您可能已经尝试过在一个大迷宫中运行 `dijkstra.rb` 程序。如果还没有，则请尝试一下，让网格成为 20×20 规格。这时候迷宫看起来很丑，网格线都没有对齐，因为路径长于 35 个单元格，导致 base-36 数字溢出。写入单元格的标签太长了！请根据需要尝试让单元格变宽，以解决某些单元格显示文本过长的问题。

以图形方式绘制方案路径

我们使用文本方式绘制了迷宫的解决方案，但若要用 `to_png` 绘制解决方案需要怎么做？考虑用不同颜色绘制每个单元格的背景，或者沿路径绘制线条/面包屑轨迹来显示路径。

其他着色方案

上面介绍的着色方案都是单色的，仅使用一种颜色背景来表示距离。你还能做点别的么？考虑以不同方式循环处理 RGB 调色板来填充彩虹色，或者将不同的渐变色混合在一起以创造新的效果。

更改起点单元格

如果在迷宫中的不同位置启动 Dijkstra 算法，然后再给迷宫上色呢？尝试从十字交叉路口或死角开始，也可以从每个墙角或网格边界尝试，看看各种情况下的比较结果。甚至还可以雄心勃勃地创建一个动画，其中每一帧都显示了沿着某条路径对不同单元格进行着色处理的迷宫！

现在我们已经掌握了 Dijkstra 算法，为处理两种新的迷宫算法做好了准备。在 Dijkstra 算法的帮助下，我们将看到让这两种算法变得特别的凭据——它们没有偏差。请继续阅读，了解这些算法的意义及代价。

第 4 章 通过随机游走避免偏差
Avoiding Bias with Random Walks

到目前为止，我们已经研究了两种不同的迷宫算法，虽然它们都易于理解和实现，但它们也有一些非常明显的偏差。当然，问题可以解决，但也许还有更好的方法。在本章中，我们将通过探索 Aldous-Broder 和 Wilson 这两种新算法来尝试平衡尺度，这两种算法都可以保证绝无偏差。

如果这听起来美得令人难以置信，那就对了！没有什么事情是没有代价的，所以我们还将看到这两种算法尽管在数学上完美无瑕，但也有弊端。

然而，我们首先得更好地理解偏差究竟是什么，以及算法有偏差意味着什么。我们退后一步，从另一个角度看待偏差，以更准确地观察没有偏差会产生什么结果。

4.1 理解偏差
Understanding Biases

说"这个算法有偏差"和"那个算法没有偏差"很容易，但到目前为止，我们还没有具体地解释这些话的含义。偏差不只是用于识别迷宫的长通道或倾斜趋势。如果一个算法生成的大量迷宫会出现同样的纹理，那么一个迷宫中出现明显的纹理或图案时，才能说这些纹理或图案是该算法存在偏差的凭据。

但即使是这样的定义也并没有完全涵盖偏差的含义。偏差并不总是像 Sidewinder 算法和二叉树算法中的那样，有些算法的偏差不容易看出来。甚至有些算法可能根本不会产生可见的痕迹。为了理解这是怎么回事，让我们来考虑一个例子。

乔的问题：
迷宫能叫有偏差吗？

Walter Pullen 在他的 Maze Classification（迷宫分类）页面 a 使用术语"偏差"来描述涉及通道方向的特定纹理类别。例如，具有水平偏差的迷宫将有更长的东西通道。所以，是的，在某些情况下，偏见这个词可能同时适用于迷宫和算法。

然而，为避免混淆，本书中的"偏差"将严格用来表示算法，而更通用的术语纹理则用于描述迷宫。也就是说，算法的偏差可能会产生迷宫的纹理。

----
ahttp://www.astrolog.org/labyrnth/algrithm.htm

假设我们想要生成一个 2×2 的完美迷宫。（回想一下，这里的"完美"是指其中没有环路。）图 4.1 显示了所有四种可能的完美迷宫，它们都适合 2×2 网格。通过随机生成一个 2×2 的迷宫，我们有效地在这四种可能性中进行选择。

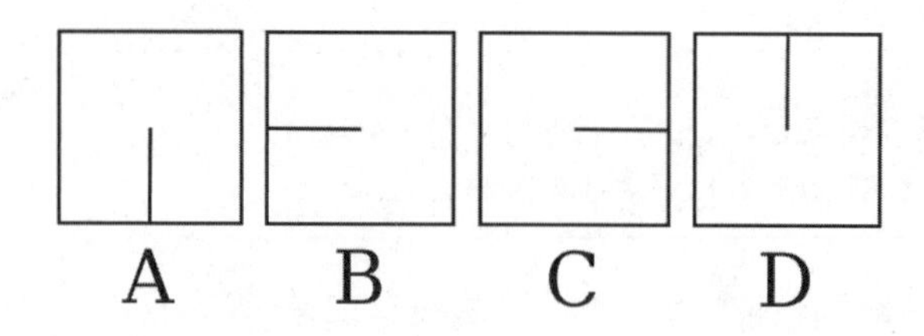

图 4.1 所有四种可能的 2×2 完美迷宫

这意味着，从概念上讲，随机生成一个迷宫就像将所有可能的迷宫放入一个大袋子中，充分摇晃（你懂的——确保它们确实被打乱），然后把手伸进袋子随意选择一个。

二叉树算法是执行此操作的一种方法。它让我们可以有效地进入那个装满所有可能迷宫的大袋子，并随机挑选一个，但这样做是有偏差的。就一大袋子的迷宫而言，这意味着二叉树算法实际上并没有从所有可能性中均等地选择。二叉树算法作弊了。

再次考虑上图中的四个完美迷宫。理想情况下，我们希望二叉树算法能够生成所有这些迷宫，但它做不到。（或者不这么干！）回想一下我们对其偏差的认识，它总是在北部和东部保留完整的通道。我们马上知晓 C 是不可能的，因为东部通道被一堵墙分为两半。二叉树算法永远不会给我们 C 类型的迷宫。D 同样是不可能的——穿过北部的通道也被一堵墙分开。换句话说，二叉树算法坚决拒绝为我们生成 A 和 B 之外的迷宫类型，它只能生成所有可能的 2×2 迷宫中的一半类型。二叉树算法对其他可能性存在偏见（实现上的偏差）。

Sidewinder 算法呢？Sidewinder 总是生成具有完整北部通道的迷宫，因此 D 出局了，因为北部有堵墙。该算法给了我们 A、B 和 C 三种选择，或所有可能的 2×2 迷宫类型中的 75%，Sidewinder 算法的表现更好一些。但是，我们想要的是一种可以从所有迷宫类型中按需选择的算法！

既然我们在提要求，那就干脆得寸进尺一些，我们希望机会均等地选择迷宫类型。也就是说，要确保袋子里每个迷宫的选中机会是均等的。有些算法则不均等，它们最终可能会给我们所有可能的迷宫，但往往会更频繁地生成某些类型的迷宫（例如，更长的通道）。这种情况可能是微妙的偏差，很难或不可能用肉眼发现，但也不是我们想要的。

简而言之，我们想看看从所有可能的迷宫集合中均等且随机地选择迷宫类型时会发生什么。好消息是，有很多方法可以做到这一点，而且这些方法都非常简单。然而，就像所有事情一样，也要懂得权衡利弊。

有一种称为 Aldous-Broder 算法的方法。让我们从它开始。

4.2 Aldous-Broder 算法
The Aldous-Broder Algorithm

Aldous-Broder 算法是由加州大学伯克利分校教授 David Aldous 和现任 Google 杰出科学家 Andrei Broder 共同研究出来的。该算法的实现几乎与二叉树算法一样简单。其思路是这样的：从网格中想要的任何地方开始，然后选择一个随机邻居。移动到那个邻居，如果该邻居未被访问过，就把它连接到前面一开始的那个单元格。重复直到每个单元格都被访问过。

很难容易，对吧？这就是随机游走，即从一个单元格到另一个单元格的漫无目的、无方向的蜿蜒曲折，使得该算法能够避免偏差。可不幸的是，正如后面会看到的，这也意味着该算法可能需要较长的运行时间。

让我们探究一下 Aldous-Broder 算法，以便观察实际效果。我们将从随机选择一个单元格开始，并将未访问的单元格着色为灰色，而笑脸指示哪个单元格是当前的，如图 4.2 所示。

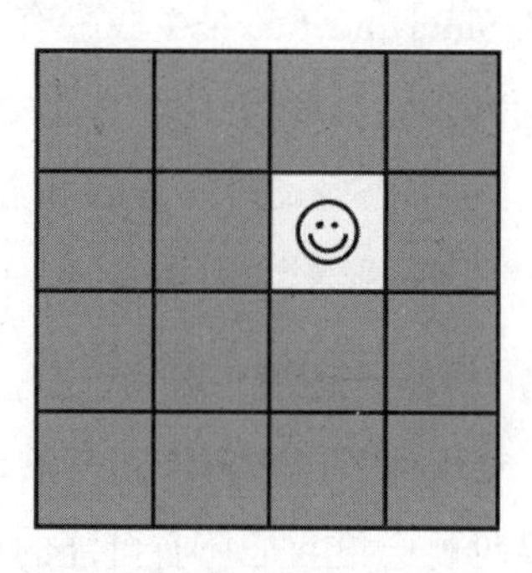

图 4.2 随机选择一个单元格

我们需要随机选择一个邻居，那就选择东边的。那个邻居还未访问过，所以将两个单元格连接在一起，然后从那个新单元再次执行该过程。图 4.3 连续显示了三个步骤，每个步骤都将我们带到一个新的、未访问过的单元格。

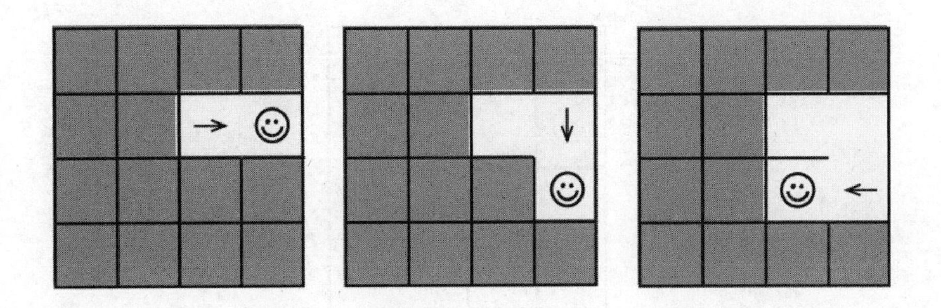

图 4.3 随机选择一个邻居，连接两个单元格，连续执行三次

不过，请继续下一步。选择了一个随机邻居，这次向北走，但北部这个单元格已经被访问过了。没关系！这就是该算法的工作原理。唯一的不同步骤是，这一次，我们并不连接这两个单元格。只需将邻居设为当前单元格，然后继续，如图 4.4 所示。

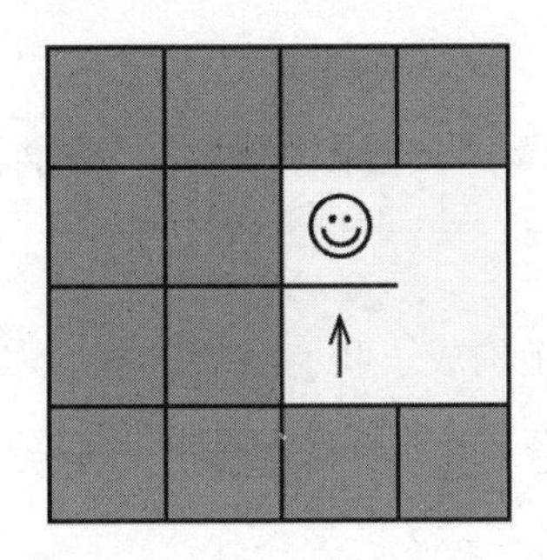

图 4.4 将邻居设为当前单元格

这个过程一直持续到每个单元格都被访问过，对于大型迷宫，这可能需要一段时间。来吧，你自己来完成这个迷宫。假设你随机挑选邻居，你会看到随机游走将趋于蜿蜒曲折，重复访问某些单元格。当只剩下一两个未访问单元格的时候，看着算法毫无头绪地在这一两个单元格身边走来走去可能会让人抓狂！

所以，试一试吧。当你尝试完毕，应该有类似图 4.5 这样图案。

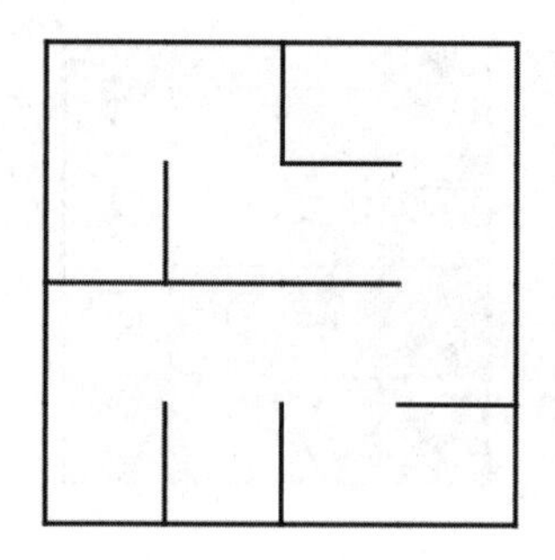

图 4.5 最终的图案

还不错！到达最后几个未访问的单元格当然需要一些时间，但过程本身很简单。

接下来看看如何用代码实现 Aldous-Broder 算法。

4.3 实现 Aldous-Broder 算法 Implementing Aldous-Broder

正如所料，随机游走构成了我们实现的核心，频频访问相邻的单元格，直到没有未访问的单元格。如前所述，邻居单元格跟当前单元格毫无意外地连在一起。

将以下代码放入名为 `aldous_broder.rb` 的文件中。和以前一样，我们把算法放在它自己的类中，这样更容易重用。

aldous_broder.rb

```
Line 1 class AldousBroder
     -
     -   def self.on(grid)
     -     cell = grid.random_cell
     5     unvisited = grid.size - 1
     -
     -     while unvisited > 0
     -       neighbor = cell.neighbors.sample
     -
    10       if neighbor.links.empty?
     -         cell.link(neighbor)
     -         unvisited -= 1
```

```
-       end
-
15      cell = neighbor
-     end
-
-     grid
-   end
20
- end
```

第 4 行随机选择其中一个单元格，由此拉开序幕。随机游走将从该单元开始。为了确保算法知道何时访问了所有单元格，第 5 行计算网格中未访问单元格的数量。（这里先减掉一个，因为我们把起点单元格视为已访问。）每次访问一个新单元格时，该值将递减（第 12 行），并且继续循环直到该值为零（第 7 行）。

在每次循环时，我们随机选择当前单元格的一个邻居（第 8 行），并在稍后将其设为新的当前单元格（第 15 行）。如果该邻居单元格还没有连接到任何其他单元格（这意味着它还未被访问过），就将其连接到当前单元格（第 11 行），然后再次循环。

一个简单的演示程序就足以对此进行测试。将以下内容放入 aldous_broder_demo.rb 中。

```
require "grid"
require "aldous_broder"

grid = Grid.new(20, 20)
AldousBroder.on(grid)

filename = "aldous_broder.png"
grid.to_png.save(filename)
puts "saved to #{filename}"
```

只要愿意，还可以随意通过终端显示迷宫；上述代码将迷宫简单地写入 PNG，以便我们可以将其放大来更好地查看生成迷宫的结构。运行此段代码会将迷宫保存到一个图像文件中，如下所示：

```
$ ruby -I. aldous_broder_demo.rb
saved to aldous_broder.png
$
```

打开 aldous_broder.png，我们应该会看到图 4.6。

图 4.6 运行 aldous_broder_demo.rb 得到的图像

非常棒。让我们更进一步，看看这个算法是否会产生迷宫共有的任何类型的纹理。借鉴上一章的 coloring.rb 程序，修改 aldous_broder.rb 的代码，以生成彩色的迷宫版本。事实上，可以一次生成和着色多个迷宫，这样就可以并排打开它们进行比较。将以下代码放入 aldous_broder_colored.rb 中。

```
aldous_broder_colored.rb
require "colored_grid"
require "aldous_broder"

6.times do |n|
  grid = ColoredGrid.new(20, 20)
  AldousBroder.on(grid)

  middle = grid[grid.rows / 2, grid.columns / 2]
  grid.distances = middle.distances

  filename = "aldous_broder_%02d.png" % n
  grid.to_png.save(filename)
  puts "saved to #{filename}"
end
```

运行这段代码，会生成六张不同的图像。

```
$ ruby -I. aldous_broder_colored.rb
saved to aldous_broder_00.png
saved to aldous_broder_01.png
saved to aldous_broder_02.png
saved to aldous_broder_03.png
saved to aldous_broder_04.png
saved to aldous_broder_05.png
```

如果观察这些图片，应该会看到图 4.7 这样的内容。

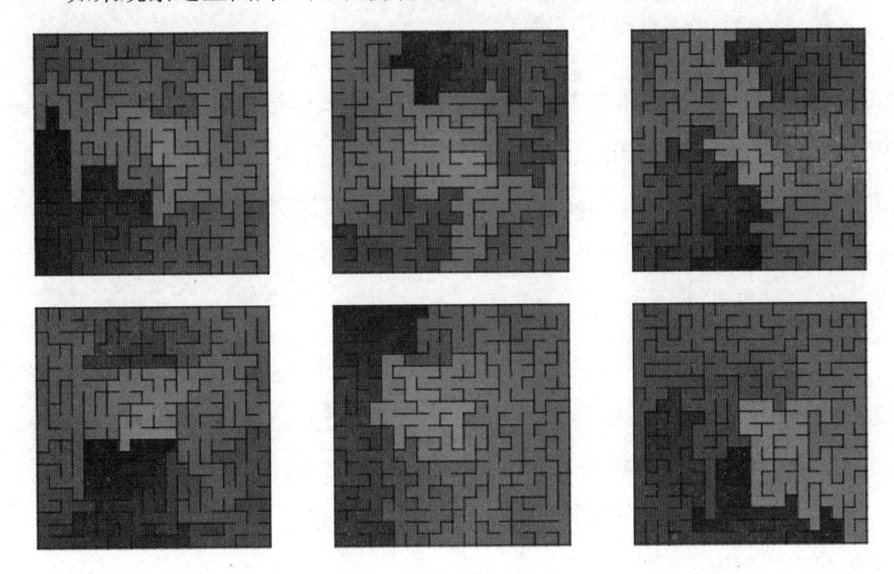

图 4.7 运行 aldous_broder_colored.rb 生成的彩色图像

请记住，一般来说，所见的任何纹理，只有在算法生成的每个迷宫都出现该纹理时，这个纹理才能作为偏差的凭证。来看这个展开图像里的各种纹理，可能会发现其中一些看起来想要垂直延伸，还有两个似乎中间有一座横桥，但这些纹理似乎没有任何共同的特征。这足够支持 Aldous-Broder 算法没有偏见的说法！

尽管 Aldous-Broder 算法很引人注目，但它并没法掩盖纯随机游走的最大缺点。在 Aldous-Broder 大陆，并非事事如意。算法的每个单独步骤可能执行得很快，但算法本身会运行很长时间，尤其是在大型迷宫中。在之前访问过的单元格上漫无目的地晃悠，感觉这非常浪费时光，但如果不舍弃我们心心念念的均等性特征，我们就没法赋予算法探索过程一个启发，或一种方式，来让这个过程变得聪明起来。

所以，我们无法改变 Aldous-Broder 算法本身，但也许可以尝试其他算法。来看看 Wilson 算法的表现是否会更好一些。

4.4 Wilson 算法 Wilson's Algorithm

Wilson 算法是由微软首席研究员、华盛顿大学数学副教授 David Bruce Wilson 研发的。它与 Aldous-Broder 一样基于随机游走的思想，但有所不同。它执行所谓的环路擦除（loop-erased）随机游走，这意味着，如果当下形成的路径碰巧与自身相交并形成一个环路，算法就会在继续之前先擦除这个环路，然后继续前进。

该算法首先选择网格上一个点（任意点）并将其标记为已访问。然后选择网格中任何未访问的单元格并执行一次环路擦除随机游走，直到遇到已访问的单元格。这时，将走过的路径添加到迷宫，将沿着该路径的每个单元格标记为已访问，然后算法又继续前进。重复该过程，直到网格中的所有单元格都被访问过。

这里面有不少细节！我们一起来过一遍，随便选择一个单元格作为开始，并标记它为已访问。在这里，西北角已被标记（见图 4.8）。

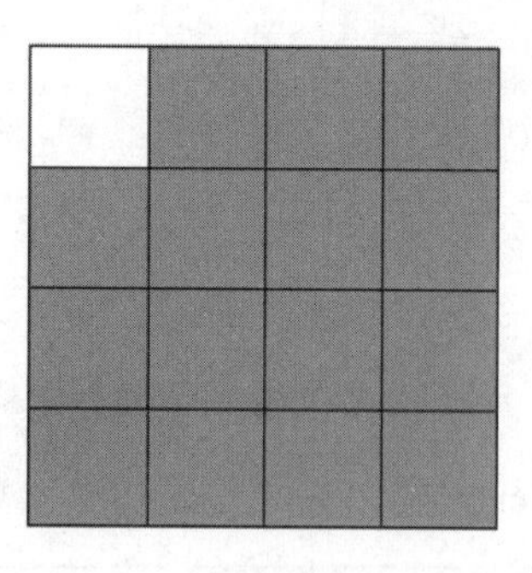

图 4.8 从西北角开始

接下来，我们随机选择另一个单元格。我们的选择在这里被标记为笑脸。我们称其为当前单元格，它将是我们开始环路擦除随机行走的地方。请注意，我们并不认为这个单元是已被访问的！如图 4.9 所示。

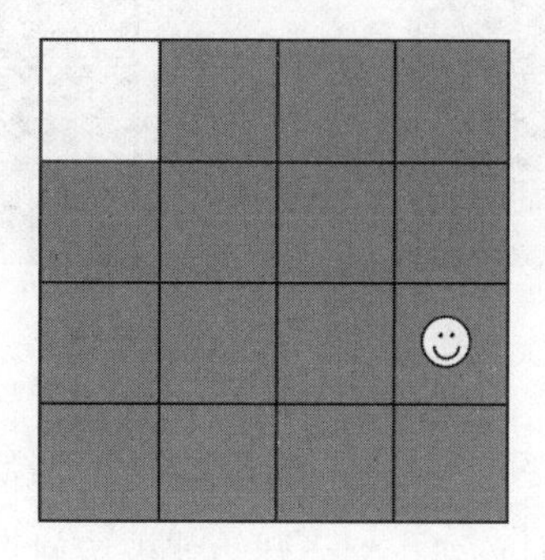

图 4.9 随机选择另一个单元格

从这里，我们选择一个随机邻居，并重复地使邻居单元格成为当前单元格。图 4.10 显示了我们经过四次这样的移动后的路径。请注意：这时我们实际上并没有铺设通道或修改网格。我们只是看看正在走的路径。

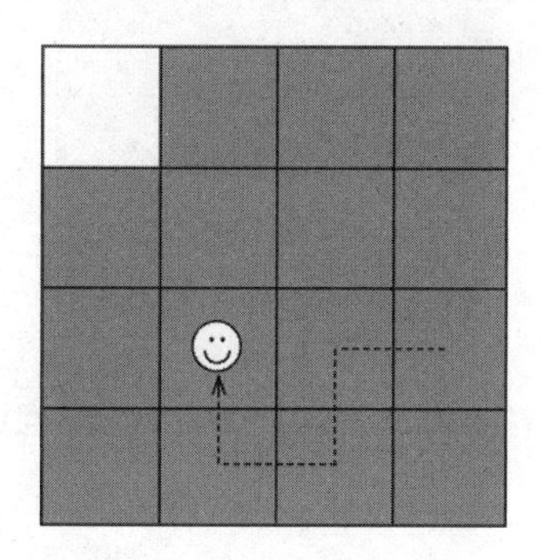

图 4.10 经过四次移动后的路径

现在，“环路擦除随机行走”中的“环路擦除”部分在这里开始发挥作用。在下面图 4.11 中，我们（随机地）决定向东移动，这导致我们与当前路径相交。这种情况就产生了一个环路，所以我们先擦除这个环路，然后再继续前进。

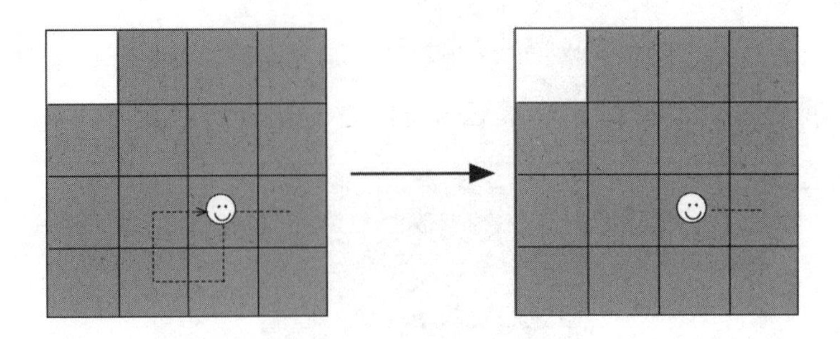

图 4.11 擦除环路

我们以这种方式继续，直到偶然遇到一个已经被访问过的单元格。第一次游走，这意味着我们必须找到一开始就被访问过的那个单元格，我们在这个单元格大海中捞针。这可能需要一段时间，但最终会找到那个单元格。我们的路径类似图 4.12 所示。

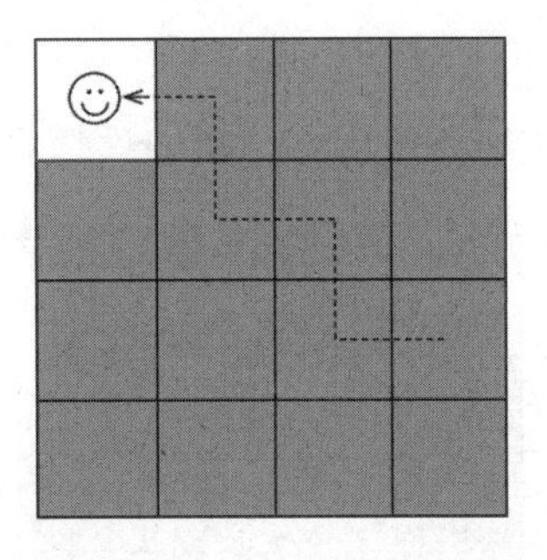

图 4.12 第一次游走最终会找到一开始就被访问过的那个单元格

一旦有了这条路径，就连接该路径上的所有单元格并将这些单元格标记为已访问，以在迷宫中铺设该路径，如图 4.13 所示。

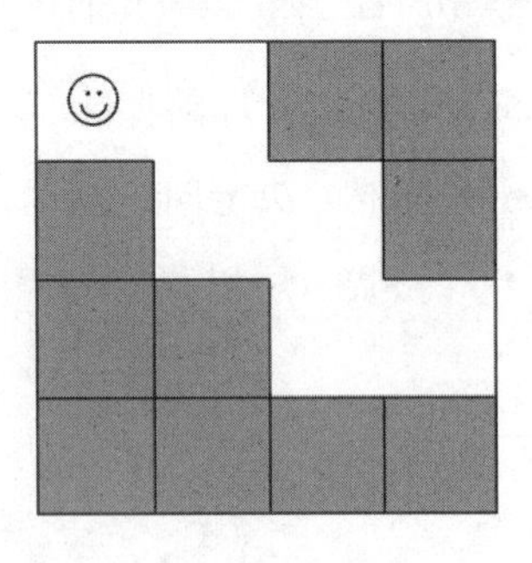

图 4.13 在迷宫中铺设该路径

然后我们再重复做一遍：从网格中选择一个随机的、未访问的单元格，再执行一次环路擦除随机游走，直到遇到一个访问过的单元格，并在迷宫中铺设出类似下面图 4.14 这样的路径。

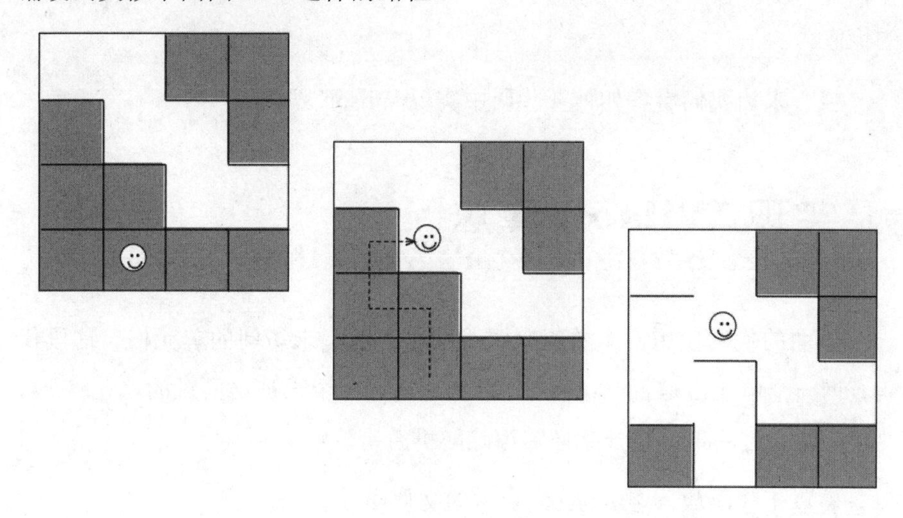

图 4.14 重复一次并铺设路径

重复进行这种方式，直到网格中不再有未访问的单元格。请试着完成这个迷宫。完成之后，应该会得到类似图 4.15 的内容。

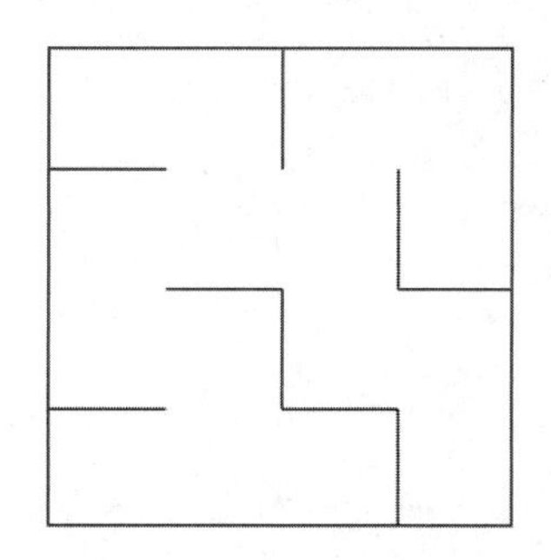

4.15 最终的迷宫

我们又认识了一种算法，还不错。可以看到，Wilson 算法消除了过程末期的无目的晃悠，因为问题被倒过来了：我们并不寻找未访问的单元格（一开始有很多，要结束时却很少），而是寻找访问过的单元格（开始时很少，要结束时却很多)。不幸的是，这也意味着它有与 Aldous-Broder 算法相反的问题。Aldous-Broder 算法开始时很快，但剩最后几个单元格的时候，需要的时间却越来越长；而 Wilson 算法的开始则比较慢，一开始就像大海捞针。不过，就像 Aldous-Broder 算法一样，该算法没有偏差，这或许足以证明它的价值。

接下来让我们看看如何在代码中实现 Wilson 算法。

4.5 实现 Wilson 算法 Implementing Wilson's Algorithm

下面的代码使用一个数组来跟踪网格中所有未访问的单元格。这段代码查询一个单元格是否已访问过，并快速选择一个未被访问过的单元格，从这个未访问过的单元格开始环路擦除随机游走。

将以下代码放入名为 `wilsons.rb` 的文件中。

wilsons.rb

```
Line 1 class Wilsons
     -
     -   def self.on(grid)
     -     unvisited = []
     5     grid.each_cell { |cell| unvisited << cell }
     -
     -     first = unvisited.sample
     -     unvisited.delete(first)
     -
    10     while unvisited.any?
     -       cell = unvisited.sample
     -       path = [cell]
     -
     -       while unvisited.include?(cell)
    15         cell = cell.neighbors.sample
     -         position = path.index(cell)
     -         if position
     -           path = path[0..position]
     -         else
    20           path << cell
     -         end
     -       end
```

```
-
-       0.upto(path.length - 2) do |index|
25        path[index].link(path[index + 1])
-         unvisited.delete(path[index])
-       end
-     end
-
30    grid
-   end
-
- end
```

这个实现实际上由三个不同的部分组成：初始化（第 4~8 行）、环路擦除随机游走（第 11~22 行）和铺设通道（第 24~27 行）。

在初始化阶段，设置了一个空数组（第 4 行）来保存所有未访问的单元格。（可以像 Aldous-Broder 算法那样，只保留一个计数器，但是使用这样的数组可以更容易地随机选择未访问的单元格，我们需要在随机游走阶段这样做。）然后随机选择一个未访问的单元格（第 7 行）并将其从列表中删除，表示它已访问过了，这样就完成了初始化工作。这个随机选择的单元格是我们的第一个目标单元格，后面的随机游走将尝试找到它。

接下来的环路擦除随机游走和铺设通道这两个阶段，只要我们的 `unvisited` 未访问列表包含任何单元格（根据第 10 行的判断），就会重复执行。

随机游走首先随机选择一个未访问的单元格（第 11 行），并将其添加到我们的预期路径中。这条路径最终会通向网格中的某一个已访问的单元格，所以在到达这个已访问单元格之前我们一直走（第 14 行）。每走一步，就选择当前单元格的一个邻居单元格（第 15 行），然后检查是否创建了一个环路（第 16 行）。如果创建了一个环路，则该选择单元格就已经存在于我们的路径中，并且在路径中，该选择单元格之后的所有单元格都形成了环路，因此我们通过截断该选择单元格之后的路径来删除环路（第 18 行）。否则，如果选择单元格没有形成环路，我们就将其添加到路径并继续（第 20 行）。

一旦随机游走找到一个已访问单元，这个阶段就结束了，我们进入铺设通道阶段（第24行）。遍历路径上的每一个单元格，把它和邻居连接起来（第25行），然后把它从 unvisited 未访问数组中删除，以此表示它为已访问过的单元格（第26行）。

创建一个新的程序 wilsons_demo.rb 测试 Wilson 算法。

```
wilsons_demo.rb
require "grid"
require "wilsons"

grid = Grid.new(20, 20)
Wilsons.on(grid)

filename = "wilsons.png"
grid.to_png.save(filename)
puts "saved to #{filename}"
```

像以往一样运行此代码，[译者注1] 并打开生成的 wilsons.png 图片。图像应该看起来很像前面 aldous_broder_demo.rb 程序的运行结果。如果这两种算法真没有偏差，我们肯定会很期待这种结果。

事实上，甚至可以像我们对 Aldous-Broder 算法做的那样，使用 ColoredGrid 类来给一些迷宫着色，以进行比较。应该可以发现跟 Aldous-Broder 算法一样的多样性——证明 Wilson 算法确实是无偏差的。

4.6 小试身手 Your Turn

我们现在已经有了四种迷宫生成算法。其中两个，二叉树和 Sidewinder，有很大的偏差，但实现起来很简单，而且能很快地构建出一个迷宫。另外两个，Aldous-Broder 和 Wilson，是完全无偏差的，但生成一个迷宫需要更长的时间。甚至在 Aldous-Broder 和 Wilson 之间，我们也可以选择要"启动时

[译者注1] ruby -I. wilsons_demo.rb

慢速”还是“完成时慢速”。有这么多的选择！

所有这些选择意味着我们可以开始尝试一些新的想法。我们有更多的选择可以实验。试试下面的一些建议，或者代入你自己的想法进行实验。

合二为一

试试同时用两种算法来生成一个迷宫。先不用一个单元格来启动 Wilson 算法，而是先采用 Aldous-Broder 算法，一旦它访问了网格的某些部分，再切换到 Wilson 算法，情况如何？或者用二叉树算法实现网格的上半部分，其余部分用 Aldous-Broder 实现呢？不过要小心，并不是所有的组合都能成功。你知道为什么有些可行，而有些却不可行吗？

为无偏差加上偏差

我们通常纯粹选择 Aldous-Broder 算法或 Wilson 算法，因为它们是无偏差的。但是，如果有意给它们增加偏差，会发生什么呢？你会如何采取其中一个算法并调整它的随机游走，使其倾向于水平移动而不是垂直移动，或者倾向于右转而不是左转？你还能想到其他方法来将偏差引入这些算法？

另一种游走方式

对 Aldous-Broder 算法或 Wilson 算法的游走方式进行的任何修改，都会带来偏差。如果你采用 Aldous-Broder 算法，并让它具备避开已访问单元格的倾向，你会得到什么样的偏差？或者，如果 Wilson 的环路消除随机游走一开始就拒绝形成环路，又会产生什么结果？

最后一个实验将我们引向了第 5 章的内容，在那里，我们将看到在随机游走中加入规则时会发生什么。正如你的预料，这会导致偏差，但我们会看到并非所有的偏差都是不可取的。

第 5 章 为随机游走添加约束条件 Adding Constraints to Random Walks

如果确实需要一个完全无偏差的算法，无目的的随机游走可能是一个很好的策略，但对于大多数情况来说，这有点矫枉过正。一个具有恰当偏差的算法通常可以生成精妙、有特色，甚至有一定挑战性的迷宫，而无偏差的算法则做不到。偏差并不一定是件坏事！

本章将检验上述论点。我们将研究两个很类似的算法，它们表面上看起来很像 Aldous-Broder 算法和 Wilson 算法，但它们通过在随机游走中添加约束条件来引入偏差。这两种算法分别是猎杀算法和递归回溯算法。

5.1 猎杀算法 The Hunt-and-Kill Algorithm

乍一看，猎杀算法与 Aldous-Broder 算法非常相似。我们随意选择一个单元格开始，然后从该单元格执行随机游走。不同的是，Aldous-Broder 允许在任何地方游走，甚至重游已访问单元格，而猎杀算法要求只在未访问单元格上游走。

既然可以从任何地方开始，那就选择西南角，如图 5.1 所示。

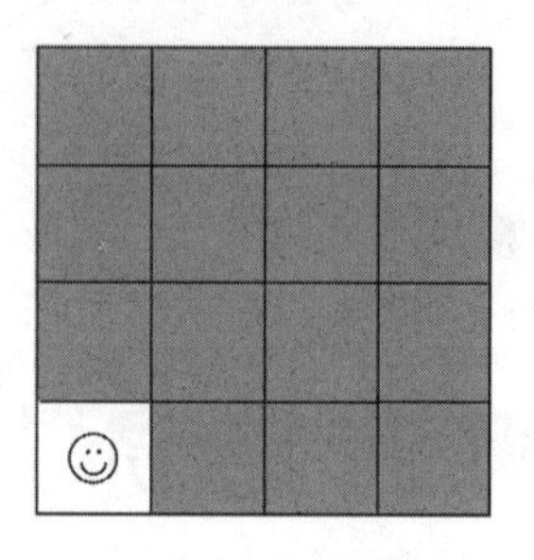

图 5.1 从西南角开始

从西南角的单元格开始，我们进行随机游走，避开已访问的单元格。这是特意为之！请记住，算法本身在随机游走期间不允许回访单元格。

没问题！很好……直到我们把自己卷入一个角落，如图 5.2 所示。终点位置的单元格被已访问单元格包围，但由于不允许在这些已访问单元格上游走，所以我们被困在这儿了。

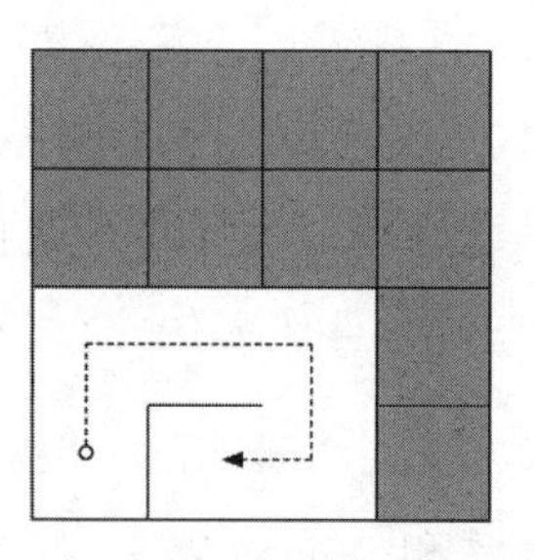

图 5.2 终点位置单元格被已访问单元格包围

这就是我们进入狩猎模式的地方。从顶部开始，我们从左到右进行扫描，直到我们遇到一个未访问的单元格，其周围至少有一个已访问的单元格。当我们找到这个未访问单元格，就将其作为当前单元格，并将其与任意一个相邻的已访问单元格相连接。图 5.3 中选择了我们遇到的第一个符合要求的单元格。由于该单元格只有一个已访问的邻居（紧挨着南边的单元格），因此我们简单地将这两个单元连接在一起；如果有两个或更多的已访问邻居单元格，我们就随机挑选一个。

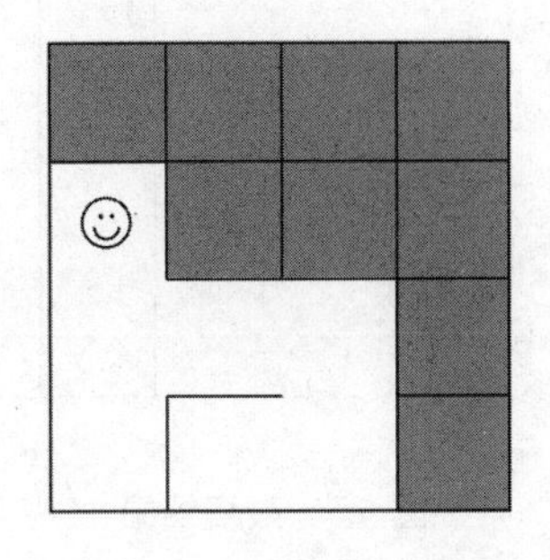

图 5.3 进入狩猎模式

只要能够进行随机游走，我们就重复该过程，如图 5.4 所示。

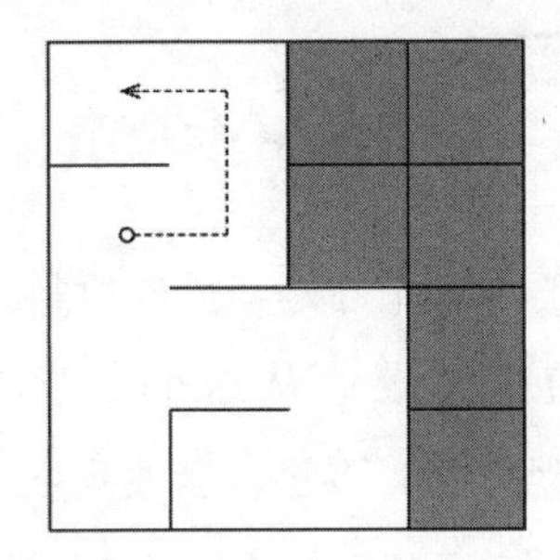

图 5.4 重复一次随机游走过程

接上步，我们再一次从西北角开始逐行扫描，寻找另一个至少有一个已访问邻居的未访问单元格，然后从那里再进行一次随机行走，如图 5.5 所示。

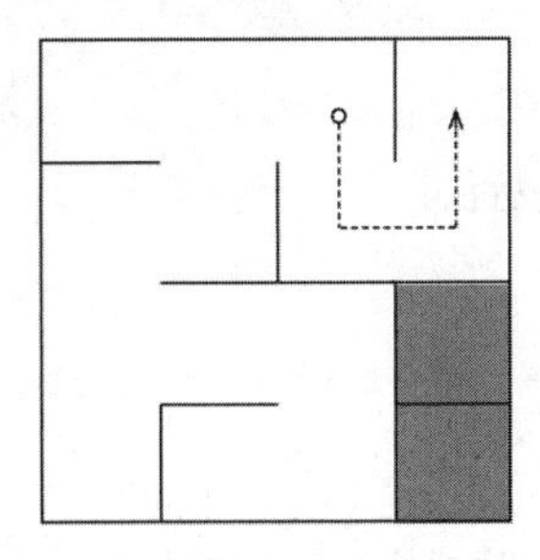

图 5.5 再次进入狩猎模式，再次随机游走

这个过程重复进行，直到狩猎阶段不能再找到任何未访问单元格，这时我们就知道迷宫已经生成了，如图 5.6 所示。

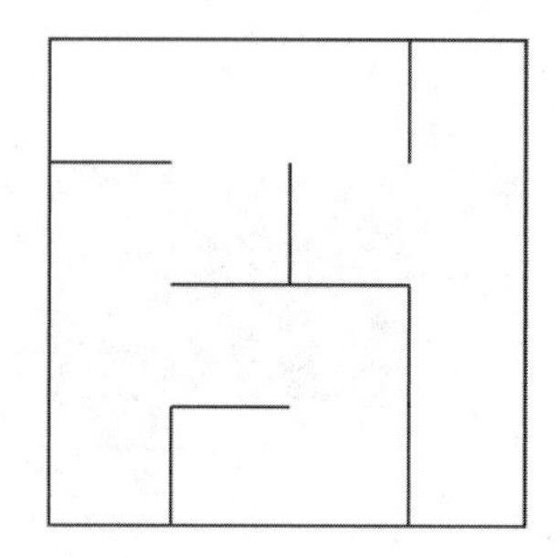

图 5.6 最终结果

其实整个过程挺容易的。现在来写代码实现该算法。

5.2 实现猎杀算法 Implementing Hunt-and-Kill

这里的实现并没有任何特殊之处。正如所料，我们从随机选择一个单元格开始，然后进行随机游走。从这个角度看，这思路看起来很像 Aldous-Broder 算法的实现方式。不过，当发现我们已经把自己围住，而且四周没有更多的未访问邻居单元格时，这种相似性就结束了。这时就触发了狩猎阶段，我们将在网格上不断重复寻找那些有已访问邻居的未访问单元格。

在 hunt_and_kill.rb 文件中添加以下内容。

hunt_and_kill.rb

```
Line 1 class HuntAndKill
     -   def self.on(grid)
     -     current = grid.random_cell
     -
     5     while current
     -       unvisited_neighbors = current.neighbors.select { |n| n.links.empty? }
     -
     -       if unvisited_neighbors.any?
     -         neighbor = unvisited_neighbors.sample
    10         current.link(neighbor)
     -         current = neighbor
     -       else
     -         current = nil
     -
```

```
15        grid.each_cell do |cell|
-           visited_neighbors = cell.neighbors.select { |n| n.links.any? }
-           if cell.links.empty? && visited_neighbors.any?
-             current = cell
-
20            neighbor = visited_neighbors.sample
-             current.link(neighbor)
-
-             break
-           end
25        end
-       end
-     end
-     grid
-   end
30 end
```

该代码有两部分，对应于算法的两个阶段：随机游走（第 5~11 行）和狩猎阶段（第 12~25 行）。只要存在一个当前单元格（第 5 行），这两个阶段就会交替进行，在开始时，我们从网格中随机选择一个单元格（第 3 行）来初始化。

在每次通过该算法时，我们会列出当前单元格的所有未访问邻居（第 6 行）。如果存在至少一个邻居，就从中随机选择一个（第 9 行），将该选中邻居与当前单元格连接起来（第 10 行），然后将该选中邻居作为当前单元格（第 11 行）。

如果当前单元格没有未访问的邻居，我们就转到狩猎阶段（第 12 行）。因为在这个阶段需要重设当前单元格，所以第 13 行在继续之前将 `current` 设置为 `nil`。这有助于知道算法何时准备终止，因为循环（第 5 行）取决于该变量。

重置 `current` 后，现在开始查看网格中的每个单元格（第 15 行），猎取一个满足要求的单元格开始游走。第 17 行规定了我们要求的标准：一个未访问单元格（`links.empty?`），至少有一个已访问邻居。

一旦找到一个合格的单元格，它就成为当前单元格（第 18 行），我们将它随机连接到一个已访问邻居（第 20 和 21 行），然后我们脱离狩猎模式

（第 23 行），准备启动下一个随机行走。

很好！我们来测试一下。在 hunt_and_kill_demo.rb 文件中添加以下内容。

```
hunt_and_kill_demo.rb
require "grid"
require "hunt_and_kill"

grid = Grid.new(20, 20)
HuntAndKill.on(grid)

filename = "hunt_and_kill.png"
grid.to_png.save(filename)
puts "saved to #{filename}"
```

运行这段代码将把我们的迷宫渲染进 hunt_and_kill.png。打开图片，结果应该与图 5.7 类似。

图 5.7 运行 hunt_and_kill_demo.rb，生成 hunt_and_kill.png

追踪其中的任何一条通道，我们很快就会发现，这些路径往往会有相当多的卷绕。

如果给迷宫着色，就能更清楚地看到这一点，就像我们在前几章中做的那样，使用 ColoredGrid 类来着色。来吧，试一试。你应该会看到类似图 5.8 这样的图像。

图 5.8 着色后的迷宫

当然，美只存在于观景者自己的眼中，但这些通道蜿蜒曲折的样子着实太可爱了！正如你可能已经猜到的，这种纹理是这个算法的一个偏差的凭据（同时，根据你对迷宫的理解，这可能可以证明“并非所有偏差都是坏的”）。这种迷宫风格的另一个重要特征是，其死角数量，相较于其他算法所生成迷宫的死角数量要少。

5.3 死角计数 Counting Dead Ends

比较不同算法死角出现的频数。我们将为 `Grid` 类添加一个方法，该方法将收集整个网格中所有的死角单元格——那些只跟一个其他单元格连接的单元格，并返回一个包含这些死角单元格的列表。

然后可以打印该列表，看看有多少个死角。（第 9 章讨论编排迷宫时，还会用到这个方法。）

打开 `grid.rb`，把以下代码放在该文件中最后一个 `end` 关键字之前。

```
grid.rb
def deadends
  list = []

  each_cell do |cell|
    list << cell if cell.links.count == 1
  end
```

```
  list
end
```

一旦做了这个改动，选择以前的某个程序（例如，binary_tree_demo.rb 或 wilsons_demo.rb），并在结尾处添加如下代码。

```
deadends = grid.deadends
puts "#{deadends.count} dead-ends"
```

这应该会打印出每次生成迷宫时的死角数量。

我们可以对截至当前所写的所有程序都这样做，每个程序运行几十次，然后试着对我们得到的数字做一些分析，但这是非常乏味的。让我们以科学的方式来处理这个问题。

这里有一个程序，它将运行我们迄今为止所涉及的所有算法，累积每次运行的死角数量，然后报告平均数。把它放在 deadend_counts.rb 文件里。

deadend_counts.rb

```
Line 1 require 'grid'
     - require 'binary_tree'
     - require 'sidewinder'
     - require 'aldous_broder'
     5 require 'wilsons'
     - require 'hunt_and_kill'
     -
     - algorithms = [BinaryTree, Sidewinder, AldousBroder, Wilsons, HuntAndKill]
     -
    10 tries = 100
     - size = 20
     -
     - averages = {}
     - algorithms.each do |algorithm|
    15   puts "running #{algorithm}..."
     -
     -   deadend_counts = []
     -   tries.times do
     -     grid = Grid.new(size, size)
    20     algorithm.on(grid)
     -     deadend_counts << grid.deadends.count
     -   end
```

```
-
-   total_deadends = deadend_counts.inject(0) { |s, a| s + a }
25  averages[algorithm] = total_deadends / deadend_counts.length
- end
-
- total_cells = size * size
- puts
30 puts "Average dead-ends per #{size}x#{size} maze (#{total_cells} cells):"
- puts
-
- sorted_algorithms = algorithms.sort_by { |algorithm| -averages[algorithm] }
-
35 sorted_algorithms.each do |algorithm|
-   percentage = averages[algorithm] * 100.0 / (size * size)
-   puts "%14s : %3d/%d (%d%%)" %
-        [algorithm, averages[algorithm], total_cells, percentage]
- end
```

在这里，将算法放在它自己的类中真的很有用！我们只需简单地加载这些类，并把它们放在一个数组中（第 8 行）。第 10 行和第 11 行配置了每种算法将被尝试的次数以及每个迷宫的大小。

然后，我们遍历每个算法，每个算法重复 `tries` 次，在每次重复中，都实例化一个网格（第 19 行），将算法应用于这个网格（第 20 行），然后将死角数量累积到一个列表中（第 21 行）。一旦该算法运行了 `tries` 次，死角的数量就会累加并求其平均值（第 24~25 行）。

程序的其余部分对结果进行排序及显示。

运行这个程序应该会提供一些相当有趣的统计数据。

```
ruby -I. deadend_counts.rb
running BinaryTree...
running Sidewinder...
running AldousBroder...
running Wilsons...
running HuntAndKill...

Average dead-ends per 20x20 maze (400 cells):

       Wilsons : 115/400 (28%)
  AldousBroder : 115/400 (28%)
```

```
  Sidewinder : 109/400 (27%)
  BinaryTree : 101/400 (25%)
 HuntAndKill :  40/400 (10%)
```

看看那个猎杀算法的情况怎么样，嗯？平均而言，它所生成的迷宫中只有 10%的单元格是死角。该算法本质上是用死角换取通道长度，让迷宫产生更多蜿蜒曲折的廊道。这种特性[译者注 1]有时被称为河流（river），而猎杀算法生成的迷宫中就有很多河流！我个人非常喜欢这种美感。如果你跟我一样，那么你也会喜欢递归回溯算法。这个算法的行为跟猎杀算法很相似。让我们接下来了解递归回溯算法。

5.4 递归回溯算法 The Recursive Backtracker Algorithm

递归回溯算法的工作方式非常像猎杀算法，依靠受约束的随机游走在网格中蜿蜒前进。不同的是递归回溯算法从死角中恢复过来的方式；它不是去寻找另一个满足要求的单元格，而是回溯，追溯其步骤，直到它找到一个具有未访问邻居的单元格。

我们来过一遍递归回溯算法，看看它在实践中是如何工作的。我们将用一个栈记录已访问单元格。栈（stack）是一个简单的项目列表，但对项目如何添加或删除有严格的规定。向栈的顶部添加东西称为压入（push），而移除最顶部的项目称为弹出（pop）。栈只能通过压入和弹出动作进行操作，这意味着栈很好地约束了其项目的访问顺序。这恰好是某些算法所需要的，比如递归回溯算法。在这里，我们会在访问单元格时将该单元格压入栈，并在发现该单元格是死角时将其弹出。

我们可以从任何地方开始，就像猎杀算法一样，所以现在姑且让我们从西南角开始（让我们用坐标来称呼它：A4），如图 5.9 所示。我们将该单元格压入栈中。栈顶的任何单元格都将被视为当前单元格。

[译者注 1] 结合上下文，这种特性是指蜿蜒曲折的通道。

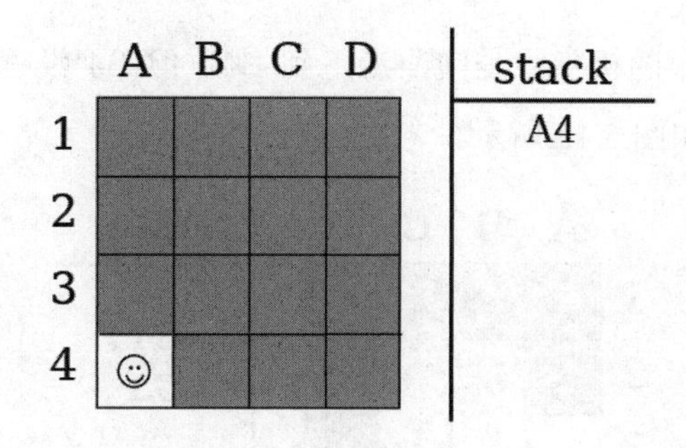

图 5.9 从西南角开始

看看我们当前单元格的未访问邻居，然后随机选择一个（让我们选择 A3），并铺设一条到 A3 单元格的路径，同时将 A3 压入栈。记住，这将使 A3 成为新的当前单元格，如图 5.10 所示。

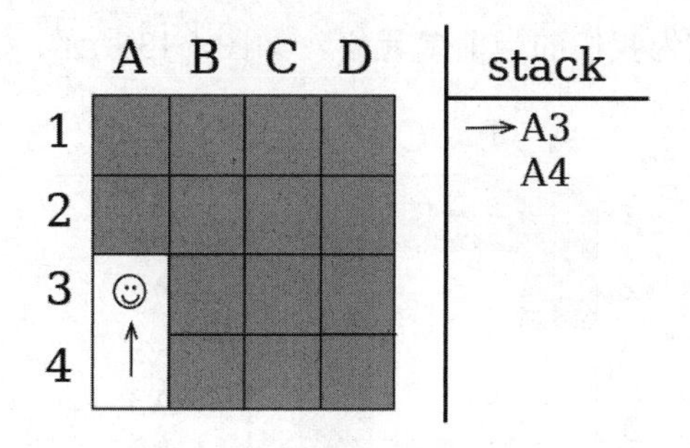

图 5.10 随机选择一位邻居，并将该邻居作为当前单元格

这个过程持续进行，我们随机地在网格上游走，如图 5.11 所示。栈将包含我们迄今为止访问过的每个单元。

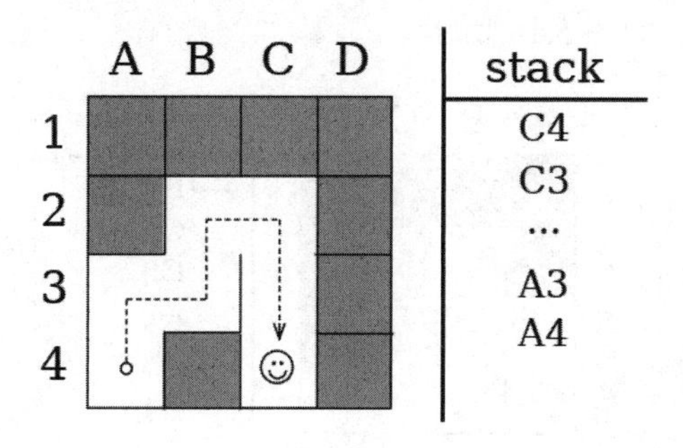

图 5.11 继续在网格上随机游走

我们的下一个随机步骤是向西走，到 B4，但 B4 没有未访问的邻居。我们被包围了！如图 5.12 所示。

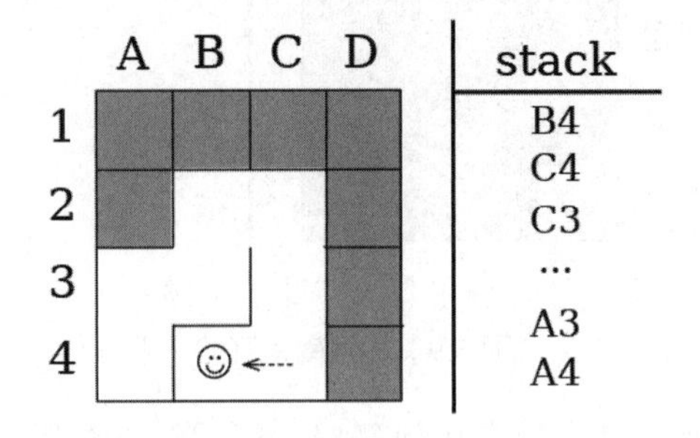

图 5.12 B4 被已访问单元格包围

这时，我们把这个死角单元格从栈中弹出，这样做的结果是使前一个单元格 C4 再次成为我们的当前单元格，如图 5.13 所示。

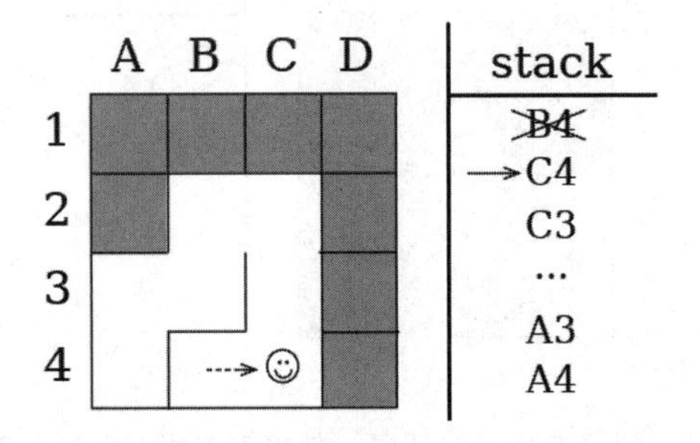

图 5.13 使前一个单元格 C4 再次成为当前单元格

C4 这个单元格还有一个未访问邻居（D4），所以我们选择 D4 单元格来继续随机游走，如图 5.14 所示。

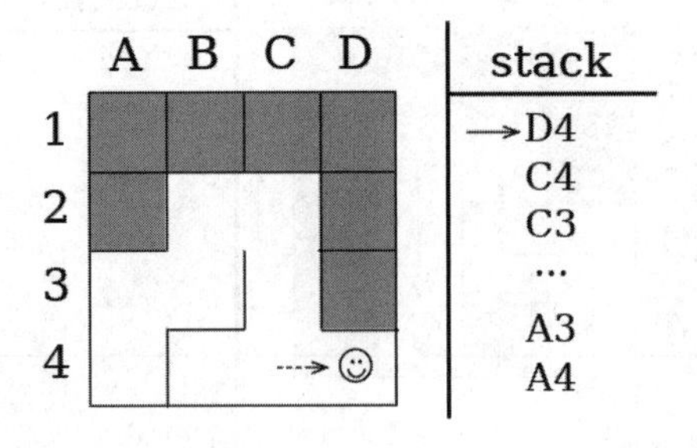

图 5.14 选择 D4 单元格来继续随机游走

整个过程按这种方式不断进行，在每个死角都进行回溯，直到每个单元格都访问过，如图 5.15 所示。

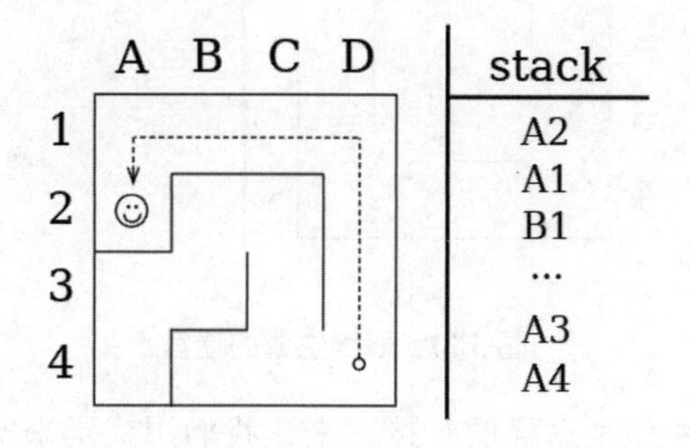

图 5.15 重复前面过程，直到每个单元格都访问到

最后访问的单元格总是一个死角，所以再次回溯。回溯我们的步骤，从栈中弹出单元格，寻找有未访问邻居的单元格。但在这时候，已经不存在任何未访问单元格了——所有单元格都已访问过，所以我们从栈中弹出单元格，直到回到开始的地方，即 A4。由于这个单元格也没有任何未访问邻居，所以我们也将它从栈中弹出，这样栈就空了，如图 5.16 所示。

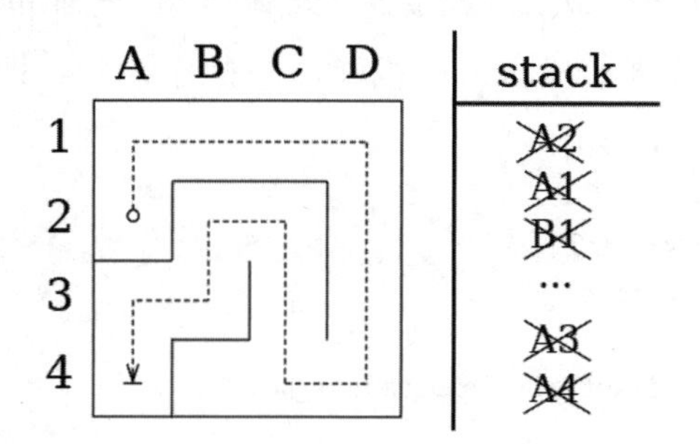

图 5.16 最终的栈是空的

高雅的读者们，这就是算法完成的标志：栈是空的。事情处理完了，留给我们的就是迷宫了，如图 5.17 所示。

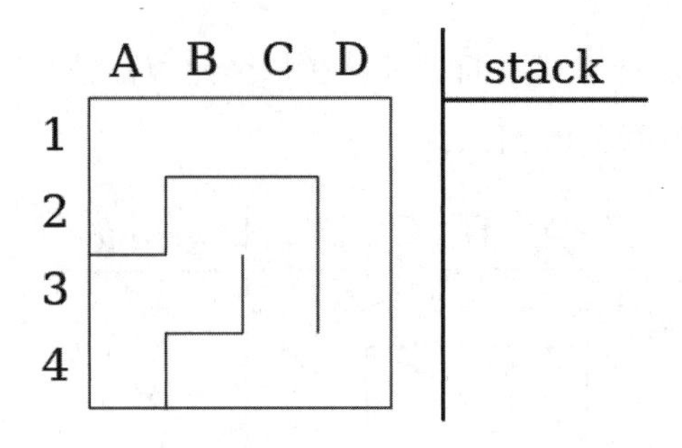

图 5.17 最终生成的迷宫

递归回溯算法就是这样的！接下来让我们用代码来实现它，你会发现它和猎杀算法很像。

5.5 实现递归回溯算法 Implementing the Recursive Backtracker

我们将大体实现上一节所描述的内容，使用一个显式的栈来管理已访问单元格。我们用一个数组来表示栈（这在 Ruby 中非常容易，因为 Ruby 数组已经预置了标准的栈压入与栈弹出的操作符）。把下面的代码放在 recursive_backtracker.rb 中。

recursive_backtracker.rb

```
Line 1 class RecursiveBacktracker
     -
     -   def self.on(grid, start_at: grid.random_cell)
     -     stack = []
     5     stack.push start_at
     -
     -     while stack.any?
     -       current = stack.last
     -       neighbors = current.neighbors.select { |n| n.links.empty? }
    10
     -       if neighbors.empty?
     -         stack.pop
     -       else
     -         neighbor = neighbors.sample
    15         current.link(neighbor)
```

```
-            stack.push(neighbor)
-          end
-        end
-
20      grid
-     end
-
- end
```

一切都从第 4 行和第 5 行开始，我们将“栈”初始化为一个空数组，然后将起始位置压入栈。默认情况下，起始位置是从网格中随机选择的一个单元格，然而也可以通过 start_at 参数传递一个不同的单元格来配置起始位置。然后，只要栈中有任何项目，递归回溯算法就会继续下去（第 7 行）。

因为栈中最顶层单元格总是当前单元格，因此我们在第 8 行直接利用了这一特性。然后，第 9 行把当前单元格的所有未访问邻居收集到一个数组中。（记住：如果一个单元格与其他单元格有任何连接，我们就知道它曾经被访问过了。）

如果当前单元格没有未访问邻居，我们就从栈中移除它（第 12 行）。这实际上是回溯，因为这使得栈中的前一个单元格成为当前节点。

另一方面，如果当前单元格确实有未访问邻居，我们就随机选择其中一个未访问邻居（第 14 行），将这个选中单元格与当前单元格相连（第 15 行），然后将选中单元格压入栈（第 16 行），这隐式地使选中单元格成为新的当前单元格。

一旦准备就绪，就为递归回溯算法创建一个测试程序：

```
recursive_backtracker_demo.rb
require 'recursive_backtracker'
require 'grid'

grid = Grid.new(20, 20)
RecursiveBacktracker.on(grid)

filename = "recursive_backtracker.png"
grid.to_png.save(filename)
puts "saved to #{filename}"
```

运行它，图像看起来应该非常像猎杀算法所生成的迷宫，充满了曲折、蜿蜒的廊道，很少有死角——就像图 5.18 这样。

图 5.18 运行 recursive_backtracker_demo.rb 的结果

鉴于这两种算法产生的结果如此相似，似乎很难在它们之间做出选择，但有两点考虑因素，可以帮助决策。

首先是内存效率。递归回溯算法必须维护一个栈，它可能（最坏情况下）包含网格中的每个单元格。这表明，递归回溯算法需要的内存可能是猎杀算法的两倍，因为猎杀算法只要有个网格就可以正常运行了。

第二个考虑元素是速度。猎杀算法将至少访问每个单元两次——一次是在执行随机游走时，另一次是在狩猎阶段。不过，最坏的情况甚至更糟，因为如果狩猎阶段被多次执行，一些单元格可能就会被反复访问。相较而言，递归回溯算法保证对每个单元格恰好访问两次（一次在铺设时，一次在回溯时），可以看到，递归回溯算法通常会更快。

内存或速度，由你定！无论哪一个，都会生成一个有很多卷绕、蜿蜒河流的迷宫，也许有一天，这正是你需要的纹理。

5.6 小试身手 Your Turn

我们看到了：并非所有的偏差都是坏事！通过在随机游走过程中约束

单元格的选择——例如，禁止那些已访问单元格采取下一步动作，我们生成的迷宫，其偏差将倾向于生成更多河流。可以看到猎杀算法和递归回溯算法都使用了这种约束，效果很好。

现在是摆弄你所获技能的时间。你还能给随机游走添加什么约束？如果以某种方式改变现有的约束条件呢？下面的想法可能有助于你开动大脑。

狩猎策略

我们看到了在猎杀算法的狩猎阶段寻找单元格的一种策略：简单地按顺序查找单元格，直到找到一个满足要求的。你还能想到哪些搜寻单元格的手段？如果有的话，它们各自会带来什么样的偏差？

添加偏差

二叉树算法趋于倾斜，而 Sidewinder 算法趋于垂直到达。你能调整猎杀算法或递归回溯算法以产生类似偏差吗？你能用这些算法生成一个迷宫，其中的通道倾向于水平方向延伸吗？

分析死角

我们实现了 deadends 方法，以帮助计算迷宫中的死角数量，但还能为死角分析添加可视化功能。如何根据每个单元格的所连接单元格数量来给每个单元格着色？比如，一个仅与另一个单元格相连的单元格可能是深灰色，而与所有四个邻居都相连的单元格可能是红色。你还能想到什么方法来直观地显示迷宫中的死角和连接？

统计分析

我们通过一个简短程序，计算了迄今为止我们所接触的每一种算法的平均死角数量。你还可以利用这些死角来挖掘出哪些统计数据？你可以通过统计水平通道死角和垂直通道死角的比例来寻找规律，或者比较四通八达的交叉点数量和死角数量。

用递归回溯算法破解迷宫问题

递归回溯算法的另一个名字是深度优先搜索（depth-first search）。这是一种图遍历策略。（这表明迷宫和图之间有联系，不是吗？）实际上，它对寻找迷宫解决方案和生成迷宫一样有效。试一试：这次我们并不在一个空的网格中随机铺设通道，而是利用一个现有迷宫，并沿着它的通道走。把新的已访问单元格压入一个栈中，在回溯时再把它们弹出来，直到你到达目标。

递归的递归回溯算法

我们给出的递归回溯算法实现使用了一个显式的栈，但只要稍加考虑，使用一个隐式栈就可以重写它（重写方式非常简洁！）。在大多数编程语言中，当调用方法或函数时，当前作用域中的变量会被压进到栈中，然后在函数返回时弹出栈以恢复这些变量。尝试使用真正的递归重新实现递归回溯算法，构造一个函数，在每次选择一个新的邻居时，该函数就调用自身，并在当前单元格不再有未访问邻居时返回。

接下来，我们暂停学习新算法，看看可以用现有算法做哪些事情。具体而言，我们来看看如何对网格进行一些修改，使其形状更具创意！

第 6 章 设计不同形状的迷宫
Fitting Mazes to Shapes

我们暂时不介绍新的迷宫算法，试着感受一下目前工具箱中已有的东西。到现在，我们在制作矩形迷宫方面可谓是得心应手。图 6.1 展示了我们已完成的作品。

图 6.1　我们已完成的作品

本章会把迷宫制作提升到一个新的水平，学习如何制作适合任意形状的迷宫。

这个秘密是一个非常简单的小技术，叫做遮蔽（masking），它将迷宫限制在一个任意的形状中。它也有自己的一些缺陷，但总的来说，它是一个非常有用的工具。

我们将首先使用遮罩（mask）来禁止网格的某些区域，使迷宫算法跳过所界定的那些区域。然后，我们将看到如何利用遮蔽技术将迷宫适配进不同的几何设计中，并最终利用图像模板以字母和文字的形式塑造迷宫！如图6.2所示。

图6.2 利用遮蔽技术生成的奇特迷宫

但首先，我们需要了解遮罩到底是什么，以及它如何工作。

6.1 介绍遮蔽 Introducing Masking

遮蔽的思想其实很简单。最形象的比方就是，我们的网格实际上是一个分辨率非常低的图像，每个单元格就像一个像素。关闭任何一个像素都意味着将该像素标记为禁区，迷宫算法（无论使用哪种算法）将不会试图走到那去。

在图6.3中，东南角的单元格被关闭了，产生的迷宫就完全忽略了那个单元格。

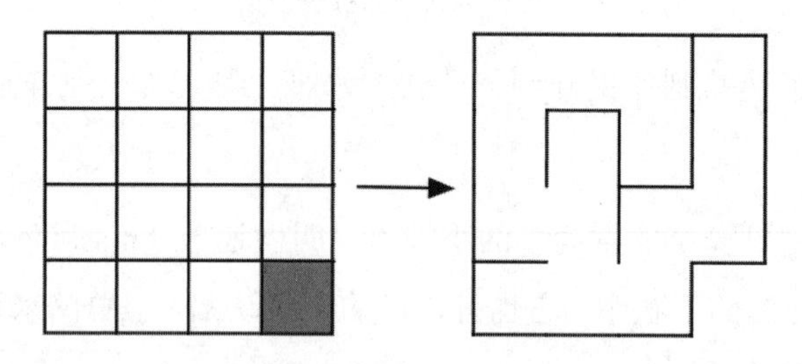

图6.3 东南角的单元格被关闭

从概念上讲，这就是遮蔽的全部内容。不过，在实践中，还是有一些需要考虑的事情；同时，像这样对网格的几何形状进行处理，也会带来一些后果。

6.1.1 遮蔽的影响

Consequences of Masking

并非所有的迷宫算法都能处理遮蔽给网格带来的变化。考虑一下图 6.4 的情况，第 3 行第 4 列的单元格已经被关闭。

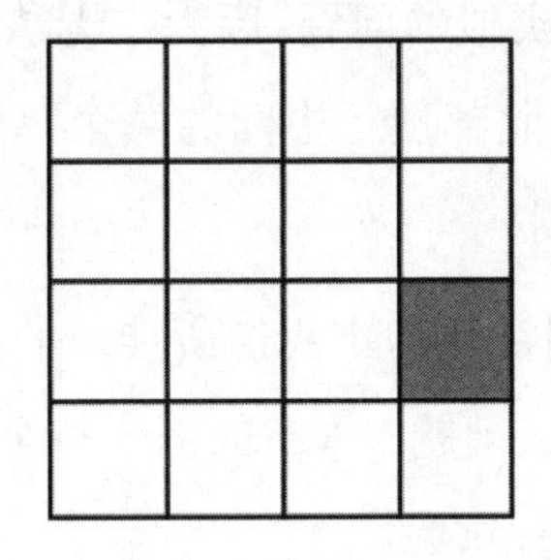

图 6.4 第 3 行第 4 列的单元格被关闭

只需在这里尝试生成一个迷宫，我们就可以很容易发现，二叉树算法无法在这个网格上产生有效迷宫。我们不妨再次从西南角开始。记住，二叉树算法的工作原理是在每一个点上选择北边和东边。假设我们做出如图 6.5 所示的选择顺序。

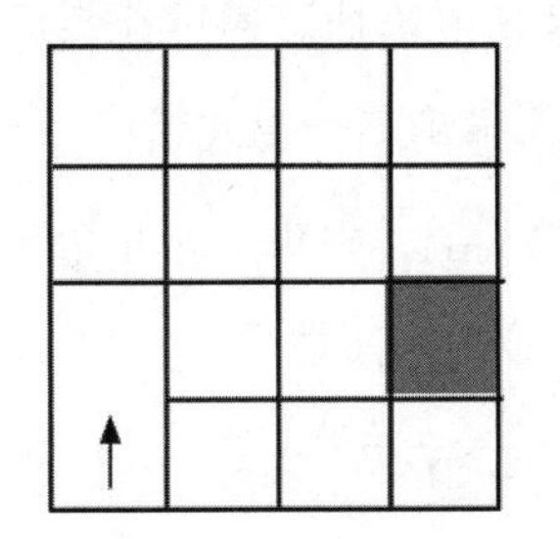
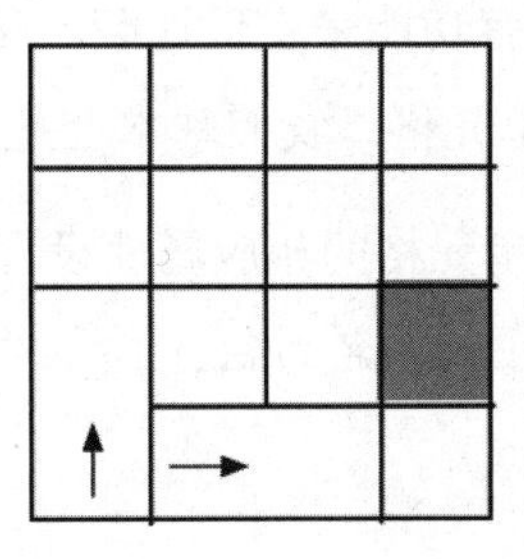
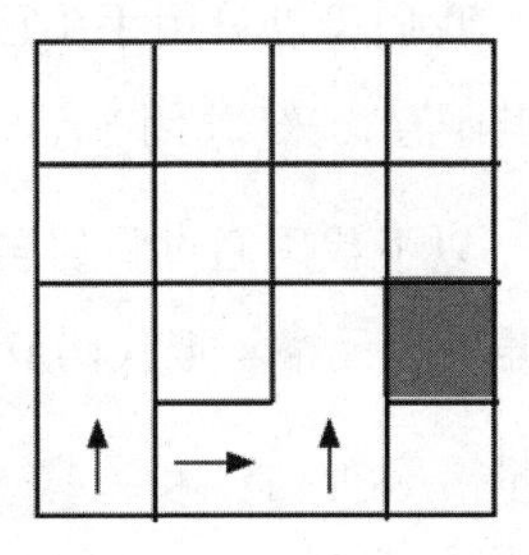

图 6.5 按特定顺序移动

我们为第一个单元选择北边，为第二个单元选择东边，为第三个单元选择北边——接下来算法就把我们带到了东南角那个单元格。

看一下东南角的那个单元格，我们马上就会发现，算法不能向北，也无法向东。算法这时候也无法将东南角单元格与唯一有效的西边邻居连接起来——我们实际上已经把东南角单元格变成了孤儿。

确实无法用二叉树算法在这个网格上生成一个有效的迷宫！算法永远不会创建这样一个死角单元格：唯一出口在西边或南边——而这正是东南角的状况。（如果你不信，那就试试看。看看能否在最下面一行找到一些没有孤立单元格的选择！）

Sidewinder 算法也有类似的问题。因为它无法构建出一个唯一出口在南边的死角，所以通过关闭北部顶行中间的某个单元格来构建出一个北部死角，就能够轻易让算法失败。

不过，好消息是，到目前为止我们所涉及的其他算法（以及后续章节涉及的许多算法）都没什么问题。本章的例子将全部使用递归回溯算法，但可以自由地用其他算法进行试验。

所以，有了这些注意事项，我们可以着手研究如何用遮罩来控制网格。我们将以最简单的方式开始：猎杀单元格。

6.1.2 猎杀单元格 Killing Cells

我们可以只用手头已有功能来实现遮蔽，尽管很笨拙。通过让邻居认为其不存，来“关闭”一个单元格。我们基本上是在猎杀这些单元格。

以下代码通过将邻居单元格的相应属性设置为 `nil`，来猎杀西北角和东南角的单元格。把代码放在一个名为 `killing_cells.rb` 的文件中。

killing_cells.rb

```
Line 1 require 'grid'
     - require 'recursive_backtracker'
     -
     - grid = Grid.new(5, 5)
     5
     - # 孤立西北角单元格......
```

```
grid[0, 0].east.west = nil
grid[0, 0].south.north = nil

# ......同时孤立东南角单元格
grid[4, 4].west.east = nil
grid[4, 4].north.south = nil

RecursiveBacktracker.on(grid, start_at: grid[1, 1])

puts grid
```

第 7 行和第 8 行隔离西北角单元格，并将其从邻居中移除，从而使其成为孤儿。为此，我们告知单元格的东向邻居没有西向邻居，[译者注1] 并告知南向邻居没有北向邻居。同样，在第 11 行和第 12 行孤立东南角单元格。

然后我们在已设置的网格上运行递归回溯算法，从第 1 行第 1 列的单元格开始。(在这里，我们不能放心地让网格选择一个随机的起点单元格，因为*可能*会选中我们刚刚孤立的那两个单元格中的一个……这将导致无法生成一个迷宫）。最后，我们把生成好的迷宫输出到终端。运行它，我们会得到类似图 6.6 的结果。

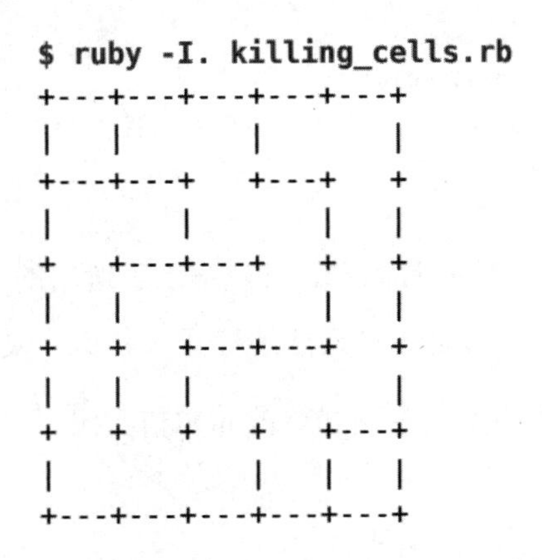

图 6.6 运行 killing_cells.rb 产生的结果

这段代码成功了！请注意西北角和东南角是如何被完全封闭的，它们与迷宫的其他部分断开了连接，但迷宫本身却没有什么问题。事实上，这从

译者注1 这里的“西向邻居”即孤儿单元格。

数学视角来看是完美的。

然而，手动断开每个单元格的连接很乏味。我们可以让这个操作变得更容易。

6.2 实现遮罩 Implementing a Mask

来创建一个 `Mask` 类，它封装网格中每个单元格的开关状态。也就是说，对于网格中的每个单元格，这个遮罩类告诉我们该单元格是否应该被包含在迷宫中。我们通过保留一个单独的二维布尔值数组来实现这个需求，其中 `false` 表示对应单元格“在网格中关闭”。

创建一个名为 `mask.rb` 的新文件，先编写以下属性和构造函数。

```
class Mask
  attr_reader :rows, :columns

  def initialize(rows, columns)
    @rows, @columns = rows, columns
    @bits = Array.new(@rows) { Array.new(@columns, true) }
  end
end
```

`initialize` 构造函数非常简单，只是记录了遮罩的尺寸，并创建了一个二维的布尔值数组，表示哪些单元格是打开（启用）或关闭（禁用）的。

接下来的两个方法用来查询和修改布尔值数组。

```
def [](row, column)
  if row.between?(0, @rows - 1) && column.between?(0, @columns - 1)
    @bits[row][column]
  else
    false
  end
end

def []=(row, column, is_on)
```

```
  @bits[row][column] = is_on
end
```

数组访问器 `[]` 接受一个 `(行,列)` 对，说明该位置在网格中是否启用。相应的赋值方法 `[]=` 把 `is_on` 参数值记录到数组的给定位置上，以表示该位置是启用还是禁用。

下一个 `count` 方法将告诉我们遮罩中有多少位置被启用。这对于像 Aldous-Broder 这样的算法很有用，我们需要知道网格中有多少个单元格。

```
def count
  count = 0

  @rows.times do |row|
    @columns.times do |col|
      count += 1 if @bits[row][col]
    end
  end

  count
end
```

最后一个方法是 `random_location`，它简单地报告一个 (行,列) 对，这个 (行,列) 对对应网格中一个随机的已启用位置。我们将把这个方法用在像猎杀或递归回溯这样的算法上，这些算法希望从一个随机位置开始。

```
def random_location
  loop do
    row = rand(@rows)
    col = rand(@columns)

    return [row, col] if @bits[row][col]
  end
end
```

这就是我们的 `Mask` 类！不过，这只是解决方案的一半。记住，我们要达成的目标是，不需要告诉各个单元格，它的邻居是谁或不是谁。我们更希望简单地给网格一个遮罩，以帮助网格自动建立正确连接。

为了实现这一点，我们将对网格进行子类化，并提供一个新的构造函数，新的构造函数接受一个 Mask 实例。然后，新的网格子类将使用该遮罩来决定哪些单元格被实例化，又有哪些被设置为 nil。事实上，也可以使用遮罩来告知网格的大小，这样我们就只需要在 Mask 实例化时指定一次大小。

在 masked_grid.rb 文件中添加以下内容。

```
Line 1 require 'grid'
     -
     - class MaskedGrid < Grid
     -   attr_reader :mask
     5
     -   def initialize(mask)
     -     @mask = mask
     -     super(@mask.rows, @mask.columns)
     -   end
    10
     -   def prepare_grid
     -     Array.new(rows) do |row|
     -       Array.new(columns) do |column|
     -         Cell.new(row, column) if @mask[row, column]
    15       end
     -     end
     -   end
     -
     -   def random_cell
    20     row, col = @mask.random_location
     -     self[row, col]
     -   end
     -
     -   def size
    25     @mask.count
     -   end
     - end
```

请注意构造函数 initialize 已不再接受迷宫尺寸。而是在第 8 行将遮罩的尺寸传递给超类，这样我们的网格大小将始终与用来初始化网格的遮罩相匹配。

这个类改变了另外三个行为：如何准备网格、如何找到随机单元格，以及如何计算网格的大小。

prepare_grid 方法与父类 Grid 中的版本几乎相同，但现在，第 14 行根据遮罩来决定是否实例化一个单元格。如果遮罩报告给定位置为启用状态，则实例化一个单元格。否则，该位置将为 nil，超类将简单地绕过它。

最后两种方法很简单，只是委托遮罩进行必要的计算。

有了上面这两个类，现在我们就可以简化 kill_cells.rb 程序了。将以下内容放入 simple_mask.rb 文件中。

simple_mask.rb

```
Line 1 require 'mask'
     - require 'masked_grid'
     - require 'recursive_backtracker'
     -
     5 mask = Mask.new(5, 5)
     -
     - mask[0, 0] = false
     - mask[2, 2] = false
     - mask[4, 4] = false
    10
     - grid = MaskedGrid.new(mask)
     - RecursiveBacktracker.on(grid)
     -
     - puts grid
```

这样就好多了！现在我们可以实例化一个新的遮罩（第 5 行），关闭任意所需单元格（第 7~9 行），然后使用这个遮罩来实例化新的 MaskedGrid 网格类（第 11 行）。最后，我们在这个网格上运行递归回溯算法。（这次不需要指定起点单元格，因为我们已经为 MaskedGrid 实现了一个更智能的 random_cell 方法。）

运行程序，应该能得到一个新迷宫，它忽略了三个已遮蔽单元格（见图 6.7）。

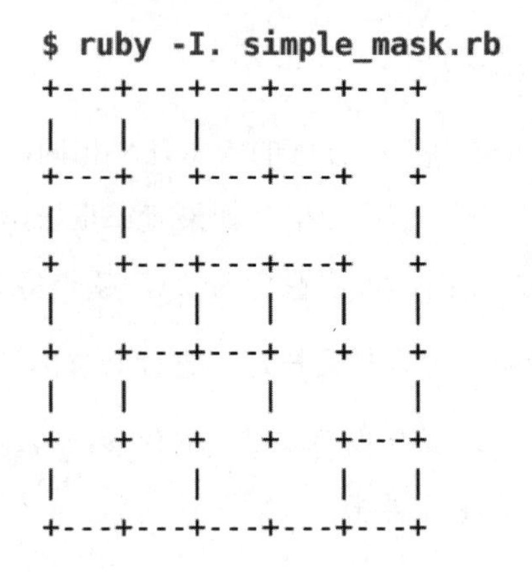

图 6.7 运行 simple_mask.rb 的结果

我们又前进了一步！但是还得手动关闭遮罩中的单元格仍然不方便。让我们看看如何改进。

6.3 ASCII 文本的遮罩 ASCII Masks

想象一下，如果我们可以在一个单独的文件中“绘制”遮罩，并将该文件提供给程序，那么我们就可以做出各种设计来，而无需更改程序！通过使用简单的文本文件作为输入来尝试实现这一点。文本文件的格式如下，其中显示了 10×10 网格的一种可能定义。

mask.txt
```
X........X
....XX....
...XXXX...
....XX....
X........X
X........X
....XX....
...XXXX...
....XX....
X........X
```

每个 X 表示一个“关闭”单元格，其他任何内容（在本例中为“.”字符）

则是一个“开启”单元格。

我们在 Mask 类中引入一个辅助方法，以实现这一点。打开 mask.rb 并在 Mask 类开头处，即 initialize 方法之前，添加以下内容。

```
Line 1 def self.from_txt(file)
     -   lines = File.readlines(file).map { |line| line.strip }
     -   lines.pop while lines.last.length < 1
     -
     5   rows = lines.length
     -   columns = lines.first.length
     -   mask = Mask.new(rows, columns)
     -
     -   mask.rows.times do |row|
    10     mask.columns.times do |col|
     -       if lines[row][col] == "X"
     -         mask[row, col] = false
     -       else
     -         mask[row, col] = true
    15       end
     -     end
     -   end
     -
     -   mask
    20 end
```

这个 from_txt 新方法需要传递一个文件名给它。然后第 2 行逐行读取该文件的内容，依次从每一行中删除空格，然后第 3 行从文件末尾删除所有空白行。

现在，我们假设文件中文本行数对应遮罩的行数，第一行文本的列数对应遮罩的列数。第 5 行和第 6 行实现了这个设想，然后我们实例化遮罩。

最后，第 9 行开始遍历文件每一行的每个字符，如果字符是 X，则将遮罩中的相应位置设置为 false，如果是其他字符，则设置为 true。完成了这一切后，该方法就返回新的 Mask 实例。

程序现在变成了下面这样。将此代码放在 ascii_mask.rb 文件中。

```
ascii_mask.rb
require 'mask'
require 'masked_grid'
require 'recursive_backtracker'

abort "Please specify a text file to use as a template" if ARGV.empty?
mask = Mask.from_txt(ARGV.first)
grid = MaskedGrid.new(mask)
RecursiveBacktracker.on(grid)

filename = "masked.png"
grid.to_png.save(filename)
puts "saved image to #{filename}"
```

请注意，我们将生成的迷宫保存为图像，因为我们的遮罩可能是任意大小。如果试图在终端上显示大型迷宫，事情就会变得比较糟糕。我们通过命令行方式运行这段程序，并将文件名作为参数传递给程序。如果使用本节开头的 mask.txt，那么可以像这样运行程序：

```
$ ruby -I. ascii_mask.rb mask.txt
saved image to masked.png
```

打开 masked.png，应该可以看到类似图 6.8 的内容。

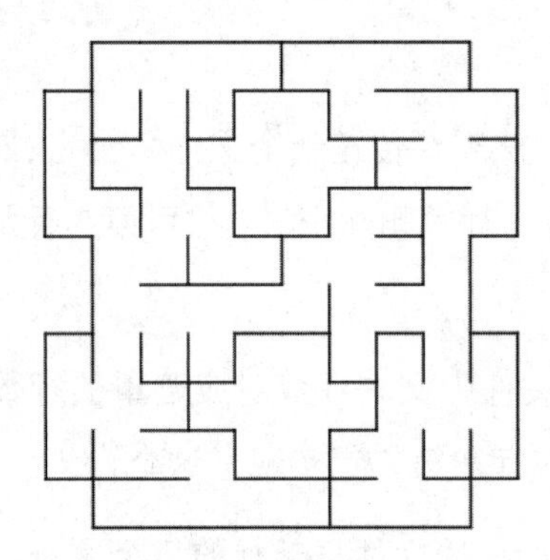

图 6.8 命令运行结果

多试试不同的模板，看看会得到什么！你甚至可以尝试绘制自己的名字，并在字母周围或内部生成一个迷宫（取决于如何设置模板）。但是，如果决定在单词的字母中生成迷宫，请确保以某种方式将字母连接在一起。否则，网格的不同部分将无法连接，迷宫算法将无法将这些字母都连接起来。

然而，多试几次后，就会发现用纯文本设计较大的模板会非常乏味。让我们看一个（可能）更方便的模板定义方法。

6.4 图像遮罩 Image Masks

之前把遮罩比做图像，其中每个单元格就像打开或关闭的像素。因此，将实际图像用于模板可能也是有意义的，其中特定颜色（例如黑色）的像素视为关闭，而所有其他颜色的像素都视为开启。这可以让我们用图像编辑器来设计模板，使得较大遮罩的设计变得简单多了。

来实现这个思路。我们将创建一个接收 PNG 格式图像的方法，所以我们需要做的第一件事是确保已加载 ChunkyPNG 库。再次打开 `mask.rb` 并在文件顶部添加以下行：

```
require 'chunky_png'
```

一旦设置完毕，就可以添加新方法，就像前面通过文本文件定义遮罩一样。我们将该方法命名为 `from_png(file)`，并在 `from_txt` 方法之后添加它。

```
Line 1 def self.from_png(file)
     -   image = ChunkyPNG::Image.from_file(file)
     -   mask = Mask.new(image.height, image.width)
     -
     5   mask.rows.times do |row|
     -     mask.columns.times do |col|
     -       if image[col, row] == ChunkyPNG::Color::BLACK
     -         mask[row, col] = false
     -       else
    10         mask[row, col] = true
     -       end
     -     end
     -   end
     -
    15   mask
     - end
```

第 2 行从磁盘加载图像，第 3 行使用与图像相同的尺寸实例化一个新遮罩。然后第 5 行开始遍历图像的每个像素，将遮罩中的相应位置设置为 false（如果像素为黑色）或 true（对其他颜色）。

使用这种新方法，我们可以修改 ascii_mask.rb 文件来读取和使用 PNG 文件作为迷宫模板。将 ascii_mask.rb 复制到 image_mask.rb，并对 image_mask.rb 进行以下更改。

```
image_mask.rb
require 'mask'
require 'masked_grid'
require 'recursive_backtracker'

➤ abort "Please specify a PNG image to use as a template" if ARGV.empty?
➤ mask = Mask.from_png(ARGV.first)
grid = MaskedGrid.new(mask)
RecursiveBacktracker.on(grid)

filename = "masked.png"
➤ grid.to_png(cell_size: 5).save(filename)
puts "saved image to #{filename}"
```

请注意，最后将网格保存为 PNG 图像时，我们将单元格大小设置为 5 像素而不是默认的 10 像素，为的是更容易适应更大规模的迷宫。

剩下的就是做一个图像来作为模板！如果不确定能使用什么来制作自己的图像模板，建议使用 GIMP，这是一款出色的免费图像处理程序，[译者注 2] 可用于 Windows、Linux 和 Mac OS X。（友情提醒，你得给自己一些学习时间！）还请记住：黑色用于不应创建单元格的区域，因此如果选择从黑色背景开始，那么在画布上可以用其他任何颜色来绘图，以定义迷宫中应该存在的区域。

另外，如果你不想处理图像，则可以在线获取示例图像，示例图像跟本书源代码放在一块。

我们来动手实践一番。创建图 6.9 的图像，将其命名为 maze_text.png。

[译者注 2] http://www.gimp.org

图 6.9 创建的图像（maze_text.png）

然后，像以前一样启动新脚本。

```
$ ruby -I. image_mask.rb maze_text.png
saved image to masked.png
```

结果出来了！如图 6.10 所示。

图 6.10 命令运行结果

太神奇了！

6.5 小试身手 Your Turn

掩蔽是一种强大技术，它开启了许多可能性。本章只触及了皮毛。花点时间去尝试一下，看看你还能想出什么。这里有一些想法可以帮助你开启思路。

几何设计

到目前为止，我们的迷宫都只适合矩形边界的网格。尝试使用遮罩来将迷宫塞入三角形或圆形。

多态遮罩

在 `Mask` 类中，我们使用了一个布尔值数组来标识在某个位置上单元格存在还是不存在。如果我们使用整数而不是布尔值，我们最终就可能使用多态遮罩（multi-state masks），从而允许描述网格内的多个不同区域。一种应用场景是将网格分成多个部分，在每个部分上运行不同的迷宫算法，然后通过通道将每个部分连接在一起，以创建一个具有多种不同风格的迷宫。一个例子：一个围绕庭院的树篱迷宫，以及另一个位于庭院中心的迷宫。

带房间的迷宫

遮罩的另一个用途是在迷宫中声明房间。在遮罩上注明应该在哪里绘制迷宫廊道，当事情都完成，我们添加廊道，廊道将禁区连接到迷宫本身。这些禁区就变成了房间。

遗憾的是，尽管这些遮罩很有用，但它们倾向于创建具有锯齿状、像素化外观的轮廓，尤其是当尝试的形状由任意曲线或对角线组成时。圆形受到的影响更甚。接下来，我们将研究一种完全不同的技术，用于在圆内生成迷宫。

第 7 章 圆形迷宫

Going in Circles

如果有人要我们做一个“圆形迷宫”，我们可以先制作一个圆形的模板图像，然后将其用作遮罩来生成相应的迷宫。我们会得到如图 7.1 所示的内容。

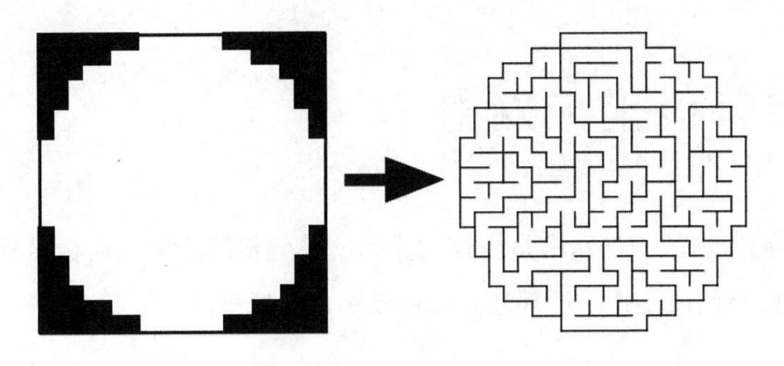

图 7.1　使用前面所学知识做的一个“圆形迷宫”

但是，我们得承认，虽然这很有效，但它并不是很有吸引力。遮罩的锯齿状、像素化边沿只是近似于圆，并且呆板地一对一平移到网格的矩形单元格上。这种相互垂直的行列排列称作规则或正交的网格，尽管它有很多优点——易于理解、易于实现，但在表示非正交线形如对角线或曲线时，效果就会很差。

不过，恰好有一类网格对圆形非常有效。它被称为极坐标（polar）网格，我们利用它构建出来的迷宫则称为 theta[译者注1] 或圆形迷宫。本章将看到如何使用这样的网格来制作类似图 7.2 的圆形迷宫。

图 7.2 真正的圆形迷宫

为了达成这个目标，我们将首先讨论极坐标网格，以及它跟我们之前使用的网格有何不同。然后将引入一个新的 `Grid` 子类，并在其中重写 `to_png` 方法以支持这种新的网格，最后研究如何让网格的单元格尽可能大小均匀。

7.1 理解极坐标网格 Understanding Polar Grids

我们习惯的正交网格是由行列排列的单元格组成的，而极坐标网格却由同心圆环组成，每个环都划分成单元格，就像车轮的辐条一样，如图 7.3 所示。

译者注 1 希腊字母表的第 8 个字母（Θ，θ）。

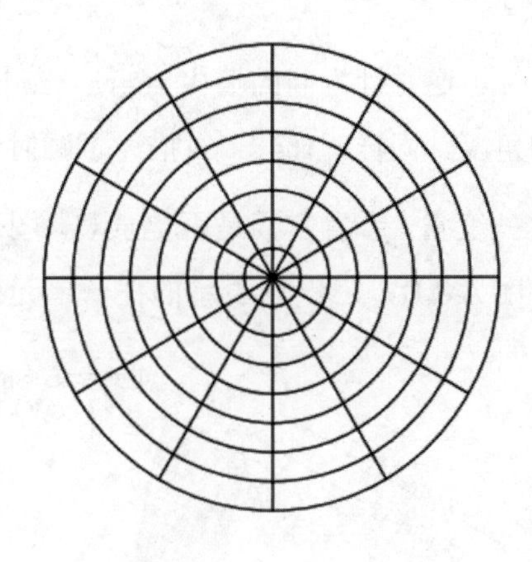

图 7.3 一个极坐标网格

从代码角度，可以有很多种方法来描述极坐标网格，但事实证明，只需进行一些更改，我们就可以重用现有网格类。我们将分阶段完成我们的任务，并从绘制极坐标网格开始。如果能够画出一个极坐标网格，我们就解决了一半以上的问题！

一开始，我们从几个给定的值开始。这些值包括每个环的高度（称作 ring_height），以及环中存在多少个单元格（或 cell_count）。有了这些，我们就可以定义给定单元格的几何形状，如下所示：

```
theta = 2 * Math::PI / cell_count
inner_radius = cell.row * ring_height
outer_radius = (cell.row + 1) * ring_height
theta_ccw = cell.col * theta
theta_cw = (cell.col + 1) * theta
```

theta 变量描述了环中每个单元格的角度大小。如果用 2 * Math::PI 弧度来描述一个整圆的角度，那么我们就可以简单地用 2 * Math::PI 除以环中的单元格数，以获取一个单元格覆盖了多少弧度。

inner_radius 和 outer_radius 变量告诉我们单元格离原点的距离，inner_radius 描述了内墙到原点的距离，outer_radius 描述了外墙到原点的距离。

最后两个变量分别用来描述单元格逆时针方向的墙和顺时针方向的墙

的位置，以弧度为单位。逆时针方向的墙由 theta_ccw 描述，此变量只是转到逆时针方向的墙的角度。同样，theta_cw 描述了顺时针方向的墙的角度。

用图示来描述这些变量，看看它们是否更直观。图 7.4 放大了我们的极坐标网格，观察边角用 A、B、C 和 D 表示的任一单元格。

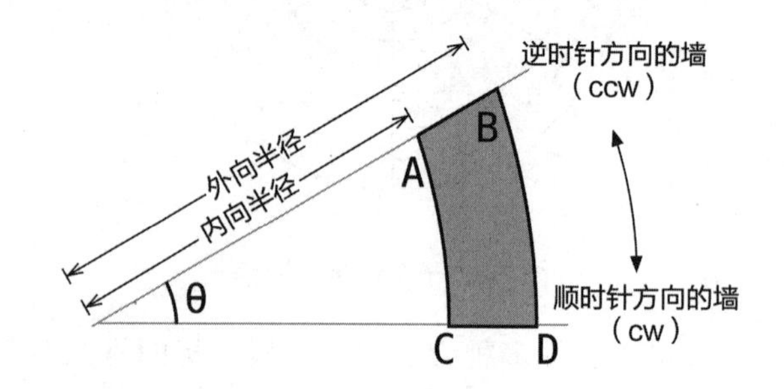

图 7.4　放大的极坐标网格一角

我们可以看到 θ（theta）是单元格的角度大小，内向半径和外向半径是从原点到单元格墙面的距离。此外，AB 墙是逆时针方向的，CD 墙是顺时针方向的。

对吧？哇！

由于大多数图像库不理解极坐标，因此下一步是将极坐标转换为笛卡尔坐标——通常用 x, y 对来标识图像中的位置。我们利用三角形进行转换，测量某点到网格原点的 x 轴和 y 轴距离。此时需要用到一些三角函数，而如果你已经有一段时间没有接触到这些知识了，也请不必担心，我们会一起来完成这些事情。

图 7.5 用于复习直角三角形的直角边与斜边的关系。斜边标记为 r。

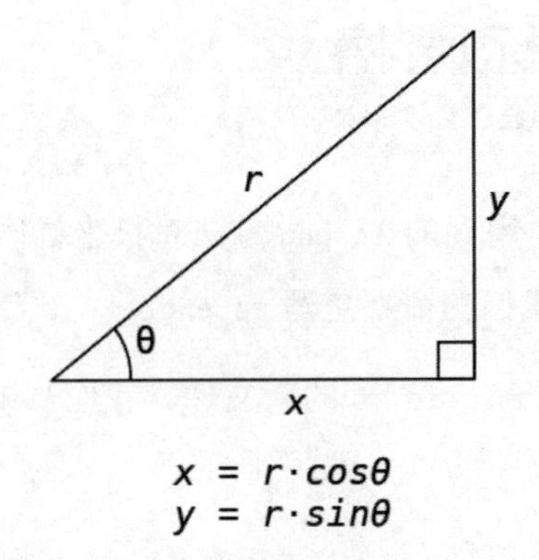

图 7.5 直角三角形的直角边与斜边的关系

这张图总能帮助我记住正弦和余弦按字母顺序匹配 x 和 y。正如字典中余弦（cosine）在正弦（sine）之前，x 也在 y 之前，这表明我们将使用余弦来计算 x，并使用正弦来计算 y。将斜边乘角度 θ 的余弦或正弦将分别得到与原点的 x 轴或 y 轴距离。

参考图 7.4 在极坐标中描述单元格，想象出一个叠加的三角形并不难，A（或 B）在右上角，网格原点在左下角。如果内向半径和外向半径是斜边，就可以使用这些三角公式来得到我们需要的笛卡尔坐标。

多亏了三角学，我们现在了解了描述单元格四个角所需的一切，即图 7.4 中标记为 A、B、C 和 D 的四个角。假设 `center_x` 和 `center_y` 是圆的原点坐标，我们的单元格坐标就变成：

```
ax = center_x + inner_radius * Math.cos(theta_ccw)
ay = center_y + inner_radius * Math.sin(theta_ccw)
bx = center_x + outer_radius * Math.cos(theta_ccw)
by = center_y + outer_radius * Math.sin(theta_ccw)
cx = center_x + inner_radius * Math.cos(theta_cw)
cy = center_y + inner_radius * Math.sin(theta_cw)
dx = center_x + outer_radius * Math.cos(theta_cw)
dy = center_y + outer_radius * Math.sin(theta_cw)
```

剩下的事情就是把极坐标网格画出来了。

7.2 绘制极坐标网格 Drawing Polar Grids

到目前为止，前面用到的 to_png 方法对极坐标网格并没啥帮助，所以接下来继承 Grid 并按我们的需要重写 to_png。

创建一个名为 polar_grid.rb 的新文件。我们从 Grid 子类和 to_png 方法实现开始。

polar_grid.rb

```
Line 1 require 'grid'
     -
     - class PolarGrid < Grid
     -   def to_png(cell_size: 10)
     5     img_size = 2 * @rows * cell_size
     -
     -     background = ChunkyPNG::Color::WHITE
     -     wall = ChunkyPNG::Color::BLACK
     -
    10     img = ChunkyPNG::Image.new(img_size + 1, img_size + 1, background)
     -     center = img_size / 2
     -
     -     each_cell do |cell|
     -       theta = 2 * Math::PI / @grid[cell.row].length
    15       inner_radius = cell.row * cell_size
     -       outer_radius = (cell.row + 1) * cell_size
     -       theta_ccw = cell.column * theta
     -       theta_cw = (cell.column + 1) * theta
     -
    20       ax = center + (inner_radius * Math.cos(theta_ccw)).to_i
     -       ay = center + (inner_radius * Math.sin(theta_ccw)).to_i
     -       bx = center + (outer_radius * Math.cos(theta_ccw)).to_i
     -       by = center + (outer_radius * Math.sin(theta_ccw)).to_i
     -       cx = center + (inner_radius * Math.cos(theta_cw)).to_i
    25       cy = center + (inner_radius * Math.sin(theta_cw)).to_i
     -       dx = center + (outer_radius * Math.cos(theta_cw)).to_i
     -       dy = center + (outer_radius * Math.sin(theta_cw)).to_i
     -
     -       img.line(ax, ay, cx, cy, wall) unless cell.linked?(cell.north)
    30       img.line(cx, cy, dx, dy, wall) unless cell.linked?(cell.east)
     -     end
     -
```

```
-     img.circle(center, center, @rows * cell_size, wall)
-     img
35  end
- end
```

这个新的 to_png 方法的开头很像旧版本，都是计算画布的大小。但是，在当前情况下，画布的宽度和高度是圆的直径，或者是半径的两倍，半径为行数乘以每行的高度（第 5 行）。那么，网格的中心就是圆的中心，并计算为直径的一半（第 11 行）。

接下来，对于网格中的每个单元格，第 14~18 行测量内向半径和外向半径，以及相关角度，然后在第 20~27 行使用这些测量结果来计算单元格每个角的坐标。（延续上一节内容，这部分应该看起来很熟悉。）请注意，我们将每个坐标转换为整数，因为 ChunkyPNG 不能很好地处理非整数参数。

一旦有了这些坐标，第 29 行和第 30 行就用它们来绘制单元格的内墙和顺时针方向的墙。（现在，我们将这两个方向分别称为北和东，因为它们整齐地对应于底层的正交网格。我们很快就会蜕变，并创建一个自定义的 Cell 子类。）

最后，我们绘制网格的外墙，构成一个整圆（第 33 行），然后返回图像。

乔的问题：
为什么我们要画直线而非弧线？

问得好！理想情况下，我们最好在第 29 行用圆弧绘制内墙，以契合圆的曲线，但在撰写本书时，ChunkyPNG 并不提供绘制圆弧的 API。事实证明，直线（大部分情况下）做得足够好，但如果你在自己的代码中使用了其他图像库，也许可以检查一下它是否支持弧线绘制。

检查这段代码是否能够正常工作。将以下内容放入名为 polar_grid_test.rb 的文件中。

```
polar_grid_test.rb
require 'polar_grid'

grid = PolarGrid.new(8, 8)

filename = "polar.png"
grid.to_png.save(filename)
puts "saved to #{filename}"
```

我们创建了一个具有八行（或环）和八列（轮辐）的新极坐标网格，然后简单地显示结果。由于我们并不打算在网格上生成迷宫，所以结果应该只保存了网格本身。果然，我们得到了图 7.6 所示的图像。

图 7.6 运行 polar_grid_test.rb 得到的极坐标网格

结果不太好（直线使网格看起来像蜘蛛网），但这足以表明我们走在正确的道路上。这是一个可辨认的极坐标网格。

在这里，我们甚至可以运行我们的某个迷宫算法，但我并不推荐这样做——反正现在还不行。例如，图 7.7 是应用了递归回溯算法的同一个网格。

图 7.7 应用了递归回溯算法的结果

这是一个有趣的模式，但并不是我们真正想要的。与最里面的单元格相比，最外面的单元格太宽了，导致外观非常不均匀，虽然在技术上这也是一个迷宫，但缺乏预期的迷宫美感。我们需要一种方法来尽可能保持单元格大小均匀，即使网格的同心圆越来越大。

为了解决这个问题，我们需要研究一种在单元格变大时分割单元格的技术，称为自适应细分（adaptive subdivision）。

7.3 自适应细分网格 Adaptively Subdividing the Grid

想要使用自适应细分来让我们的单元格大小更均匀，我们得知道这些单元格应该是多大。正方形在正交网格中看起来不错，但极坐标网格无法提供真正的正方形。极坐标网格中没有平行的直线！虽然我们没有正方形，但我们可以近似地得到正方形。我的意思是，让内墙的长度与单元格的高度（内外墙之间的距离）大致相同。

牢记这条规则，看看图 7.8，它显示了极坐标网格中的一“列”，接下来会采取了一些步骤使该列更均匀。

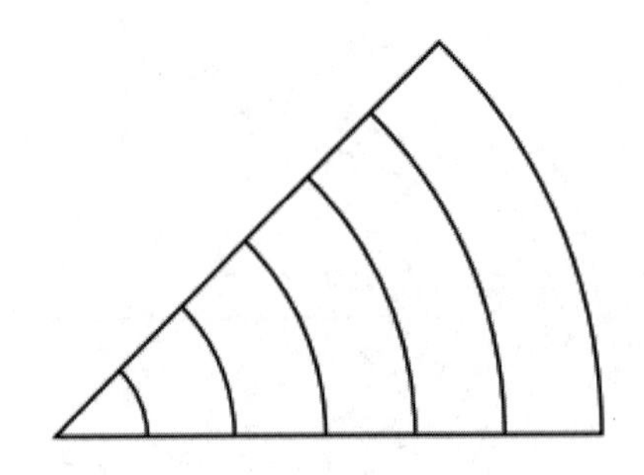

图 7.8 极坐标网格中的一“列”

首先，我们观察最里面的两个单元格，发现它们都符合要求。它们的内墙不长于单元格的高度。但是下一个单元格……哎呀，它有点宽！为了解决这个问题，我们将这个单元格以及所有后续单元格分成两部分，如图 7.9 所示：

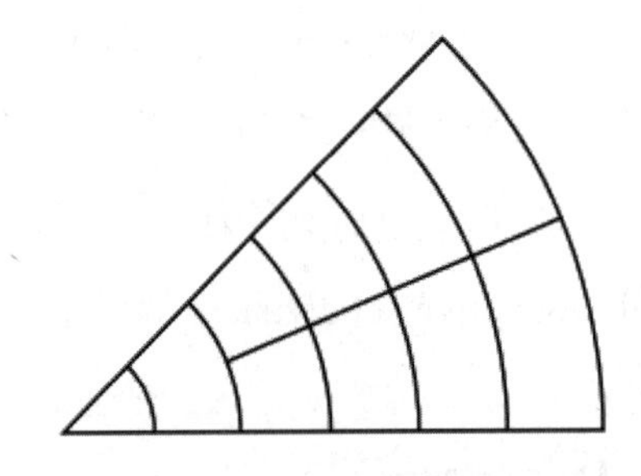

图 7.9 分割单元格

第三行现在看起来不错，第四行也是如此（尽管它肯定有点宽）。然而，第五行让我们有所警觉，实在是太宽了！解决方案？再细分，如图 7.10 所示。

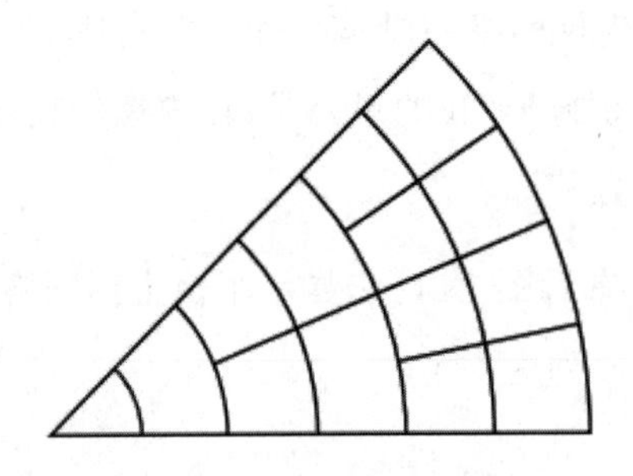

图 7.10 继续细分单元格

至此，我们原来的列已经扩展成了多列。这些单元格现在看起来更规则了，但这是有代价的：我们拆分单元格的同时也增加了复杂性，因此现在有些单元格在向外的方向上有两个邻居，而不像原来只有一个。

幸运的是，控制起来并不难。

7.4 实现极坐标网格 Implementing a Polar Grid

为了实现这个改进的极坐标网格，我们将引入一个新的 `Cell` 子类，然后介绍新单元格的布局和细分方式。最后一项工作是一些外观调整，让迷宫成品尽可能整洁，以此完成我们的任务。

7.4.1 PolarCell 类 The PolarCell Class

首先来实现新的 `Cell` 子类。到目前为止，我们一直使用现有的 `Cell` 类，但是当它已无法非常直观地映射到极坐标网格，继续参考罗盘方向，人就变得有点僵化。此外，通过自适应细分，一些单元格现在可能在向外方向上有两个邻居，而我们现有的 `Cell` 类不支持这种情况。

因此，请将以下内容放入 `polar_cell.rb`。

polar_cell.rb

```
Line 1 require 'cell'
     -
     - class PolarCell < Cell
     -   attr_accessor :cw, :ccw, :inward
     5   attr_reader :outward
     -
     -   def initialize(row, column)
     -     super
     -     @outward = []
    10   end
     -
     -   def neighbors
```

```
-     list = []
-     list << cw if cw
15    list << ccw if ccw
-     list << inward if inward
-     list += outward
-     list
-   end
20 end
```

第 4 行和第 5 行作为开始，定义了极坐标方向有关的属性：顺时针方向（cw）、逆时针方向（ccw）、向内（朝向原点）和向外（朝向圆的边沿）。

重构 Cell 类

此时，可能需要花一些时间对 Cell 类进行适当的重构，这样子类就不会继承不必要的包袱（如 north、south 等）。随着代码的增长和成熟，像我们这样有机增长的项目通常会通过重构迭代来“整理”代码。遗憾的是，这超出了本书的范围，但不要因此就阻止了你！

请注意，第 5 行仅设置 outward 为读取器，它并非写入器，因为我们不会直接对它赋值。相反，在第 9 行的构造函数中，我们初始化 outward 为一个空数组，并将根据需要向其追加单元格。

这样，准备好新的单元格类后，我们可以返回 PolarGrid 并着手丰富它的功能。

7.4.2 重塑 PolarGrid 类

Revisiting PolarGrid

最新的极坐标网格实现将覆盖基类的几个方法，包括构造函数、prepare_grid、configure 等。我们要再次打开 polar_grid.rb 进行以下更改。

首先，在新的 PolarCell 类上添加一个依赖项。

```
  require 'grid'
➤ require 'polar_cell'
```

接下来，将为 PolarGrid 创建一个新的构造函数。到目前为止，我们一直在说每个网格它有多少行和多少列，但是自适应细分能计算出每行的列数。我们真正需要的是网格行数——可以从中得到其他一切。将构造函数放在 PolarGrid 类的顶部，即 to_png 方法之前。

```
def initialize(rows)
  super(rows, 1)
end
```

super 调用中的第二个参数是必需的，因为超类需要知道网格有多少列（可以说是设计缺陷，但我们接受它）。

下一个方法有很多内容。我们将重写 prepare_grid 方法，对其进行改造，以准备好自适应细分的极坐标网格，而不是像之前那样构建常规网格。在 initialize 方法之后添加以下方法。

```
Line 1 def prepare_grid
     -   rows = Array.new(@rows)
     -
     -   row_height = 1.0 / @rows
     5   rows[0] = [PolarCell.new(0, 0)]
     -
     -   (1...@rows).each do |row|
     -     radius = row.to_f / @rows
     -     circumference = 2 * Math::PI * radius
    10
     -     previous_count = rows[row - 1].length
     -     estimated_cell_width = circumference / previous_count
     -     ratio = (estimated_cell_width / row_height).round
     -
    15     cells = previous_count * ratio
     -     rows[row] = Array.new(cells) { |col| PolarCell.new(row, col) }
     -   end
     -
     -   rows
    20 end
```

即使是极坐标网格，我们仍使用数组来表示每一行。第 2 行帮我们设置好了一个数组。

然后第 4 行计算每一行的高度。这时，我们并不知道圆在渲染时会有多大，但没关系。可以假设我们正在处理一个单位圆——也就是说，一个半径为 1 的圆——几何定律向我们保证，可以在以后轻松地调整圆的大小。这可以使我们简化许多计算。

接下来，第 5 行将圆的原点（`rows` 数组中的第 0 行）视为一个特例。因为所有的半径都交于原点，所以将行分成多个单元格意味着单元格变小、更快。[译者注2] 然而我们将强制最里面的行为一个单元格，坐标为(0, 0)。

现在，对于剩余的每一行，我们将进行一些计算以弄清楚如何细分单元格。第 8 行计算行的**内向**半径——从原点到该行内墙的距离，然后用这个**内向**半径来计算该行内墙的周长（第 9 行）。请记住，我们在这里使用单位圆，因此给定行的半径只是行索引与行数的比率。（这不是很方便吗？）然后，第 12 行将所得的该周长除以前一行中的单元格数，这告诉我们不细分单元格的情况下，本行中每个单元格的宽度。最理想的情况就是——能不细分就不细分！

回想一下，理想状态的单元格，其宽度与行高相同。第 13 行使用该理想标准来获知 `estimated_cell_width` 能装进多少理想尺寸的单元格。这个比率变量基本上告诉我们这一行中有多少个单元格对应于前一行中的每个单元格。如果比率为 1，则当前行的单元格数与上一行的单元格数相同。如果比率是 2（或更大），那么我们再细分。比率将始终为 1 或 2，索引 1 处的行除外，这时候的比率可能更大，因为前一行（索引为 0 的那一行）始终仅包含一个单元格。

最后，用比率乘上前一行中的单元格数量（第 15 行）。算出当前行中应该有多少个单元格，这样，我们实例化一个具有相应数量的 `PolarCell` 实例的新数组，并结束循环（第 16 行）。

很好！

[译者注2] 也能更快穿过单元格。

这时候，我们已经有了网格，但尚未给单个单元格设置邻居。可怜的小单元格们不知道邻居是谁。为此，我们需要覆盖 configure_cells 方法。

```
Line 1 def configure_cells
     -   each_cell do |cell|
     -     row, col = cell.row, cell.column
     -
     5     if row > 0
     -       cell.cw = self[row, col + 1]
     -       cell.ccw = self[row, col - 1]
     -
     -       ratio = @grid[row].length / @grid[row - 1].length
    10       parent = @grid[row - 1][col / ratio]
     -       parent.outward << cell
     -       cell.inward = parent
     -     end
     -   end
    15 end
```

在这里，我们将查看网格中的每个单元格，但忽略原点处的单元格（第5行），因为这个单元格是特例，没有向内或顺时针方向的邻居。

对于其他单元格，我们设置其顺时针方向（第6行）和逆时针方向（第7行）的邻居，计算本行单元格数量与前一行单元格数量（第9行）的比率，然后用该比率来决定前一行中的哪个单元格是当前单元格的“父单元格”——父单元格之前可能被细分过，也可能没有被细分（第10行）。紧接着将当前单元格添加为父单元格的外向邻居之一（第11行），同时将父单元格设置为当前单元格的内向邻居（第12行）。

接下来只需再添加一个新方法，帮助我们从网格中随机选择一个单元格。这个方法很简单，完成了前两个方法之后，不妨呼吸一口新鲜空气。

```
def random_cell
  row = rand(@rows)
  col = rand(@grid[row].length)
  @grid[row][col]
end
```

最后，需要对 to_png 进行些许更改以匹配邻居的新名称（cw、inward

等），以及原点单元格相关的特殊情况。用以下代码中突出显示的行来更改 to_png 方法的代码。

```
  each_cell do |cell|
➤   next if cell.row == 0
    # ...
➤   img.line(ax, ay, cx, cy, wall) unless cell.linked?(cell.inward)
➤   img.line(cx, cy, dx, dy, wall) unless cell.linked?(cell.cw)
  end
```

很容易！马上大功告成。

7.4.3 测试与调整
Testing and Tweaking

剩下的就是测试我们已完成的东西，最后调整它，使其看起来尽可能漂亮。

现在的 polar_grid_test.rb 并不能工作，因为我们用了两个参数来实例化 PolarGrid。不要停，请打开该文件并更改它，我们将只向构造函数传递一个参数——行数，然后再试一次。

```
grid = PolarGrid.new(8)
```

这一次，我们应该会得到一个不像蜘蛛网且更有意思的网格，如图 7.11 所示。

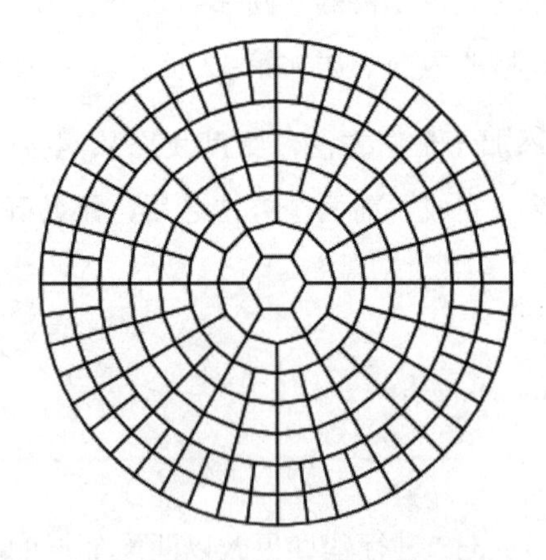

图 7.11 运行 polar_grid_test.rb 的结果

好的！如果我们接下来在这个网格上生成一个迷宫，一个美丽的迷宫就会呈现出来了。将以下内容放入 circle_maze.rb 并试一试。这里使用递归回溯算法，而如果你想试验其他算法，Aldous-Broder 或 Wilson 算法应该同样有效。

```
circle_maze.rb
require 'polar_grid'
require 'recursive_backtracker'

grid = PolarGrid.new(8)
RecursiveBacktracker.on(grid)

filename = "circle_maze.png"
grid.to_png.save(filename)
puts "saved to #{filename}"
```

结果？瞧瞧图 7.12 吧！

图 7.12　一个使用递归回溯算法生成的圆形迷宫

有一个小问题（见图 7.13）。你看到了吗？

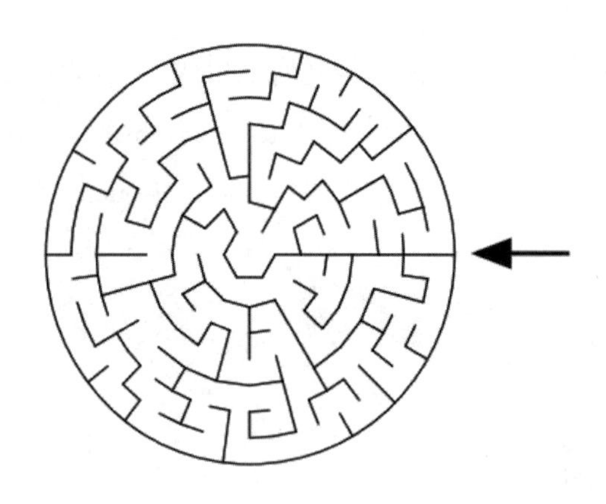

图 7.13 一条径向射线

就是那条径向射线，留下了网格顺时针方向和逆时针方向边沿的交界线。这似乎是一个小问题，但不妨尝试生成一些更大的迷宫，比如有 25 行或更多，那条小小的径向射线就会迅速变得令人厌烦！

要修复这个问题，我们只需要告诉网格顺时针边界上的单元格与逆时针边界上的单元格相邻。我们可以通过进一步修改 configure_cells 方法来做到这一点，但如果采用这种方式，最终将不得不执行两次相同的检查——一次针对顺时针邻居，一次针对逆时针邻居。我们可以把检查移动到数组访问器方法本身，以避免这种重复，如以下代码所示。将代码添加到 PolarGrid 类，就在 random_cell 方法之前。

```
def [](row, column)
  return nil unless row.between?(0, @rows - 1)
➤ @grid[row][column % @grid[row].count]
end
```

突出显示的行就是魔术发生的地方。请注意，我们不检查 column 参数的边界。相反，使用取模运算来确保列始终被包含在数组界内。这样，顺时针边界和逆时针边界有效地相邻了。

保存代码，尝试再次生成一个迷宫，如图 7.14 所示。

图 7.14 消除了径向射线瑕疵的圆形迷宫

终于有值得炫耀的东西了！

7.5 小试身手 Your Turn

本章收获颇多！我们研究了一种新型网格——极坐标网格——并讨论了如何描述和展示它。我们还讨论了如何使用自适应细分来保持新型网格的单元格大小均匀，最后展示了如何使用取模运算让相对的两个边界成为邻居，以消除接缝。

即便进展到这儿，我们几乎也只触及皮毛。以下是一些你可能想自己尝试的事情。

尝试细分触发器

在早期的实现里，当单元格的宽度至少是行高的 1.5 倍时，单元格就会被细分。（这就是使用 round 方法的目的，在 `PolarGrid#prepare_grid` 的第 13 行。）尝试在调用 `round` 之前，在括号内加或减一些数值，比如 0.25，看看当你触发不同的阈值时会发生什么。

圆形迷宫上的遮罩

你可以尝试将遮罩应用在圆形迷宫上，让上一章内容在这里有用武之地。你需要找到一种方法来将遮罩映射到一个圆。还需要对 `to_png` 方法进行一些更改，因为我们在这里给出的实现假设单元格的每个邻居都是存在的。不同于每个单元格仅绘制内向和顺时针边沿的墙壁，你还需要检查其他方向是否存在邻居，如果不存在邻居，那么也要在那里绘制墙壁。

种植一棵圆形的二叉树

是的，二叉树算法（以及 Sidewinder 算法）可以作用于圆形迷宫！实际上，你会得到一种相当迷人的风车效果。只需确保网格具有明确定义的顺时针/逆时针方向的边界，否则这些算法将无法保证产生有效的迷宫。删除自定义的数组访问器方法试一试！

给圆形迷宫着色

还记得之前的 Dijkstra 算法吗？我们实现了一个名为 `background_color_for` 的方法来绘制不同颜色的单元格。为清晰起见，我们给出的极坐标网格实现放弃了该方法，但添加回来并不难。试一试！图 7.15 的彩色圆形迷宫很可爱。

图 7.15 彩色的圆形迷宫

一旦你掌握了极坐标网格的实现方法，就请一鼓作气，因为接下来我们将一头扎进其他类型的网格！我们将探索如何用三角形和六边形制作网格，然后介绍一些有趣的形状组合。

第 8 章

探索其他网格

Exploring Other Grids

当把一个表面分割成不同的形状，形状之间没有缝隙也没有重叠，这就是所谓的表面密铺（tessellation）。我们的规则网格就是这样一种密铺，我们将一个平坦区域或几何平面分解成更小的正方形，或者说我们用正方形平铺平面。

事实证明，正方形并不是唯一可以做到这点的形状。在本章将看到由其他几何形状平铺而成的另外两个网格，了解到六边形如何形成蜂窝状结构，以及三角形如何形成梁式格架。本章将使用这些新网格来生成如图 8.1 所示的迷宫。

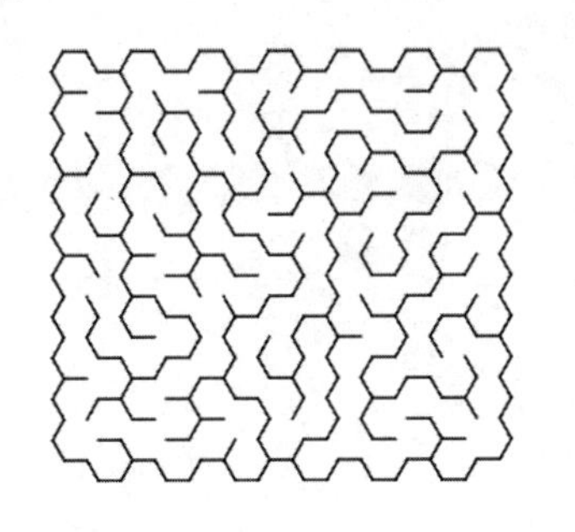

图 8.1　六边形网格和三角形网格上的迷宫

我们从左边的六边形网格上的迷宫开始。

8.1 实现六边形网格 Implementing a Hex Grid

到目前为止，我们已经制作了规则网格和圆形网格。我们的下一个目标是创建一个六边形网格——或简称 hex grid。我们从单个单元格入手，着眼于了解它在空间上与邻居的关系。从中获取信息并实现网格。

这些单元格并不难实现。最棘手的事情是理解它们是如何组合在一起的。来看一个简单的六边形网格，如图 8.2 所示。

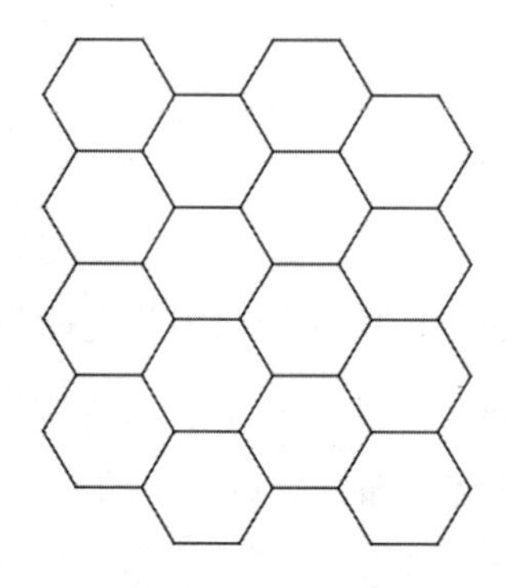

图 8.2 简单的六边形网格

可以看到每个六边形最多与其他六个六边形相邻，北、南、西北、东北、西南和东南各一个。很明显，现有单元格并不能满足要求，它没有包含足够多的邻居！现在我们引入一个新的 `Cell` 子类来解决这个问题。

将以下内容放入 `hex_cell.rb`。

```
hex_cell.rb
require "cell"

class HexCell < Cell
  attr_accessor :northeast, :northwest
  attr_accessor :southeast, :southwest

  def neighbors
```

```
    list = []
    list << northwest if northwest
    list << north if north
    list << northeast if northeast
    list << southwest if southwest
    list << south if south
    list << southeast if southeast
    list
  end
end
```

我们简单地扩展了 `Cell` 类，分别为 `northwest`、`northeast`、`southwest` 和 `southeast` 添加新的访问器，然后更新 `neighbors` 方法以返回这些新方向。请注意，`west` 和 `east` 访问器从 `Cell` 类继承，且我们并未用到它们。由于网格中的六边形单元格按照它们原有方式（平顶）定向，因此六边形单元格永远不会有东边或西边邻居。

下一步是弄清楚这些六边形单元格在网格中的排列方式。尽管它们不一定排成一排，但不难找到一种行之有效的排列方式。

再看图 8.2，网格中垂直的列很明显，水平的行却不太明显。有许多种描述六边形网格的方法实现，这不足为奇，而每种方法各有千秋也是正常。我们将选择一种最接近我们的底层二维数组的方式来描述六边形网格，因为这种方式对我们实现的改动是最少的。

图 8.3 展示了我们选择的六边形网格描述方法的工作原理，将每一行视为从网格的一侧到另一侧的锯齿形路径，而列只是简单地垂直下降穿过网格。

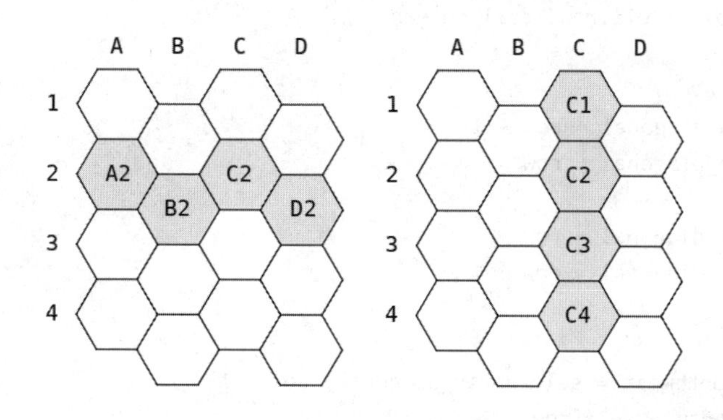

图 8.3　我们选择的六边形网格描述方法的工作原理

这个选择对我们如何设置网格有影响。最直接的是，当我们为某些列的单元格（例如上图中的 B 和 D）设置邻居信息时，西北和东北对角线指向单元格的**同一行**，而西南和东南对角线则指向下一行。相反，对于其他列（例如，A 和 C），其单元格的西北和东北对角线指向另一行（上一行）。

事情变得有点棘手了，但并非不可克服！

我们来创建一个新的 `Grid` 子类。同时，覆盖 `prepare_grid` 方法，以便为单元格实例化新的 `HexCell` 类。我们还要覆盖 `configure_cells`，为每个单元格设置正确的邻居信息。

将以下内容放入 `hex_grid.rb` 中。

hex_grid.rb

```
Line 1 require 'grid'
     - require 'hex_cell'
     -
     - class HexGrid < Grid
     5   def prepare_grid
     -     Array.new(rows) do |row|
     -       Array.new(columns) do |column|
     -         HexCell.new(row, column)
     -       end
    10     end
     -   end
     -
     -   def configure_cells
     -     each_cell do |cell|
    15       row, col = cell.row, cell.column
     -
     -       if col.even?
     -         north_diagonal = row - 1
     -         south_diagonal = row
    20       else
     -         north_diagonal = row
     -         south_diagonal = row + 1
     -       end
     -
    25       cell.northwest = self[north_diagonal, col - 1]
     -       cell.north = self[row - 1, col]
     -       cell.northeast = self[north_diagonal, col + 1]
```

```
-       cell.southwest = self[south_diagonal, col - 1]
-       cell.south = self[row + 1, col]
30      cell.southeast = self[south_diagonal, col + 1]
-     end
-   end
- end
```

第 17~23 行设置了一些变量来帮助我们处理那些锯齿形的行。当列为偶数时（col.even?），我们将该行设为北对角线指向前一行，而南对角线指向当前行。当列为奇数时，我们交换一下设置，使北对角线指向当前行，而南对角线指向下一行。

使用这些新设置的变量，第 25~30 行计算当前单元格的邻居单元格。

这足以设置我们的网格，所有单元格都与它们的邻居适当地结合起来。我们现在缺少的是一种显示网格的方法，因为 Grid 自己的 to_png 方法只能处理正方形。

8.2 显示六边形网格 Displaying a Hex Grid

要显示六边形网格，就需要计算出它每个角/顶点的坐标。我们将看到如何计算这些坐标（相对于六边形的中心），以及如何计算六边形网格的整体尺寸，然后把这些处理过程全部放入一个新的 to_png 实现中。

我们假设网格由正六边形组成——边长相同的六边形。基于这个假设，有一个**等边**三角形（边都相等的三角形）相关的贴心小推导，能够让我们得到需要的测量值。出于简单化的目的，我们在这里跳过推导本身，但如果你对几何感兴趣，它也非常简单。

本质上，我们想要的是图 8.4 中 a1、a2、b 的长度：

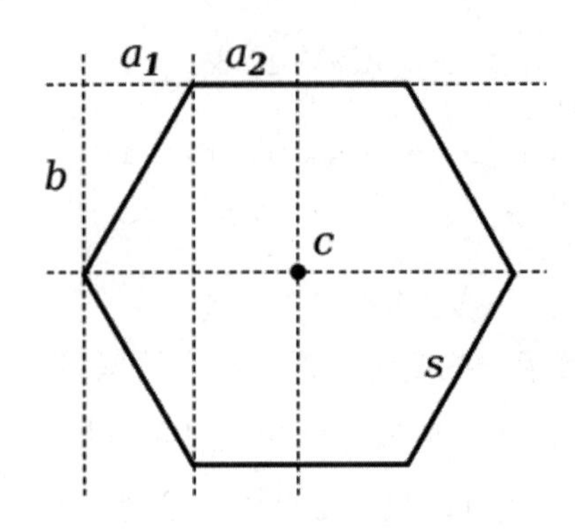

图 8.4 一个分割的六边形

如果 c 是六边形的中心，s 是边长，那么 a1 和 a2 是相同的。（简单起见，我们都称它们为 a。）我们还发现 a 是 s 的一半，b 的长度是 s√3/2。由此可知，我们的六边形（从西点到东点）的宽度正好是 2s，高度是 2b。用代码表示就是这样：

```
a_size = s / 2.0
b_size = s * Math.sqrt(3) / 2.0
width = s * 2.0
height = b_size * 2.0
```

使用这些数字，我们就可以计算出六边形所有六个顶点的 x 和 y 坐标。如果 cx 和 cy 代表某个单元格的中心点坐标，我们将那些离中心点较远的顶点称为“远点”，离中心点较近的顶点称为“近点”，于是就得到：

```
x_far_west = cx - s
x_near_west = cx - a_size
x_near_east = cx + a_size
x_far_east = cx + s
y_north = cy - b_size
y_mid = cy
y_south = cy + b_size
```

有了这些命名坐标变量，我们现在就可以说（例如）3 点钟位置的顶点位于(x_far_east,y_mid)。

在实现新的绘图代码之前，我们需要解决的最后一个问题是如何计算画布尺寸。这不像规则网格那样简单，因为相邻的单元格彼此发生偏移。这种情况下，在原始六边形网格之上覆盖一个规则网格会很有帮助，如图 8.5 所示。

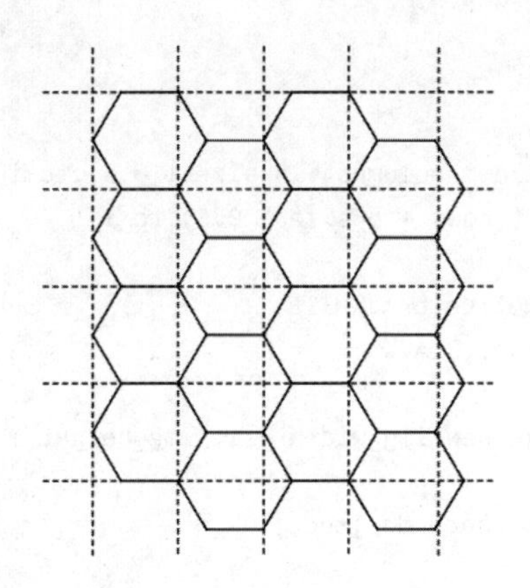

图 8.5 在原始六边形网格之上覆盖一个规则网格

我们知道如何计算规则网格的尺寸，所以如果能计算出叠加层的每个单元格的宽度，我们也就可以确定原始六边形网格的大小。

在这张图中，我们有一个 4×4 的六边形网格。回顾一下图 8.4，可以看出来这里的每个矩形都是 3 个 a 的长度那么宽，从一个六边形的西点到下一个相邻六边形的西点。以矩形计算，那么这一整幅 4×4 画布的宽度，就是四个矩形的宽度加上一个 a 的长度。

代码可能像这样组合在一起：

```
canvas_width = 3 * columns * a_size + a_size
```

高度则简单得多。我们可以很容易看出每个矩形与一个六边形一样高，并且整个画布的高度是四个六边形高度再加上半个六边形高度（一个 b 的长度）。换句话说就是：

```
canvas_height = rows * height + b_size
```

综上所述，我们终于可以编写新的 `to_png` 方法了！将以下内容放在

hex_grid.rb 中，放在 HexGrid 类中的某处。

```
Line 1 def to_png(size: 10)
     -   a_size = size / 2.0
     -   b_size = size * Math.sqrt(3) / 2.0
     -   width = size * 2
     5   height = b_size * 2
     -
     -   img_width = (3 * a_size * columns + a_size + 0.5).to_i
     -   img_height = (height * rows + b_size + 0.5).to_i
     -
    10   background = ChunkyPNG::Color::WHITE
     -   wall = ChunkyPNG::Color::BLACK
     -
     -   img = ChunkyPNG::Image.new(img_width + 1, img_height + 1, background)
     -
    15   [:backgrounds, :walls].each do |mode|
     -     each_cell do |cell|
     -       cx = size + 3 * cell.column * a_size
     -       cy = b_size + cell.row * height
     -       cy += b_size if cell.column.odd?
    20
     -       # f/n = far（远）/near（近）
     -       # n/s/e/w = north（北）/south（南）/east（东）/west（西）
     -       x_fw = (cx - size).to_i
     -       x_nw = (cx - a_size).to_i
    25       x_ne = (cx + a_size).to_i
     -       x_fe = (cx + size).to_i
     -
     -       # m = middle（中）
     -       y_n = (cy - b_size).to_i
    30       y_m = cy.to_i
     -       y_s = (cy + b_size).to_i
     -
     -       if mode == :backgrounds
     -         color = background_color_for(cell)
    35         if color
     -           points = [[x_fw, y_m], [x_nw, y_n], [x_ne, y_n],
     -                     [x_fe, y_m], [x_ne, y_s], [x_nw, y_s]]
     -           img.polygon(points, color, color)
     -         end
    40       else
     -         img.line(x_fw, y_m, x_nw, y_s, wall) unless cell.southwest
     -         img.line(x_fw, y_m, x_nw, y_n, wall) unless cell.northwest
```

```
-         img.line(x_nw, y_n, x_ne, y_n, wall) unless cell.north
-         img.line(x_ne, y_n, x_fe, y_m, wall) unless cell.linked?(cell.northeast)
45        img.line(x_fe, y_m, x_ne, y_s, wall) unless cell.linked?(cell.southeast)
-         img.line(x_ne, y_s, x_nw, y_s, wall) unless cell.linked?(cell.south)
-       end
-     end
-   end
50
-   img
- end
```

第 1 行的 size 命名参数就是我们之前所说的 s——六边形边长。如前所述，接下来的计算（第 2~5 行）使用 size 值来确定六边形尺寸。

随后两行（第 7 行、第 8 行）计算画布的总宽度。额外的 0.5 确保我们始终四舍五入到最接近的整数。

从第 17 行开始的三行计算当前单元格的中心点，因为中心点是我们后续计算的参照点。这一切又都回到了图 8.5，但在这里，我们同时还测量了当前单元格到其同行、同列首个单元格中心的距离。

一旦我们知道了中心点，我们就可以计算出当前单元格各个角的坐标，正如我们之前讨论的。第 23~31 行负责处理这个问题。

其余的代码行与我们旧有的 to_png 方法相同，根据存在哪些邻居并已连接到当前单元格，来为每个单元格绘制适当的墙。

就这些！使用新的 to_png 就应该能够绘制六边形网格以及生成迷宫了。我们马上就来实现！

8.3 制作六边形迷宫 Making Hexagon (Sigma) Mazes

在六边形网格上制作的迷宫，出于某种原因，被称为**西格玛迷宫**（sigma maze）。[译者注 1] 不管如何称呼，工作原理都是一样的：只需选择一个迷宫算

译者注 1 这个名字来源于希腊大写字母 Sigma 的形状，它有类似于六边形的水平角和对角线角。

法并让这个算法运行起来。我们使用递归回溯算法测试新的 to_png 实现。

将以下内容放入名为 hex_maze.rb 的文件中。

```
hex_maze.rb
require 'recursive_backtracker'
require 'hex_grid'

grid = HexGrid.new(10, 10)
RecursiveBacktracker.on(grid)

grid.to_png.save('hex.png')
```

运行它，你应该得到类似图 8.6 的东西。

尝试使用其他一些迷宫算法，看看会得到什么，但要小心二叉树和 Sidewinder 算法！这两个算法需要一些辅助手段。

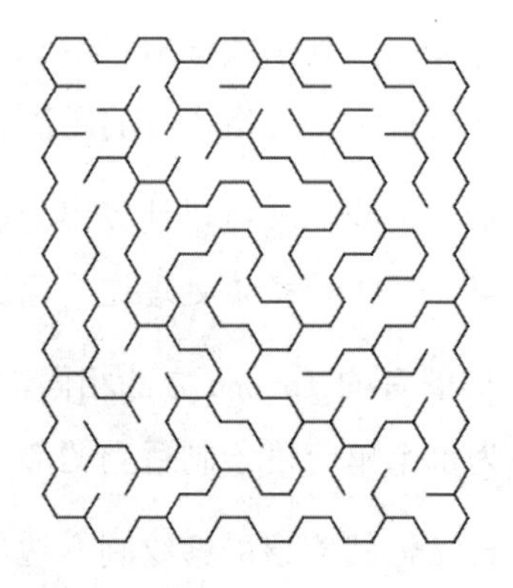

图 8.6 运行 hex_maze.rb 的结果

要理解原因，请回顾一下第 1.2 节的二叉树算法。对于每个单元格，我们在北边和东边之间进行选择以决定连接哪个邻居，但在六边形网格的情况下，单元格没有东部邻居。最接近的就是东北和东南方向。同样，Sidewinder 也想要选择东部邻居，但同样会被我们的新的几何形状阻止。那么我们现在怎么办？

好吧，这些算法实际上都并非想要“东边”。算法真正想要的是“同一行中下一列的单元格”。在规则网格上，恰好就是**东部**单元格而已。对于六边形网格，这意味着要么是东北方向，要么是东南方向，具体取决于当前列，但我们甚至不需要担心这一点。我们在设置网格时已经处理了行/列分配。为了得到当前单元格在下一列的邻居，可以使用数组访问器，如下所示：

```
east = grid[cell.row, cell.column+1]
```

试试看！在六边形网格上实现二叉树和 Sidewinder 算法，看看能得到了啥？准备就绪后，我们转向另一种网格样式：三角形！

8.4 实现三角形网格 Implementing a Triangle Grid

三角形网格具有非常类似格架的外观，如下所示。

与六边形一样，有很多方法可以实现三角形网格，每种方法都有不同的优缺点。为了简单起见，我们将使用一个最接近规则网格的网格，它具有水平的行与垂直的列，如图 8.7 所示。我们使用等边三角形（这样，数学计算会更容易），并从调查单元格以及单元格如何组合起来着手。我们会看到一个单元格在网格上的朝向模式，然后用代码实现它。

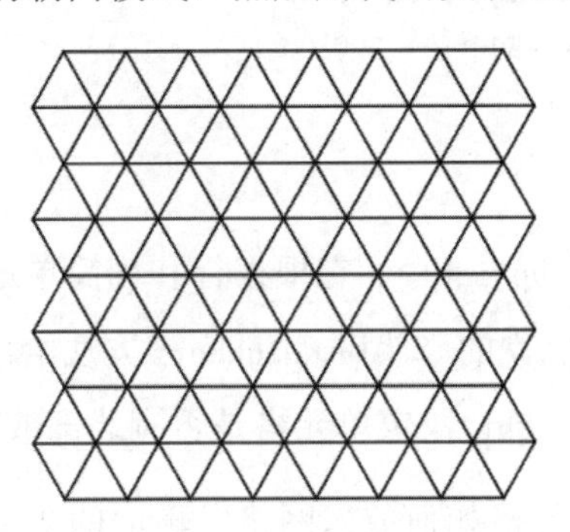

图 8.7 三角形网格

图中的网格，有的三角形是正立的（角尖朝北），有的倒立的（角尖朝南）。事实上，当掠过一个水平行，此模式会在每个三角形上重复交替出现。此外，每一行也都以交替方向的三角形开始。

换句话说，如果一个三角形的行和列（行与列都从 0 开始索引）之和为偶数，则该三角形将是正立的：

```
upright = (row + column).even?
```

这个性质很重要，因为正立三角形没有北部邻居，而倒立三角形没有南部邻居。如果我们可以指出网格中的哪些三角形是正立的，那么就可以在设置邻居时使用该信息。

我们的 TriangleCell 非常简单：

```
triangle_cell.rb
require "cell"

class TriangleCell < Cell
  def upright?
    (row + column).even?
  end

  def neighbors
    list = []
    list << west if west
    list << east if east
    list << north if !upright? && north
    list << south if upright? && south
    list
  end
end
```

我们有一个方法 upright?，它根据行和列简单地告诉我们给定的单元格应该是正立的还是倒立的。然后 neighbors 方法给出跟之前一样的东部和西部邻居，并使用 upright?决定单元格是否有北部或南部邻居。

来看看三角形单元格如何放入网格。下面的实现最终看起来很像前面的六边形网格，也重写了 prepare_grid 和 configure_cells 方法。

将以下内容放入 triangle_grid.rb。

triangle_grid.rb

```
Line 1 require 'grid'
     - require 'triangle_cell'
     -
     - class TriangleGrid < Grid
     5   def prepare_grid
     -     Array.new(rows) do |row|
     -       Array.new(columns) do |column|
     -         TriangleCell.new(row, column)
     -       end
    10     end
     -   end
     -
     -   def configure_cells
     -     each_cell do |cell|
    15       row, col = cell.row, cell.column
     -
     -       cell.west = self[row, col - 1]
     -       cell.east = self[row, col + 1]
     -
    20       if cell.upright?
     -         cell.south = self[row + 1, col]
     -       else
     -         cell.north = self[row - 1, col]
     -       end
    25     end
     -   end
     - end
```

这里唯一真正值得说明的部分是第 20~24 行配置北部邻居或南部邻居的位置。如前所说，如果单元格是正立的，那么它有一个南部邻居，否则就只有一个北部邻居。

思路很容易。剩下的就是实现一个新的 `to_png` 方法，这样就可以炫耀我们时髦的三角形网格了。

8.5 显示三角形网格 Displaying a Triangle Grid

显示等边三角形网格非常简单。如果你之前完成了六边形测量值的推导，那么现在也就已经完成了所需三角形的大部分工作。同样，我们不会在这里讨论推导本身，但我们会遍历得到的测量结果，并用代码实现这一切。

因为我们处理的是等边三角形，所以我们知道三角形每条边的长度都相同。此外，几何学告诉我们，等边三角形的高是 $s\sqrt{3}/2$。所以，我们三角形的尺寸是：

```
width = s
half_width = width / 2.0

height = s * Math.sqrt(3) / 2
half_height = height / 2.0
```

顶点和底部中间线，与东西顶点中间线的交叉点，就是我们的中心点。如果单元格坐标都基于中心点，那么就可以通过计算出的宽度值和高度值，并参照中心点来定义顶点：

```
west_x = cx - half_width
mid_x = cx
east_x = cx + half_width

if upright?
  base_y = cy + half_height
  apex_y = cy - half_height
else
  base_y = cy - half_height
  apex_y = cy + half_height
end
```

换句话说，无论三角形是否正立，x 坐标都是相同的。唯一会根据三角形的方向发生变化的是 y 坐标。如果三角形是正立的，则我们的底边在中心点之下；否则，底边在中心点之上。

用代码实现！将以下内容与其他方法一同放入 `triangle_grid.rb` 文件。

```
Line 1 def to_png(size: 16)
     -   half_width = size / 2.0
     -   height = size * Math.sqrt(3) / 2.0
     -   half_height = height / 2.0
```

```
5
-   img_width = (size * (columns + 1) / 2.0).to_i
-   img_height = (height * rows).to_i
-
-   background = ChunkyPNG::Color::WHITE
10  wall = ChunkyPNG::Color::BLACK
-
-   img = ChunkyPNG::Image.new(img_width + 1, img_height + 1, background)
-
-   [:backgrounds, :walls].each do |mode|
15    each_cell do |cell|
-       cx = half_width + cell.column * half_width
-       cy = half_height + cell.row * height
-
-       west_x = (cx - half_width).to_i
20      mid_x = cx.to_i
-       east_x = (cx + half_width).to_i
-
-       if cell.upright?
-         apex_y = (cy - half_height).to_i
25        base_y = (cy + half_height).to_i
-       else
-         apex_y = (cy + half_height).to_i
-         base_y = (cy - half_height).to_i
-       end
30
-       if mode == :backgrounds
-         color = background_color_for(cell)
-         if color
-           points = [[west_x, base_y], [mid_x, apex_y], [east_x, base_y]]
35          img.polygon(points, color, color)
-         end
-       else
-         unless cell.west
-           img.line(west_x, base_y, mid_x, apex_y, wall)
40        end
-
-         unless cell.linked?(cell.east)
-           img.line(east_x, base_y, mid_x, apex_y, wall)
-         end
45
-         no_south = cell.upright? && cell.south.nil?
-         not_linked = !cell.upright? && !cell.linked?(cell.north)
-
```

```
-         if no_south || not_linked
50          img.line(east_x, base_y, west_x, base_y, wall)
-         end
-       end
-     end
-   end
55
-   img
- end
```

我们再次使用 size 参数来描述三角形单边的长度（第 1 行）。然后第 2~4 行采用该 size 值来计算三角形的尺寸。

知道每个三角形的大小后，我们就可以测量画布的大小（第 6 行和第 7 行）。

第 16~29 行应该看起来很熟悉——它们使用我们之前描述的公式计算当前三角形的坐标。

接下来，看看这一切是否如我们所愿。

8.6 制作三角形迷宫 Making Triangle (Delta) Mazes

如同六边形网格生成 Sigma 迷宫，三角形网格则生成 Delta 迷宫。（Delta 迷宫至少还有点意义，因为希腊字母 delta，Δ，形状像三角形。）不过，怎么称呼无所谓，因为最终它只是制作迷宫的又一个脚手架！

让我们将 hex_maze.rb 文件复制到 delta_maze.rb，并将其更改为引用我们的新三角形网格：

delta_maze.rb

```
  require 'recursive_backtracker'
➤ require 'triangle_grid'

➤ grid = TriangleGrid.new(10, 17)
  RecursiveBacktracker.on(grid)

➤ grid.to_png.save('delta.png')
```

网格的尺寸是根据经验选择的，以产生大致正方形的画布。除此之外，它就只是老一套的东西——实例化一个网格，在其上运行一个递归回溯算法，并显示结果，如图 8.8 所示：

图 8.8 运行 delta_maze.rb 的结果

非常好！不过，还是要提防二叉树和 Sidewinder 算法。事实上，二叉树在处理三角形网格时问题尤其突出，因为它想要在两个相互垂直的方向中进行选择……我们的三角形网格只有 50%的时间可以朝向北方。如果没留意到这点，则最终会遭遇无法到达的网格区域。愿意的话可以尝试一下，看看会发生什么。

8.7 小试身手
Your Turn

我们已经远远超越了早期纯矩形网格的迷宫制作阶段。本章阐述了如何平铺六边形和三角形来设置好迷宫，粗略介绍了绘制这些更高级网格背后的一些数学原理。

不过，这只是冰山一角！有很多方法可以使用和改变这里介绍的内容。以下只是一些想法，可帮助你浅尝一下处理非矩形网格时的一些可能性。

非矩形迷宫着色

给迷宫着色似乎总能为迷宫增添许多个性，为非矩形网格着色也不例外。本章给出的 `to_png` 方法包括为单个单元格着色的必要代码。看看能否结合 background_color_for 方法来指定适当的颜色，如图 8.9 所示。

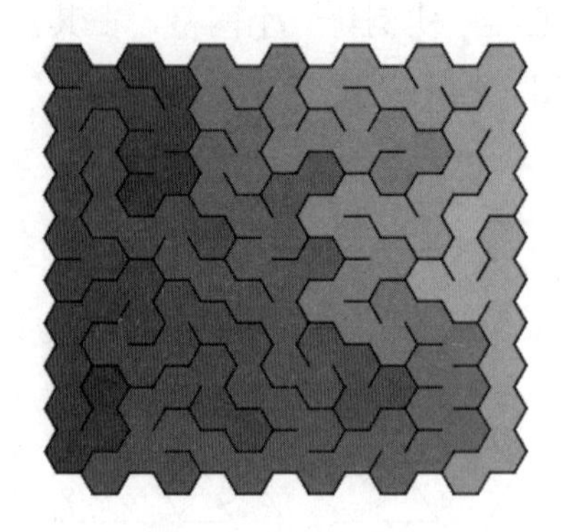

图 8.9 着色的迷宫

遮蔽

重温第 6 章的技术，看看将遮罩添加到本章这些不同的网格上可能还需要做些什么。你如何定义六边形遮罩？以及三角形遮罩？

塑造网格

怎样才能让三角形网格真正变成三角形？如图 8.10 所示。而六边形的六边形网格呢？

图 8.10 具有三角形轮廓的三角形网格

不规则三角形

为了简单起见，我们在本章的三角形网格中使用了等边三角形。如果改变这个假设，会得到什么样的效果？推导测量值需要一些数学知识，但如果你能接受挑战，请思考一下可以用其他类型的三角形做些什么。

组合网格系统

没人规定网格必须是同质的。想象一个星形网格，由中心的正方形规则网格和每条边上的三角形网格组成。尝试将不同的形状放在一起，看看会发生什么。

均匀平铺及更多研究

正方形、三角形和六边形都能整齐地平铺，但它们不是平铺的唯一选择。尝试研究一下均匀平铺（uniform tilings）、威佐夫结构（Wythoff's construction），甚至是维诺图（Voronoi diagrams，又叫泰森多边形），你会发现还有其他可能的网格。你还会了解到诸如截角正方形镶嵌（truncated quadrille）和菱形六边形平铺（rhombitrihexagonal）之类的词，这么多的领域就是你多加尝试的充足理由。

Upsilon 迷宫

说到截角正方形镶嵌，这种特殊的平铺可用来创建所谓的 upsilon 迷宫。创建一个正八边形和正方形的平铺，然后使用你选择的算法在其上生成一个迷宫。最终将获得类似下面图 8.11 的内容。

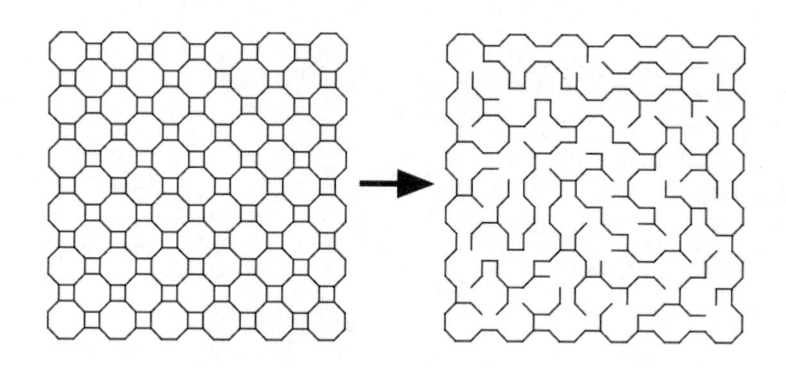

图 8.11 upsilon 迷宫

你会如何实现及显示这样的网格？

接下来，我们将看到当移除迷宫必须“完美”或没有环路的限制时会发生什么。我们还将开始接触一种具有伪 3D 效果的多维迷宫概念，这种概念非常简单。

第 9 章

编排和交织迷宫

Braiding and Weaving Your Mazes

到目前为止，我们假设我们所有的迷宫都是完美的——也就是说，它们中没有环路。我们前面说过，要从迷宫中的一点到达其他任意点，必须只有一条路径，并且永远不允许与自身相交。

可悲的事实是，大多数真实环境实际上并不是完美的迷宫。无论在图书馆的书架上还是在城镇的街道上导航，通常都可以借由多条可能路线从一个地方到达另一个地方。视频游戏也是这样：例如吃豆人，可以从一条路进入一个区域，然后再从另一条路返回，巧妙地躲避尾随的那些幽灵。地牢爬行类型（NetHack）和“开放世界”类型（塞尔达传说、最终幻想）的游戏为玩家提供了相当多的自由，可以使用各种路径在区域之间移动。毁灭战士（Doom）、雷神之锤（Quake）和天旋地转（Descent）等第一人称射击游戏则使用带有环路的迷宫来实现各种出色的战术场景。从游戏设计的角度来看，允许路径相交可以为游戏开辟令人兴奋的新方式。

所以是时候稍微改变一下了。我们将研究两种不同的方法来放宽“不存在自相交”的规则：编排（braid），通过去除死角来为我们的迷宫添加环路；以及交织（weave），通过在彼此上方和下方移动来允许通道相交。

让我们从编排开始。

9.1 编排迷宫 Braiding Mazes

没有死角的迷宫叫做编排型迷宫，如图 9.1 所示。

不过，没有理由非得走极端。迷宫可能是重度编排的（移除所有或大部分死角），或轻度编排的（仅移除几个死角），也可以是介于两者之间的任何情况。我们要在这里考虑的处理称为死角剔除（dead-end culling），它将让我们制作出一个具有任意所需编排程度的迷宫。

图 9.1　没有死角的编排型迷宫

回想一下第 5.3 节的内容，我们向 Grid 适时添加了一个 deadends 方法。该方法返回一个网格中所有死角单元格的列表，并利用该列表，从算法所产生死角数量的角度，来比较迷宫算法。

事实证明，在这里可以使用相同的方法。一旦该方法告诉我们死角在哪里，剔除或移除的过程就很简单了：只需要将每个死角单元格连接到一个额外的邻居。这就有效地抹掉了其中一堵墙，并为迷宫添加了一个环路。按照这一逻辑，这也意味着编排型迷宫不是完美的迷宫——它总是至少有一个环路。

我们来实现编排型迷宫。多亏了 deadends 方法，有了它我们就已经完成了一半的工作。剩下的就是遍历它返回的单元格，并将每个单元格连接到一个随机的邻居。我们将让 Grid 的一个新方法负责这一任务，所以请继续并打开 Grid.rb，将以下方法添加到该类中。

```
Line 1 def braid(p = 1.0)
     -   deadends.shuffle.each do |cell|
     -     next if cell.links.count != 1 || rand > p
     -
     5     neighbors = cell.neighbors.reject { |n| cell.linked?(n) }
     -     best = neighbors.select { |n| n.links.count == 1 }
     -     best = neighbors if best.empty?
     -
     -     neighbor = best.sample
    10     cell.link(neighbor)
     -   end
     - end
```

经历了上一章各种数学计算的折腾，该函数的清爽感觉迎面扑来！第 2 行首先获取死角列表，对该列表进行充分随机排序，然后遍历结果。对于每个单元格，首先进行测试（在第 3 行）以查看它是否仍是死角（因为循环的早期迭代可能已经将它连接到相邻死角上）。我们还生成 0 到 1 之间的随机数（使用 rand 标准方法），并将随机数与 p 参数进行比较，以允许对迷宫进行部分编排。默认情况下，p 为 1.0，确保所有死角都准备被剔除，但通过减小数字（例如 0.5），就会少剔除一些死角。

假设该单元格经测试是死角，接下来第 5 行就查找所有未连接到它的邻居。这些邻居构成了一组我们将连接到的潜在单元格。

第 6 行有点代码优化的意境。我们可以一石二鸟，并将两个死角单元格连接在一起，以稍微改善迷宫的美感。该行检查潜在的相邻单元格组，并选择出那些本身就是死角的单元格。如果可能的话，我们将从这个死角单元格集合中选择，但如果该集合是空的，就退而求其次，再次回到所有邻居的集合（第 7 行）。

一旦获取了一组可能的邻居，剩下的事情就是选择一个邻居（第 9 行）并将该邻居连接到当前单元格。

现在可以来测试一下。选择我们迄今为止编写的任何迷宫程序，并在运行迷宫算法之后、显示迷宫之前添加以下行：

```
grid.braid(0.5)
```

这将在显示之前从迷宫中剔除大约一半的死胡同。假设我们将它添加到为递归回溯算法编写的程序中（`recursive_backtracker_demo.rb`），应该会得到类似图 9.2 的结果。

图 9.2 剔除了大约一半死角的迷宫

就这样。搞定编排！更重要的是，我们现有的 Dijkstra 算法实现（参见第 3 章）仍然有效。

来试试看。如果我们打开 `dijkstra.rb` 或 `longest_path.rb`（参见第 3 章）并在其中添加 `grid.braid`（在迷宫生成之后），应该会发现距离仍然计算正确。例如，`dijkstra.rb` 程序仍会像预期那样向我们展示完整的距离矩阵，如图 9.3 所示。

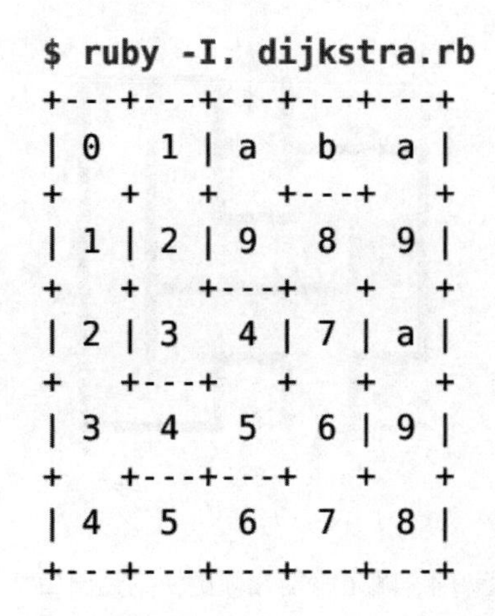

```
$ ruby -I. dijkstra.rb
+---+---+---+---+---+
| 0   1 | a   b   a |
+   +   +   +---+   +
| 1 | 2 | 9   8   9 |
+   +   +---+   +   +
| 2 | 3   4 | 7 | a |
+   +---+   +   +   +
| 3   4   5   6 | 9 |
+   +---+---+   +   +
| 4   5   6   7   8 |
+---+---+---+---+---+
```

图 9.3 剔除死角后，dijkstra.rb 仍能展示完整的距离矩阵

工作正常！你可以看到 Dijkstra 算法如何从所有可能的路径中挑选出到达每个单元格的最短路径，就像水流过障碍物一样。Distances 类的 path_to 方法（参见第 3 章）也是"有效"的，可以使用 Dijkstra 算法中的距离矩阵来找到给定单元格的最短路径，甚至可以在多个最短路径之间成功选择！不管是否进行编排，我们总是能告诉我们的朋友这些迷宫的答案。

然而，编排型迷宫允许一种特殊的可能性，遗憾的是，这种可能性也恰好会对我们简化的 Dijkstra 算法造成严重破坏。当你开始询问一条路径相对于另一条路径的相对开销，而不仅仅是距离时，事情会变得有点复杂。接下来就来看一下。

9.2 成本与距离 Cost versus Distance

想象一下，要穿越一个迷宫，你来到通道的一个分支。两条路都绕了一圈，不久后又会合在一起，但左边的通道被一片熔岩挡住了。右边的通道没有熔岩，但比另一条长得多。哪条路能让你更快到达出口？如图 9.4 所示。

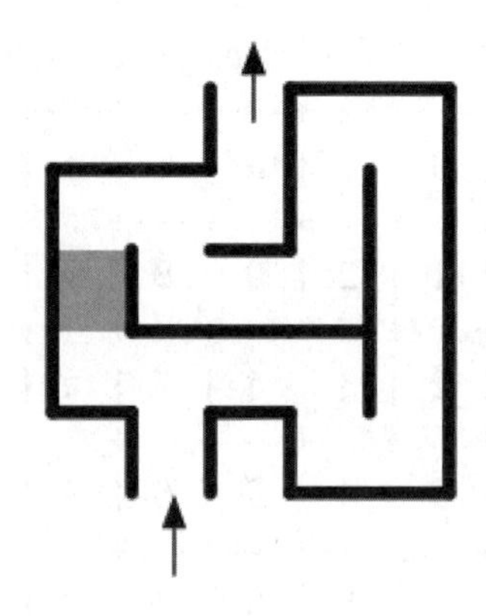

图 9.4 哪条路能让你更快到达出口?

好吧，这当然得看情况。但是对于没有熔岩特殊抗性的普通人来说，走没有熔岩的路可能是最佳选择，即使它更长。有熔岩的路径虽然更短，但开销更大。

像这样的成本被称为权重。距离本身就是一种权重形式，因为如果所有其他条件都相同，则较长的路径将比较短的路径开销更大。我们当前 Dijkstra 算法的实现假定所有单元格的权重相同，这意味着唯一要衡量的成本是距离。不过，如果能够为我们的编排型迷宫添加熔岩障碍肯定会很不错，所以来看看可以做些什么来解决这个问题。

仔细观察 Dijkstra 算法的实现，当引入权重时它会失败，因为距离不再是成本的可靠指标。再次考虑我们的熔岩例子。我们简化的 Dijkstra 算法实现会愉快地逐步经过两条路径，并一路增加成本。问题是该算法会首先通过较短（但开销更大）通道到达出口，并相应地标记其成本。

我们需要从一个完全不同的方向来解决这个问题。算法的每次迭代都需要选择尚未处理的具有最低成本的单元格，而不是使用一个边元集来模拟水浪在网格中漫过时的前沿。我们用熔岩示例直观地考虑一下。刚开始时，如图 9.5 所示，将起点单元格标记为 `0` 成本，并将起点单元格添加到队列中。其他的一切都还是未定义的。

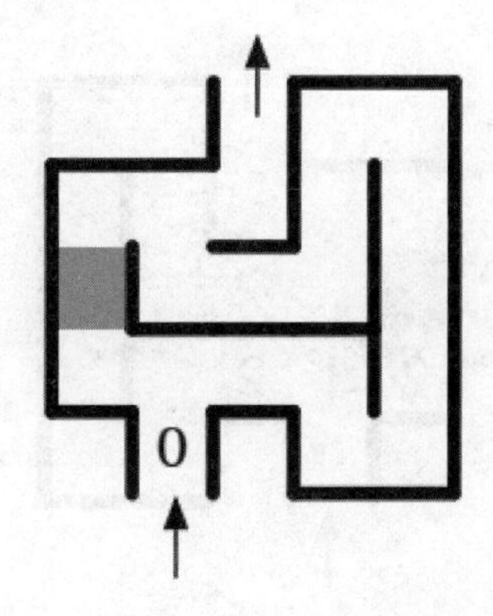

图 9.5 将起点单元格标记为 0 成本

因此，当算法开始其主循环时，只有一个起点单元格可供选择。将起点单元格从队列中取出，计算其唯一邻居的成本，如图 9.6 所示，并将该邻居添加到队列中。

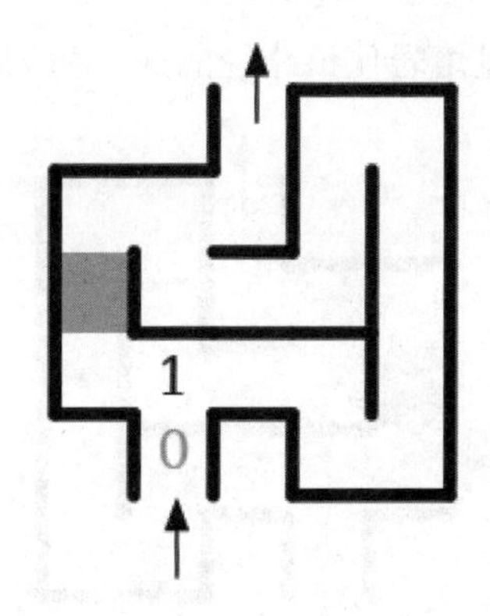

图 9.6 计算唯一邻居的成本

下一次，我们的队列中仍然只有一个单元格——我们刚刚添加的那个。算法将其从队列中取出并计算其每个邻居的成本，如图 9.7 所示。两个邻居都进入队列，准备好进行下一次迭代。

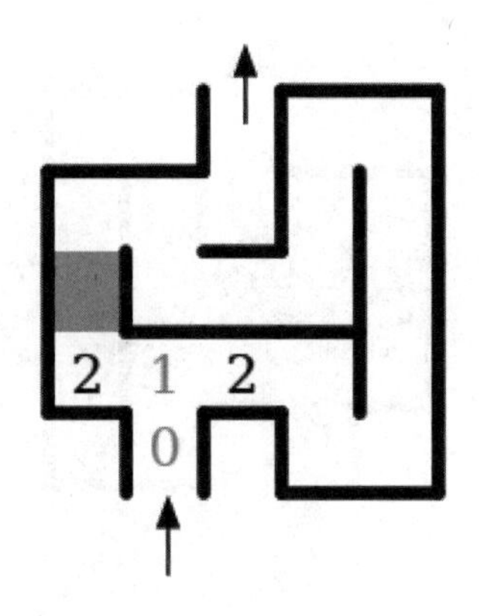

图 9.7 继续计算每个邻居的成本

这一次，算法必须在标记为 2 的两个单元格之间进行选择。两者都可以，但假设它选择了与熔岩相邻的单元格。很好：那个单元格被从队列中剔除，计算其邻居的成本，并将邻居添加到队列中。但是熔岩是炽热的，穿越那道鸿沟开销巨大。假设熔岩使该路径的成本增加了 50，如图 9.8 所示。

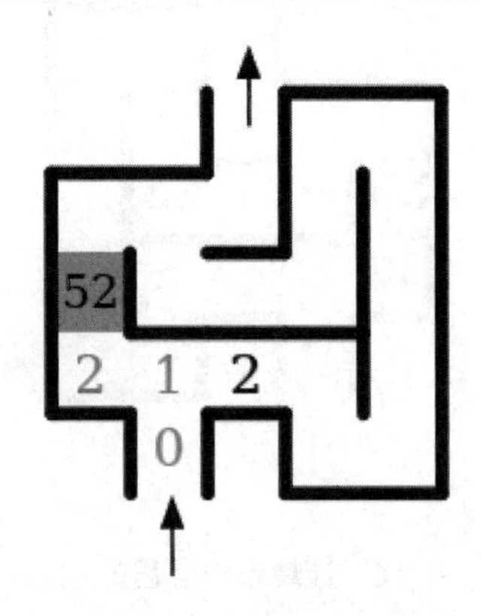

图 9.8 熔岩的成本增加了 50

下一次，队列由一个标记为 2 的单元格和一个标记为 52 的单元格组成。很明显哪个单元格的成本最低！该算法选择标记为 2 的那个，将其从队列中移除，计算其邻居的成本（现在为 3），并将邻居添加到队列中。

熔岩单元格不会很快被算法挑选——高昂的成本足以吓跑即使是最勇敢的冒险者。最终，该算法会发现成本最低的路线确实是完全绕过熔岩的那条，即使路径要长得多，如图 9.9 所示。

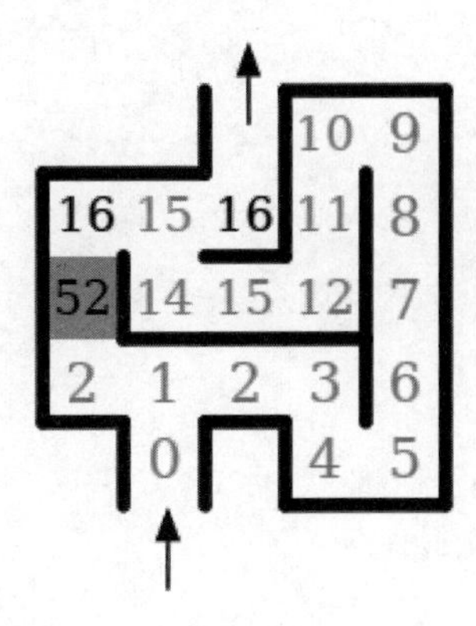

图 9.9 成本最低的路线

最后，队列中唯一剩下的单元格将是那个熔岩单元格，算法最终仍会选择它。不过，到那时，与熔岩单元格相邻的所有单元格都已经被处理过，而且这些单元格的成本都低于熔岩单元格，所以熔岩单元格没有被使用就被丢弃了。之后，队列为空，算法终止。

让我们付诸行动，并生成一些放置了熔岩坑洞的迷宫。

9.3 实现成本敏感的 Dikstra 算法 Implementing a Cost-Aware Dikstra's Algorithm

为了实现成本敏感的 Dikstra 算法代码，我们需要做好两件事：可以分配权重的单元格，以及由这些加权单元格组成的网格。

单元格很简单。我们只是将 `Cell` 子类化并向其添加权重信息。此外，由于我们的 Dijkstra 算法是在 `Cell` 上实现的，因此我们也覆盖原始的 `distances` 方法，以把新的实现放在子类中。

将以下内容放入 `weighted_cell.rb` 中。

weighted_cell.rb

```
Line 1 require 'cell'
     -
     - class WeightedCell < Cell
     -   attr_accessor :weight
     5
     -   def initialize(row, column)
     -     super(row, column)
     -     @weight = 1
     -   end
    10
     -   def distances
     -     weights = Distances.new(self)
     -     pending = [self]
     -
    15     while pending.any?
     -       cell = pending.sort_by { |c| weights[c] }.first
     -       pending.delete(cell)
     -
     -       cell.links.each do |neighbor|
    20         total_weight = weights[cell] + neighbor.weight
     -         if !weights[neighbor] || total_weight < weights[neighbor]
     -           pending << neighbor
     -           weights[neighbor] = total_weight
     -         end
    25       end
     -     end
     -
     -     weights
     -   end
    30 end
```

子类的构造函数只是简单扩展父类构造函数，将默认单元格权重设置为 1。不过，distances 方法是新的，也是这里的重点。

和以前一样，我们使用 Distances 类来跟踪每个单元格的成本，但我们现在没有边元集，而是有一个 pending 集，它跟踪哪些单元格尚未处理。我们在第 13 行将 pending 集初始化为一个仅包含 self（需计算距离的单元格）的数组。然后重复以下步骤，直到该数组为空（第 15 行）。

每次通过循环都会搜索该 pending 集，寻找成本最低的单元格（第 16 行），然后删除找到的该单元格。该单元格是我们的当前单元格。

优先队列

我们在这里使用数组，但这并不是一种非常高效的实现方式。我们必须在每次迭代中搜索该数组，这可能会变得开销很大。一种更好的方式是使用优先队列，它提供了一种非常高效的方法来按权重查找和存储项目。这是一个很好的数据结构，可惜超出了本书范围。

下一个循环（第 19 行）查看连接到当前单元格的每个邻居单元格。对于每个邻居，我们计算从起点单元格开始的路径的累积权重（第 20 行），然后检查该累积权重是否优于该邻居先前记录的权重（第 21 行）。 如果是这样，我们将该邻居添加到 pending 列表中，并更新该邻居的累积权重。

我们将把这个新的单元格类放到一个新的 Grid 子类中，并用某种方法来显示这些权重，以及显示我们正在计算的距离。为此，我们将转向 background_color_for(cell)方法。

将以下内容放入 weighted_grid.rb。它将从第 3 章的 colored_grid.rb 实现中借用一些代码，所以如果其中一些代码看着眼熟，请不要惊讶。

weighted_grid.rb

```
Line 1 require 'chunky_png'
     - require 'grid'
     - require 'weighted_cell'
     -
     5 class WeightedGrid < Grid
     -   attr_reader :distances
     -
     -   def distances=(distances)
     -     @distances = distances
    10     farthest, @maximum = distances.max
     -   end
     -
     -   def prepare_grid
     -     Array.new(rows) do |row|
    15       Array.new(columns) do |column|
     -         WeightedCell.new(row, column)
     -       end
     -     end
```

```
-   end
20
-   def background_color_for(cell)
-     if cell.weight > 1
-       ChunkyPNG::Color.rgb(255, 0, 0)
-     elsif @distances
25      distance = @distances[cell] or return nil
-       intensity = 64 + 191 * (@maximum - distance) / @maximum
-       ChunkyPNG::Color.rgb(intensity, intensity, 0)
-     end
-   end
30 end
```

distances=方法用于告知网格有关活动距离矩阵的信息，在网格着色时会用到这个方法，而 prepare_grid 几乎与 Grid 中的原始方法相同，只是为每个单元格实例化 WeightedCell 类（第 16 行）。

background_color_for(cell)方法比原始版本承担了更多的责任。我们把任何权重大于 1 的单元格都染成红色（第 23 行）。这能够让我们直观地看到那些加权单元格的位置。对于任何没有特别加权的单元格，如果已经设置该单元格距离，则回退到让它根据 distances 哈希表选择颜色，我们把这种单元格涂成黄色背景（第 27 行）。

就是这样！现在可以编写一个简单的程序来测试目前进展。我们要在这些加权网格上生成一个迷宫，并显示从西北角到东南角的成本最低的路径。然后，我们在该路径的某处添加一个熔岩坑洞（即一个权重很大的单元格），并重新计算成本最低的路径。希望能看到程序引导我们绕过那个巨大的烈焰岩浆！

将以下内容放入 weighted_maze.rb。

weighted_maze.rb

```
Line 1 require 'weighted_grid'
     - require 'recursive_backtracker'
     -
     - grid = WeightedGrid.new(10, 10)
     5 RecursiveBacktracker.on(grid)
     -
     - grid.braid 0.5
```

```
- start, finish = grid[0, 0], grid[grid.rows - 1, grid.columns - 1]
-
10 grid.distances = start.distances.path_to(finish)
- filename = "original.png"
- grid.to_png.save(filename)
- puts "saved to #{filename}"
-
15 lava = grid.distances.cells.sample
- lava.weight = 50
-
- grid.distances = start.distances.path_to(finish)
- filename = "rerouted.png"
20 grid.to_png.save(filename)
- puts "saved to #{filename}"
```

该程序的前半部分只是实例化 `WeightedGrid` 并对其执行递归回溯算法。第 7 行剔除了一半的死角，然后第 10~13 行计算并显示我们的开始和结束单元格之间的最短路径，将生成的迷宫绘制到 `original.png`。

然后我们干点坏事，在路径上面放一些熔岩。此时的 `grid.distances` 属性已经包含了一个最短（成本最低）路径中所有单元格的哈希表，因此第 15~16 行选择其中一个单元格并将其权重设置为 `50`。（记住，熔岩很热。它至少值那么多权重值。）

我们重新计算最短路径并将生成的迷宫写入 `rerouted.png`（第 18~21 行），然后完成程序。

运行这段程序应该会生成这两个图像：`original.png` 和 `rerouted.png`，然后可以打开并比较它们。但请注意，由于程序是盲目选择路径中的任何单元格，它可能偶尔会选择 Dijkstra 算法无法绕行的单元格（如起点或目标）。如果发生这种情况，只需再次运行程序，直到程序真正选择了一个有趣的单元格来放置熔岩，就像图 9.10 这样。

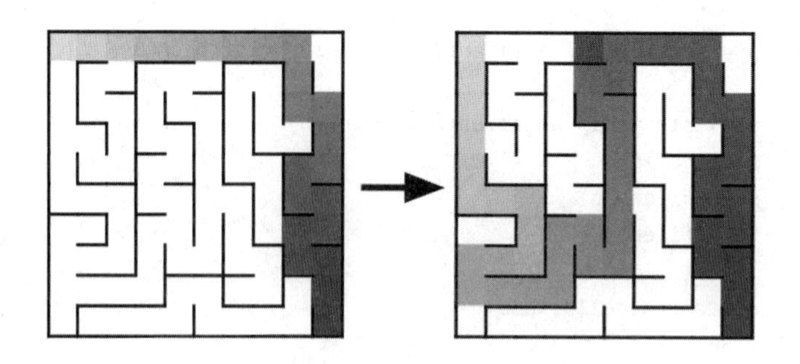

图 9.10 正常的迷宫（左）和放置了熔岩的迷宫（右）

这些加权网格具有一定的潜力。除了沸腾的熔岩坑洞之外，还可以使用门（上锁或其他方式）、落石、充满食人鱼的水域和任何其他东西来改变一条路径的成本。遗憾的是，关于如何最优随机放置它们的讨论超出了本书的范围，但这是一件令人兴奋的实验！

然而，时间在推动我们前进。我们研究了编排型迷宫，这种迷宫类型改变了我们对没有环路的完美迷宫的假设。接下来看看另一种改变这些假设的方法，它通过在彼此上方或下方移动来允许通道相交。

9.4 介绍交织和嵌入 Introducing Weaves and Insets

交织型迷宫是这样一种迷宫：通道相互间上下交织，就像碗中的意大利面条，如图 9.11 所示。

图 9.11 交织型迷宫

我们无法用现有的 `to_png` 方法来真正绘制交织型迷宫，因为现有方法不会在相邻廊道间绘制任何空间。没有那个空间，就会存在太多的歧义——我们无法判断一条通道是否已经到了死角，或者是否进入了另一条通道的下方。图 9.12 显示了与图 9.11 相同的迷宫，但廊道之间没有任何间隙。

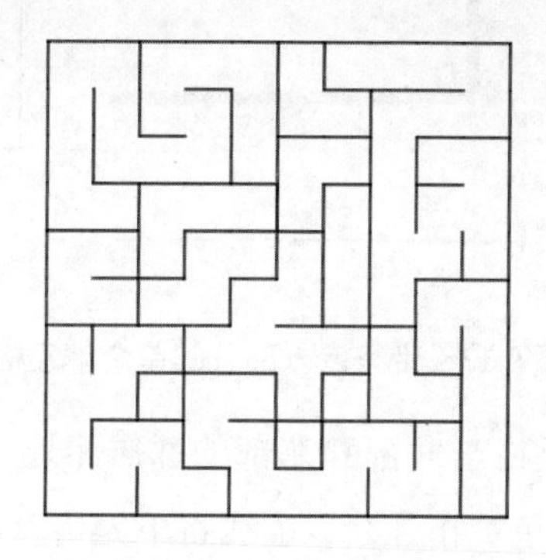

图 9.12 廊道之间没有任何间隙

太凌乱了！更糟糕的是，它不太准确。我们现有的 `to_png` 实现只为每个单元格绘制东墙和南墙，天真地假设邻居将承担其他方位的墙壁的绘制工作。但这不适用于现在的上下交织型迷宫。有些事情必须改变。

那么，我们的首要任务是升级 `to_png` 方法，以支持廊道间间隙。幸运的是，这并不难——只是需要一些额外的测量。我们需要弄清楚每面墙从单元格的原始边沿嵌入（inset）多少。一旦有了这种绘制迷宫的新方法，就可以思考如何让通道相互交织。

来看一下使用嵌入部分绘制的网格上的单个单元格。从图 9.13 中能够推断出以这种方式绘制迷宫所需的测量值。

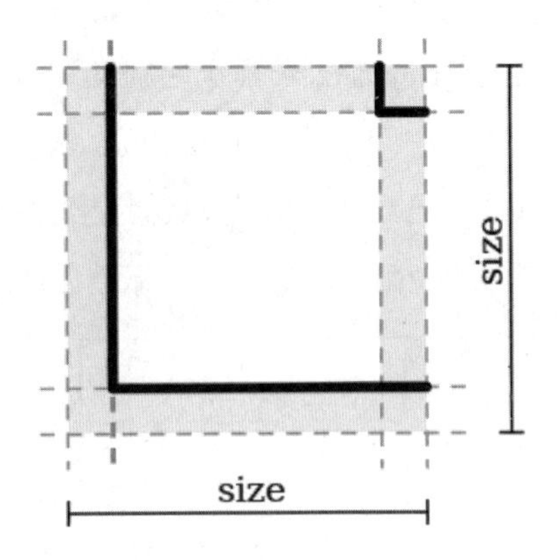

图 9.13 带有嵌入部分的单个单元格

在这里，这个单元格与北部和东部的邻居相连，在这些方向上有相应的通道。嵌入部分以黄色突出显示，虚线将单元格分成九个不同区域。我们不用担心角落的四个区域——当以本方式绘制单元格时，它们总是死角。为了便于讨论，我们将其余区域标记为如图 9.14 所示：

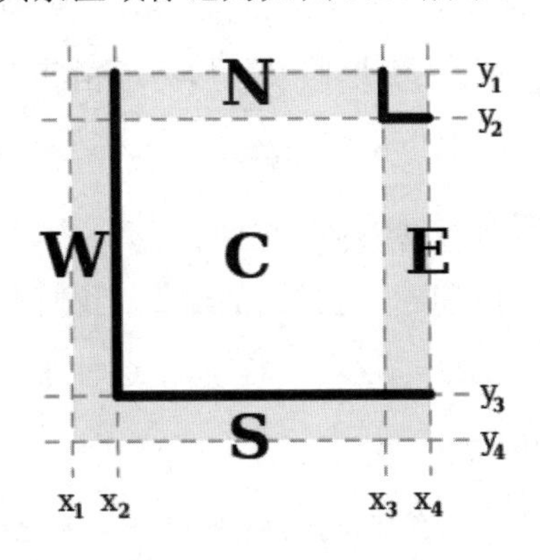

图 9.14 标记单个单元格

我们要绘制的每一面墙都将位于这些虚线上（x1-x4 和 y1-y4），因此要绘制墙，就得知晓这些线的坐标。如果单元格以一边长度 size 为单位，西北角在(x,y)处，并且我们使用 inset 来描述间隙大小，那么我们想要的坐标就是：

```
x1 = x
x4 = x + size
x2 = x1 + inset
```

```
x3 = x4 - inset
y1 = y
y4 = y + size
y2 = y1 + inset
y3 = y4 - inset
```

参考图 9.14，我们现在可以说（例如）C 的西南角位于(x2,y3)。

接下来实现代码来解决问题。我们尽可能保留现有 to_png 实现，但会将其核心逻辑分解进一个单独方法，该方法专供未指定嵌入部分（或为零）时使用。然后，我们添加一个计算嵌入部分坐标的方法，以及一个嵌入部分已指定时 to_png 委托的第三种方法。

打开 grid.rb，并修改 to_pn。突出显示的是我们正在更改的行。

```
➤ def to_png(cell_size: 10, inset: 0)
    img_width = cell_size * columns
    img_height = cell_size * rows
➤   inset = (cell_size * inset).to_i

    background = ChunkyPNG::Color::WHITE
    wall = ChunkyPNG::Color::BLACK

    img = ChunkyPNG::Image.new(img_width + 1, img_height + 1, background)

    [:backgrounds, :walls].each do |mode|
      each_cell do |cell|
➤       x = cell.column * cell_size
➤       y = cell.row * cell_size
➤
➤       if inset > 0
➤         to_png_with_inset(img, cell, mode, cell_size, wall, x, y, inset)
➤       else
➤         to_png_without_inset(img, cell, mode, cell_size, wall, x, y)
➤       end
      end
    end

    img
  end
```

在突出显示的第一行，我们根据传入的选项计算嵌入部分的大小。如果未指定嵌入部分，则默认为零，否则将其解释为单元格总大小的分数，并作为每个嵌入部分的大小。例如，如果给定的 inset 为 0.25，这将导致每个嵌入部分占据单元格外边距的四分之一，为单元格本身留下一半的单元格宽度和高度。

这里的另一个主要变化与每个单元格的处理方式有关。在第二块突出显示部分，我们检查计算的嵌入部分是否大于零，如果是，后续处理就委托给一个新的 to_png_with_inset 方法（将很快定义）。否则，流程就转向调用 to_png_without_inset，接下来就来看看它；to_png_without_inset 也应该添加到 Grid 中，在我们新的 to_png 方法下面。

```
def to_png_without_inset(img, cell, mode, cell_size, wall, x, y)
  x1, y1 = x, y
  x2 = x1 + cell_size
  y2 = y1 + cell_size

  if mode == :backgrounds
    color = background_color_for(cell)
    img.rect(x, y, x2, y2, color, color) if color
  else
    img.line(x1, y1, x2, y1, wall) unless cell.north
    img.line(x1, y1, x1, y2, wall) unless cell.west
    img.line(x2, y1, x2, y2, wall) unless cell.linked?(cell.east)
    img.line(x1, y2, x2, y2, wall) unless cell.linked?(cell.south)
  end
end
```

这应该很熟悉——它几乎是我们旧 to_png 方法 each_cell 块中的原样内容。它只计算单元格的西北角和东南角并绘制相应的墙。

接下来，我们实现前面的公式，以找到那些水平虚线和垂直虚线的 x 和 y 坐标。

```
Line 1 def cell_coordinates_with_inset(x, y, cell_size, inset)
     -   x1, x4 = x, x + cell_size
     -   x2 = x1 + inset
     -   x3 = x4 - inset
     5
```

```
-   y1, y4 = y, y + cell_size
-   y2 = y1 + inset
-   y3 = y4 - inset
-
10  [x1, x2, x3, x4,
-    y1, y2, y3, y4]
- end
```

我们当然可以在下面的方法(to_png_with_inset)中内联这段代码，但后面绘制交织型迷宫时，会发现把这段代码作为一个单独方法是有用的。

最后一个方法就很简单了，处理嵌入部分的坐标并绘制墙壁。

```
Line 1 def to_png_with_inset(img, cell, mode, cell_size, wall, x, y, inset)
     -   x1, x2, x3, x4, y1, y2, y3, y4 =
     -     cell_coordinates_with_inset(x, y, cell_size, inset)
     -
     -   if mode == :backgrounds
     -   # ...
     -   else
     -     if cell.linked?(cell.north)
     -       img.line(x2, y1, x2, y2, wall)
    10       img.line(x3, y1, x3, y2, wall)
     -     else
     -       img.line(x2, y2, x3, y2, wall)
     -     end
     -
    15     if cell.linked?(cell.south)
     -       img.line(x2, y3, x2, y4, wall)
     -       img.line(x3, y3, x3, y4, wall)
     -     else
     -       img.line(x2, y3, x3, y3, wall)
    20     end
     -
     -     if cell.linked?(cell.west)
     -       img.line(x1, y2, x2, y2, wall)
     -       img.line(x1, y3, x2, y3, wall)
    25     else
     -       img.line(x2, y2, x2, y3, wall)
     -     end
     -
     -     if cell.linked?(cell.east)
    30       img.line(x3, y2, x4, y2, wall)
     -       img.line(x3, y3, x4, y3, wall)
```

```
-     else
-       img.line(x3, y2, x3, y3, wall)
-     end
35  end
- end
```

第 3 行调用 cell_coords_with_inset 方法来获取八个坐标数值。一旦有了这些，我们就可以开始绘制当前单元格的对应墙壁了。

实现背景模式

简洁起见，这里没有实现 to_png_with_inset 的背景模式。不过这并不困难：总体上，它需要你根据需要绘制的区域为之前图中的每个标记区域（N、S、E、W 和 C）填充一个矩形。如果愿意，请将其视作一个机会！

绘制墙壁发生在第 8~34 行。对于每个可能的邻居，我们检查邻居是否已连接，如果是，则在该方向绘制一条通道。否则就画一堵墙。

有了这些改变，我们现在应该能够画出一个迷宫，而且墙壁之间有间隙。选择我们迄今为止编写的任何程序（如 recursive_backtracker_demo.rb 或 aldous_broder_demo.rb），并更改 to_png 方法的调用来包含嵌入部分的设置，如下所示：

```
grid.to_png(inset: 0.1).save("filename.png")
```

这将导致每个间隙占据每个单元格宽度和高度的十分之一。假设我们像这样修改了 recursive_backtracker_demo.rb 程序，输出结果应该如图 9.15 所示。

图 9.15 带有间隙的迷宫

我们在正确的轨道上！这已经很好了——现在让我们继续讨论交织型迷宫。

9.5 生成交织型迷宫 Generating Weave Mazes

事实证明，生成交织型迷宫与生成普通迷宫并没有什么不同。诀窍在于弄清楚如何表示那些在其他通道下方穿过的通道。一旦解决了这些问题，我们将处理一个新的 Grid 子类，并对 to_png 进行更多的调整，以绘制这些新的下穿通道。

为了了解这些新通道的工作原理，让我们花点时间回顾一下图 9.6。注意通道如何以及何时在彼此上方和下方交织。这并非完全随意——有四个重要的规则让这项工作明确无误。

一条通道不能在另一条通道之上或之下形成死角（见图 9.16）。

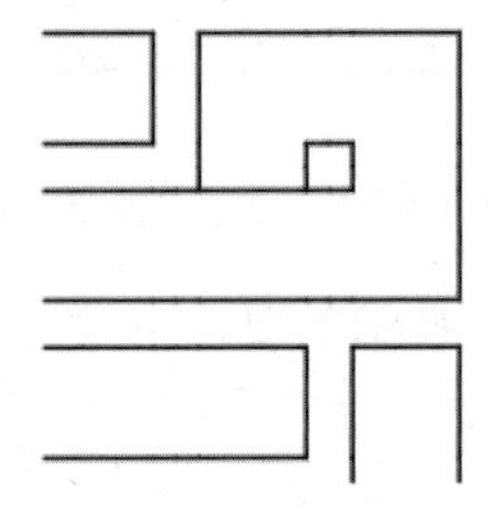

图 9.16 一条通道不能在另一条通道之上或之下形成死角

这防止当一条通道看着像消失在另一条通道下面时可能发生的混淆。

上层通道和下层通道必须相互垂直（见图9.17）。

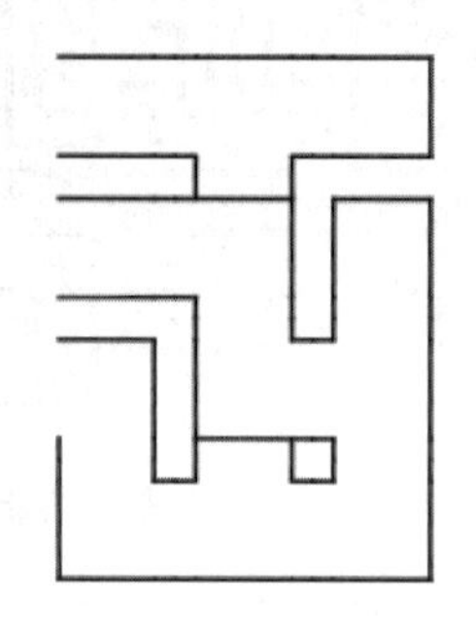

图9.17 上层通道和下层通道必须相互垂直

一条通道严禁与它的上层通道平行。否则又会出现混乱，因为这条通道似乎消失了。

通道在其他通道上方或下方时不得改变方向。

一个通道如果在单元格下方穿过时是朝北移动的，然后离开单元格时又是向东移动——这种情况不被允许。这与之前的规则有关，上/下通道必须完全垂直。

一条通道不得同时在两条挨着的通道下方穿过（见图9.18）。

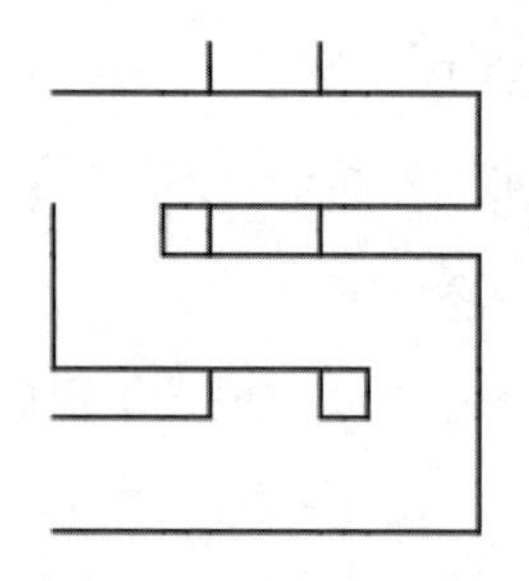

图9.18 一条通道不得同时在两条挨着的通道下方穿过

与其说这是出于实际的技术需要，不如说是为了让事情更简单。这样的实现更简单。

如果不用放弃迄今为止我们编写的所有优雅代码，可以通过扩展现有网格框架来完成这项工作，那就太好了。更进一步的是，如果可以将一个新的网格子类放入（例如）递归回溯程序中并让它生成交织型迷宫而无需进一步调整，那就太完美了！

我们将这样处理。想象一下，当一条通道在另一条通道下方移动，它实际上是移动到另一个单元格之下的一个不可见单元格，这两个单元格处于同一位置，如下面图 9.19 所示：

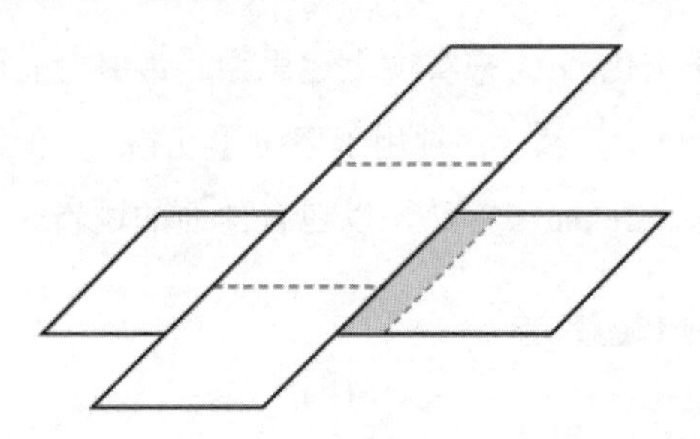

图 9.19 当一条通道在另一条通道下方移动时的想象图

为了便于讨论，我们将这些虚拟的单元格称为下位单元格（under-cells），将它们上方的单元格称为上位单元格（over-cells）。如果可以让网格完全管理这些下位单元格，而不将它们的任何信息暴露给外部，那么当前实现的大多数迷宫算法应该都能正常工作，无需进一步更改。问题是，在迷宫中实际使用的这些下位单元格相对较少，并且有一些严格的规则来决定哪些上位单元格可以容纳下位单元格。由于这些原因，当满足某些条件时，按需创建下位单元格是最简单的方法。在决定给定单元格（上位单元格或下位单元格）存在哪些邻居时，这些条件将被应用，如下：

下位单元格不能放置在另一个下位单元格之下。（如果我们这么套，那么迷宫就很难画清楚，那样的话我们还不如制作实际的 3D 迷宫。第 13 章将介绍 3D 迷宫。）

在考虑东边和西边的邻居时，检查所有上位单元格是否已形成垂直通道，即纯南北向的通道。如果是，我们就有可能在通道下方创建一个下位单元格并在东西方向上进一步穿凿出一个单元格。

同样，在考虑南、北邻居时，检查所有上位单元格是否已经形成从东到西的水平通道。如果是这样，就可能在水平通道的下方创建一个下位单元格，以便在南北向穿凿通道。

不论哪种情形，如果一个单元格的另一边确实存在另一个单元格，我们才能在这个单元格（前者）下方穿凿。穿凿永远不应该穿透边界。（我们又不是要在这里重演电影《大逃亡》的剧情！）

我们将通过子类化 Cell 来实现上述思路。最终会有两种不同的单元格类型（一种用于上位单元格，一种用于下位单元格），但我们将从上位单元格开始。先来重写 neighbors 方法，以包含前面的逻辑。

9.5.1 实现 OverCell 类

Implementing the OverCell Class

以下是新的 OverCell 类的开端。把它放在 weave_cells.rb 中。

```
Line 1 require 'cell'
     -
     - class OverCell < Cell
     -   def neighbors
     5     list = super
     -     list << north.north if can_tunnel_north?
     -     list << south.south if can_tunnel_south?
     -     list << east.east if can_tunnel_east?
     -     list << west.west if can_tunnel_west?
    10
     -     list
     -   end
     - end
```

在第 5 行调用 super，得到由原始 Cell 类计算的默认邻居集合。然后我们添加可能的穿凿目标到该列表。例如，在第 6 行，我们添加了单元格北部邻居的北部邻居（只要有可能向北穿凿到它）。

接下来需要定义辅助方法（can_tunnel_north？和它的朋友们）。在我们的新 neighbors 方法之后添加它们。

```
def can_tunnel_north?
  north && north.north &&
  north.horizontal_passage?
end

def can_tunnel_south?
  south && south.south &&
  south.horizontal_passage?
end

def can_tunnel_east?
  east && east.east &&
  east.vertical_passage?
end

def can_tunnel_west?
  west && west.west &&
  west.vertical_passage?
end
```

我们在这里编写代码逻辑，判定是否可以在给定方向上穿凿。例如，来看一下 can_tunnel_north?方法。如果当前单元格有一个北部邻居，该邻居处于水平通道（从东到西），同时该邻居又有一个北方邻居，那么我们只能从当前单元格向北穿凿。

我们接下来将添加最后两个辅助方法，horizontal_passage?和vertical_passage?。

```
def horizontal_passage?
  linked?(east) && linked?(west) &&
  !linked?(north) && !linked?(south)
end

def vertical_passage?
  linked?(north) && linked?(south) &&
  !linked?(east) && !linked?(west)
end
```

这些都很好理解。如果一个单元格与它的东部和西部的邻居相连，但不与其南、北部的邻居相连，那么这就是一条水平通道。垂直通道的定义类似。

到目前，我们的 OverCell 可以报告所有可能的邻居，包括那些需要下位单元格来穿凿连接的邻居，因此依赖 neighbors 方法的算法（如递归回溯算法和 Aldous-Broder 算法）将自动理解 OverCell。

下一步是确保当这些算法尝试将一个单元格连接到需要穿凿才能到达的邻居时，我们添加了合适的下位单元格。

这将需要进行更多更改。首先，需要让网格自己负责添加下位单元格，因为网格需要跟踪所有单元格以便绘制它们。但是要让网格创建一个新的下位单元格，单元格又需要有对网格的引用！

需要就给它。将此构造方法放在我们的 OverCell 类的顶部。

```
def initialize(row, column, grid)
  super(row, column)
  @grid = grid
end
```

现在我们已经为单元格提供了网格句柄，让我们重写 link(cell)方法。在这里，我们检查要连接到的单元格是否需要穿凿才能到达，如果需要，创建一个新的下位单元格作为两个单元格之间的连接。

将以下内容加入 weave_cells.rb，就在我们添加的那些辅助方法之后。

```
Line 1 def link(cell, bidi = true)
     -   if north && north == cell.south
     -     neighbor = north
     -   elsif south && south == cell.north
     5     neighbor = south
     -   elsif east && east == cell.west
     -     neighbor = east
     -   elsif west && west == cell.east
     -     neighbor = west
    10   end
     -
     -   if neighbor
     -     @grid.tunnel_under(neighbor)
     -   else
    15     super
```

```
-   end
- end
```

不要被这个方法的长度骗了——这里并没有发生太多事情。其中的大部分，第 2~10 行，只是检查当前单元格和目标单元格之间是否有共同的邻居。如果有，则在此处需要有一个下位单元格才能连接到目标单元格。以第一个 if 语句为例（第 2 行）：如果当前单元格的北部邻居与目标单元格的南部邻居相同，那么我们知道这两个单元格共同拥有的这个邻居需要包含一个下位单元格来把它们连接在一起。

这个下位单元格通过调用网格的 tunnel_under(over_cell)方法来创建，如第 13 行。别急，我们很快就会提到该方法。我们先得谈谈 OverCell 的姊妹类：更简单的 UnderCell！

9.5.2 实现 UnderCell 类 Implementing the UnderCell Class

UnderCell 不需要像 OverCell 那样处理太多事情。它只需要在适当的单元格之间插入自己。其他一切都将由网格或 OverCell 处理。

参照我们的 OverCell 类定义，将以下内容添加到 weave_cells.rb。

```
Line 1 class UnderCell < Cell
     -   def initialize(over_cell)
     -     super(over_cell.row, over_cell.column)
     -
     5     if over_cell.horizontal_passage?
     -       self.north = over_cell.north
     -       over_cell.north.south = self
     -       self.south = over_cell.south
     -       over_cell.south.north = self
    10
     -       link(north)
     -       link(south)
     -     else
     -       self.east = over_cell.east
    15       over_cell.east.west = self
     -       self.west = over_cell.west
     -       over_cell.west.east = self
```

```
-
-       link(east)
20      link(west)
-     end
-   end
-
-   def horizontal_passage?
25    east || west
-   end
-
-   def vertical_passage?
-     north || south
30  end
- end
```

当传入上位单元格，构造函数就把它的坐标传递给原始构造函数（第 3 行）。这使得我们新的下位单元格位于网格中的相同位置。然后，根据上位单元格是否处于水平通道，下位单元格将自身插入到跟自己连接的两个相邻单元格之间（第 6~9 行是上位单元格处于水平通道的情况；垂直通道为第 14~17 行）。最后，下位单元格将自己连接到（也可以说是开凿通道）适当的邻居。

UnderCell 类也实现了 horizontal_passage?和 vertical_passage?，这样我们的单元格就不必关心它们的邻居是 OverCell 还是 UnderCell 的实例。(多态是不是很美妙？)

9.5.3 实现 WeaveGrid 类

Implementing the WeaveGrid Class

剩下的就是实现 WeaveGrid 类，它可以管理这两种不同的单元格类型。把这个新类放在 weave_grid.rb 中。

```
Line 1 require 'grid'
     - require 'weave_cells'
     -
     - class WeaveGrid < Grid
     5   def initialize(rows, columns)
     -     @under_cells = []
     -     super
     -   end
```

```
 -
10   def prepare_grid
 -     Array.new(rows) do |row|
 -       Array.new(columns) do |column|
 -         OverCell.new(row, column, self)
 -       end
15     end
 -   end
 -
 -   def tunnel_under(over_cell)
 -     under_cell = UnderCell.new(over_cell)
20     @under_cells.push under_cell
 -   end
 -
 -   def each_cell
 -     super
25
 -     @under_cells.each do |cell|
 -       yield cell
 -     end
 -   end
30 end
```

构造函数并没有添加太多东西，只是初始化了一个新数组（第 6 行），该数组用来保存创建的下位单元格。这些单元格的创建由第 18 行的 tunnel_under 方法管理。我们还需要确保的 each_cell 方法不会忽略下位单元格（第 26 行）。each_cell 方法需要报告网格中的每个单元格，包括下位单元格。

这足以创建一个交织型迷宫，但它还无法绘制一个交织型迷宫。我们的网格类可能知道如何渲染通道之间有间隙的迷宫，但它不知道如何处理这些新的下位单元格。为此，我们将覆盖 to_png_with_inset 方法。我们还将对 to_png 做小调整，以便默认情况下使用嵌入部分绘制这些交织型迷宫。

将以下内容添加到我们的 WeaveGrid 类中。

```
Line 1 def to_png(cell_size: 10, inset: nil)
     -   super cell_size: cell_size, inset: (inset || 0.1)
     - end
     -
     5 def to_png_with_inset(img, cell, mode, cell_size, wall, x, y, inset)
```

```
-   if cell.is_a?(OverCell)
-     super
-   else
-     x1, x2, x3, x4, y1, y2, y3, y4 =
10      cell_coordinates_with_inset(x, y, cell_size, inset)
-
-     if cell.vertical_passage?
-       img.line(x2, y1, x2, y2, wall)
-       img.line(x3, y1, x3, y2, wall)
15      img.line(x2, y3, x2, y4, wall)
-       img.line(x3, y3, x3, y4, wall)
-     else
-       img.line(x1, y2, x2, y2, wall)
-       img.line(x1, y3, x2, y3, wall)
20      img.line(x3, y2, x4, y2, wall)
-       img.line(x3, y3, x4, y3, wall)
-     end
-   end
- end
```

第 2 行，在新的 to_png 方法中，在调用 Grid 上的原始 to_png 方法之前，简单地将嵌入部分的默认大小设置为 0.1。to_png_with_inset 方法并没有涉及太多内容——在单元格是 OverCell 时也只是调用超类的方法（第 6 行）。但是，当单元格不是 OverCell 时，它会调用 cell_coordinates_with_inset 来获取不同墙壁的 x 和 y 坐标，（我确实说过该方法后面会有用！）然后再绘制下位单元格的通道。

并不费事！我们现在应该准备就绪了，接下来将它放入我们的某个程序中，看看它是如何工作的。继续并复制 recursive_backtracker_demo.rb，命名为 weave_maze.rb。然后将 Grid 引用更改为 WeaveGrid，如下所示：

```
weave_maze.rb
  require 'recursive_backtracker'
➤ require 'weave_grid'

➤ grid = WeaveGrid.new(20, 20)
  RecursiveBacktracker.on(grid)

➤ filename = "weave.png"
```

```
grid.to_png.save(filename)
puts "saved to #{filename}"
```

现在运行它，我们应该会得到一个真实的、未掺假的、媲美意大利面条的交织型迷宫，如图 9.20 所示。

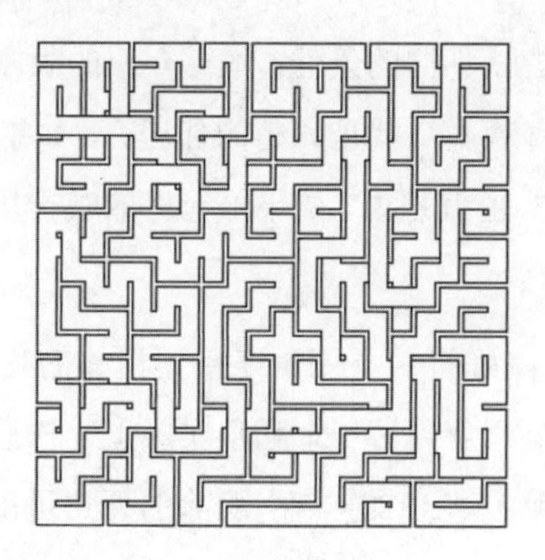

图 9.20 运行 weave_maze.rb 得到一个交织型迷宫

成功了！现在我很想吃意大利面……

9.6 小试身手 Your Turn

有人说，如果你遵守规则，你就会错过所有的乐趣。至少在谈到迷宫时，这似乎有些道理。理解要改变（甚至打破！）哪些规则，可以打开通往各种可能性的大门。

在本章中，我们聚焦于打破禁止与自身相交的规则——即允许通道与自身相交。我们通过移除死角来编排迷宫，然后在我们可爱的最短路径中间放置熔岩坑洞来使事情变得复杂。我们研究了 Dijkstra 算法如何应对这些陷阱和障碍——权重——并为你提供绕过熔岩的最有效（成本最低）的路径。我们还实现了交织型迷宫，以及一种通过在相邻单元格之间添加间隙来绘制交织型迷宫的方法。

总之，这一天干得可真不错！

不过，你应该不会感到惊讶，又一次地，这只是触及了可能性的表面。现在轮到你了。考虑以下一些建议，或尝试你自己的一些建议。

调整死角移除

在 `braid` 方法中尝试不同的条件。本章介绍的版本中，它连接到一个随机的邻居（尽管它更喜欢本身就是死角的邻居）。如果你想让它更喜欢死角方向的邻居该怎么办？也就是说，如果单元格的唯一出口是南边，就尽量让它连接到北边的单元格。

此外，请注意，偏好将一个死角连接到相邻的死角的方案，会稍微影响概率曲线。连接一个死角到另一个死角实际上一次删除了两个死角，这意味着如果你要求删除所有死角的一半，删除的死角可能比你预料的要多！如何让 `braid` 方法更准确地处理 `p` 参数呢？

稀疏迷宫

稀疏迷宫是并未覆盖整个网格的迷宫，如图 9.21 所示。

图 9.21　稀疏迷宫

这种迷宫可以通过类似编排型迷宫中剔除死角的方式来创建，但并非将死角单元格连接到其他邻居，而是将它们完全从网格中删除。试验一下，看看你想出了什么。

为编排型迷宫着色

给你提供一个科学实验：编排使用不同算法生成的各种迷宫。然后为生成的迷宫着色，并进行比较。编排操作的介入会显著影响到算法偏差吗？进行部分编排呢？某些算法是否比其他算法更受影响？

最短路径游戏

一般来说，编排型迷宫往往比完美迷宫更容易解决，因为有更多种可能的出口方式。然而，添加一些约束可以恢复难易平衡，甚至可以使这些编排型迷宫成为独特的挑战。如果目标不仅仅是到达出口，而是通过尽可能短的路径到达出口怎么办？设计一个游戏，其目标是以尽可能少的步骤穿过编排型迷宫。

寻找具有挑战性的路径

我们已经了解了如何使用 Dijsktra 算法在迷宫中的两个单元格之间找到路径，并且本章利用了这个知识在该路径上随机放置一个熔岩坑洞。然而，我们的处理还不算太聪明，结果并不总是有趣。努力做得更好！[译者注1] 我们的目标是进入一个编排型迷宫，并通过战略性地放置各种障碍物来摆出一道难题，玩家需找到一条有效的路径并通过它。

为交织型迷宫着色

对于这件事项，你只需要在 `Grid` 和 `WeaveGrid` 上补充 `to_png_with_inset` 中缺少的实现。这真的不太难——只需画出与通道相对应的矩形即可。

使用不同的算法进行交织

递归回溯算法非常适合用于交织迷宫，但这不是唯一的可能性。尝试到目前为止我们介绍的其他一些方法！但请注意，有些算法无法可靠工作：例如，Wilson 算法就需要一些处理，因为它会生成一条没有连接单元格的路径，这可能会混淆我们所编写框架中的穿凿逻辑。此外，正如他们所表现出来的，二叉树和 Sidewinder 算法也不适用于交织型迷宫，因为它们并不

译者注1 比如前面提到的 Dijkstra 算法无法绕行的单元格。

依赖 `neighbors` 方法。你如何克服这些障碍？

为其他网格的墙壁设置嵌入部分

本章为规则网格的墙壁设置了嵌入部分，但是六边形网格或三角形网格呢？说到这儿，第 7 章圆形迷宫的极坐标网格又如何？一旦你完成了其中的一些工作，就可以在这些网格上思考实际的交织型迷宫了！

穿凿两条挨着的通道

我们在本章为自己设定的一个限制是，一条通道不可同时在两条挨着的通道下方穿凿。这样做的目的只是为了让我们的实现简单化，而不是因为做不到。你会如何改进我们的实现以消除此约束？

交织型迷宫是另一种算法的绝佳选择，称为 Kruskal 算法，它可用于生成迷宫。在下一章中，我们将看到它不仅可以用于生成随机迷宫，而且还可以更好地控制我们的交织型迷宫，让我们指定通道交织的位置和频率。

第 10 章 增强交织型迷宫 Improving Your Weaving

你可能注意到第 9 章编写的交织型迷宫的生成程序有些奇怪。如果正在尝试生成较小的迷宫，可能会发现有时程序本应生成交织型迷宫，但却没有。设置好程序参数，运行程序，结果只是一个无聊的普通迷宫。

问题在于第 9 章描述的技术实际上不是很可靠。不要误解我的意思——它易于理解、易于实施且非常直观，因此有很多用处！但由于在通道下方穿凿的机会取决于随机选择，因此有可能生成一个根本不交织的迷宫。多么尴尬，对吧？这不是预期结果，尤其是当你刚刚打电话给朋友“来看一些很酷的东西”的时候。

理想情况下，如果我们着手生成一个交织型迷宫，我们应该确定能生成。更进一步，如果能以某种方式调整相交点的频率，调高或调低出现交叉的频率，那就太好了，而且——既然我们聊到了这个话题——不妨就多提一嘴，如果能精确地指出迷宫中的交叉路口应该在哪里，那该有多好。

这岂不是很完美？

还真有一个合适的算法！或者更确切地说，有一个随机迷宫算法恰好非常擅长微调这些交织型迷宫。它的基础是 Kruskal 算法，我们即将探索它。首先，我们将了解 Kruskal 算法本身的工作原理，然后了解它如何应用于迷宫生成。之后会了解如何使用该算法来使交织型迷宫的设置如我们所愿。

10.1 Kruskal 算法
Kruskal's Algorithm

Kruskal 算法由数学家和计算机科学家 Joseph Kruskal 于 1956 年提出，用来构建所谓的最小生成树（minimum spanning trees）。不要被这些疯狂的词汇吓倒了——生成树实际上只是我们一直在生成的这些完美迷宫的一个时髦名称，而最小值就是指上一章讨论的成本和权重。

基本上，Kruskal 算法试图解决以下问题。假设从一个图形或网格开始，其中每个可能连接相邻单元格的通道都被赋予了成本。这样的网格如图 10.1 所示。

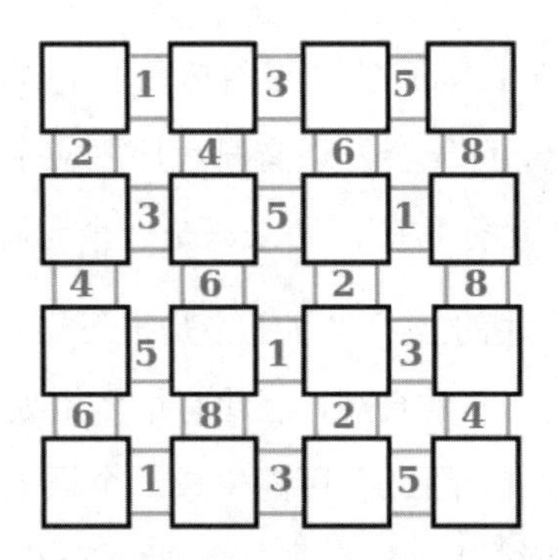

图 10.1　网格中可能连接相邻单元格的通道都被赋予了成本

从中仅仅构建出一个生成树（我们可以称之为“完美迷宫”）很简单：只需选择通道以连接所有单元格，且不形成任何环路。到目前为止，我们所研究的算法基本上都是这样做的，并且可能会生成如图 10.2 所示的迷宫。

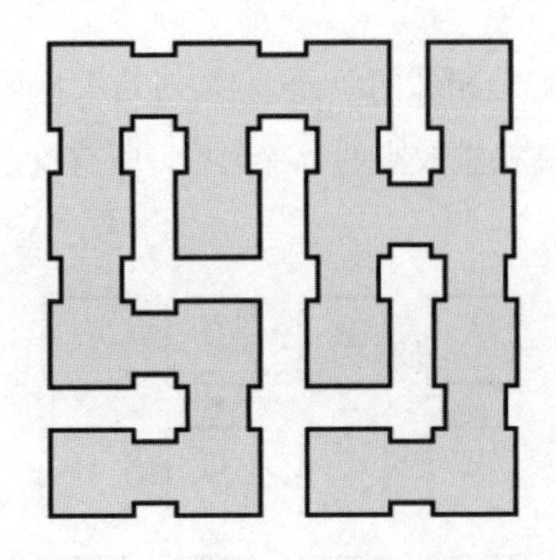

图 10.2 用已学算法生成的迷宫风格

不过，这正是难题出现的地方。如何从初始网格构建出一个迷宫，其通道的成本总和为最低？可以构建出的开销最小的树是什么样子的？

Kruskal 算法对该问题的处理方式与我们迄今为止看到的其他算法完全不同。它根本不涉及随机游走，它对单元格的访问实际上是非顺序的。尽管如此，Kruskal 算法确实有效。就是这样。

首先，我们采用带有加权通道的网格，并为每个单元格分配一个唯一标识符。在图 10.3 中，我们给了每个单元格一个字母，但给它们简单地编号也可以。这些标识符代表唯一的集合，每个集合包含一个单元格——但这很快就会改变！

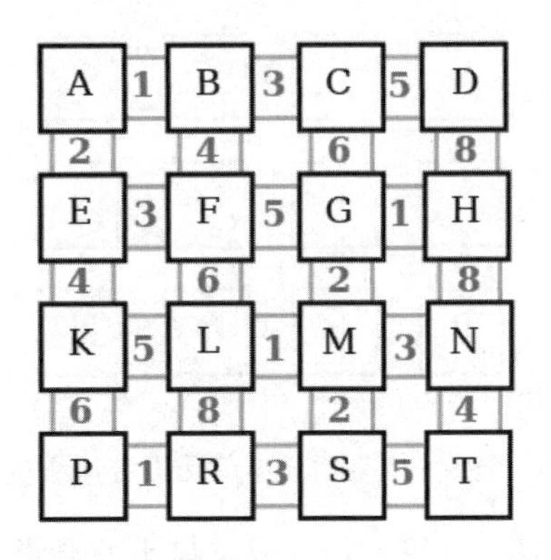

图 10.3 给每个单元格设置一个字母

一旦这些集合都被识别出来，算法本身就会开始一个循环，在这个循环中它会反复选择和处理相邻的单元格对。对是根据连接单元格的通道的权重来选择的，优先选择权重较小的。在这里，所有权重为 1 的通道都被突出显示，如图 10.4 所示：

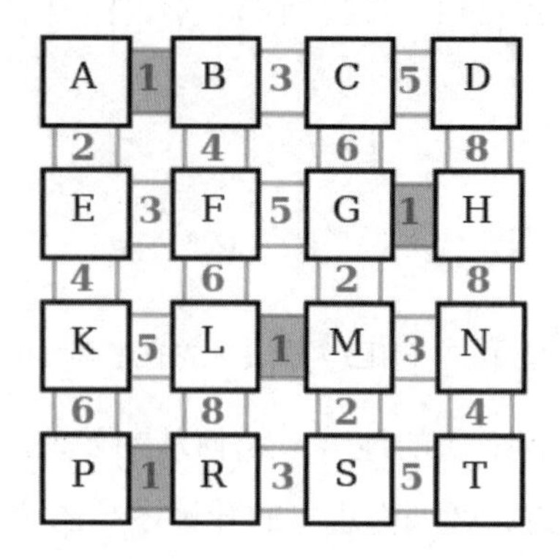

图 10.4 所有权重为 1 的通道都被突出显示

如果出现这样的平局，可以选择我们喜欢的任何一个单元格，所以我们就选择 G,H 对。我们将这两个单元格连接在一起，然后将它们合并为一个集合：选择两个集合中的一个，接下来将另一个集合中的所有单元格移到该集合。图 10.5 表示 H 中的单元格被合并到 G 集合中。

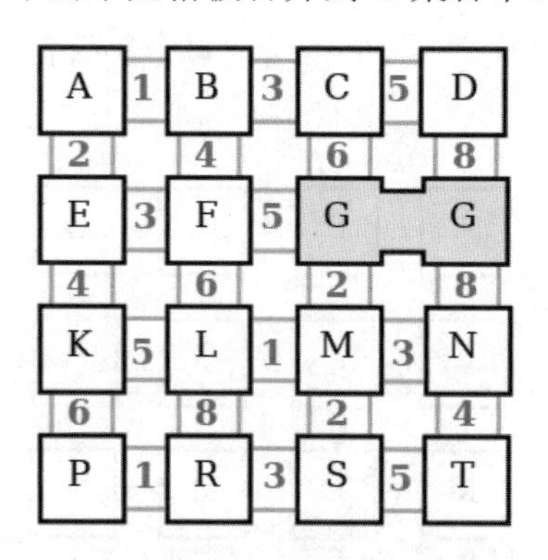

图 10.5 选择 G,H 对，H 中单元格合并到 G 集合中

然后算法再次循环，寻找下一个权重最小的通道。还剩下几个权重为 1 的通道，因此接下来会对这些通道进行处理，从而产生图 10.6 的单元格配置。

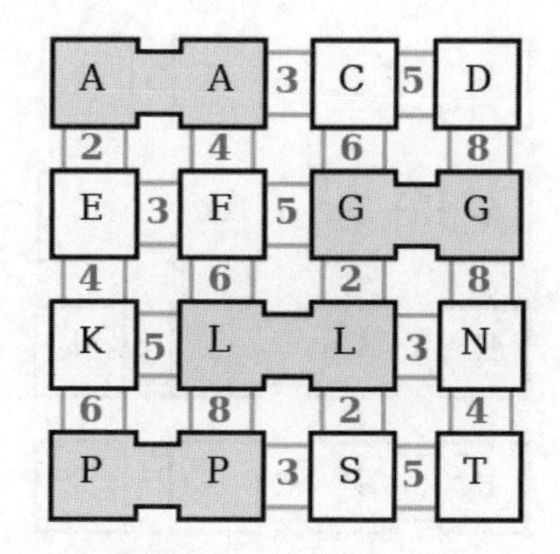

图 10.6 处理剩下几个权重为 1 的通道

如图 10.7 所示，此时开销最小的通道的权重均为 2。

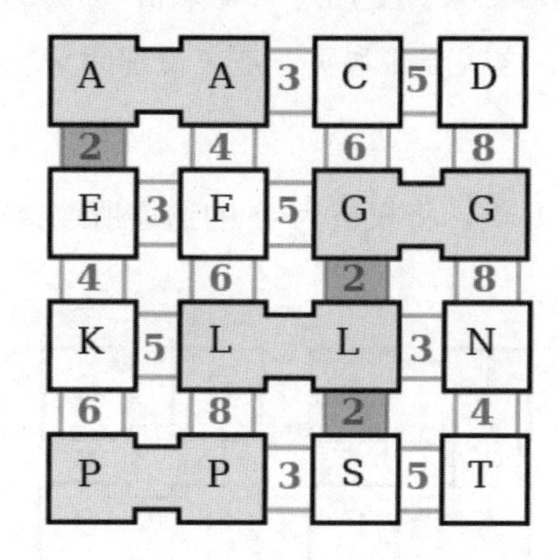

图 10.7 此时开销最小的通道的权重均为 2

由于我们可以随意打破平局，假设算法选择连接 G 和 L 集合的通道，然后看看会发生什么。比较两个单元格的集合，发现不一样，于是将这些单元格连接起来，两个集合合并在一起。图 10.8 显示现在 L 中的所有单元格都已经合并到 G 中了。

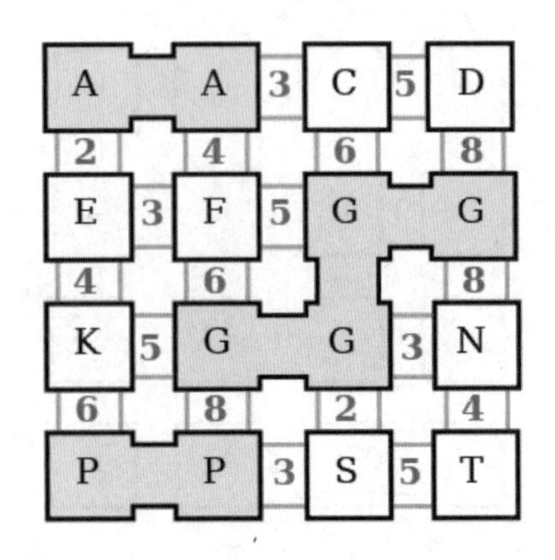

图 10.8 L 中所有单元格都合并到 G 中

这些合并会影响选定集合中的所有单元格，无论该集合有多大，或者单元格离通道有多远。这些合并本质上是在识别萌芽状态的小迷宫，即连接在一起的网格子集！

这个步骤会继续几次，将权重为 2 的通道所连接的单元格都合并在一起，如图 10.9 所示。

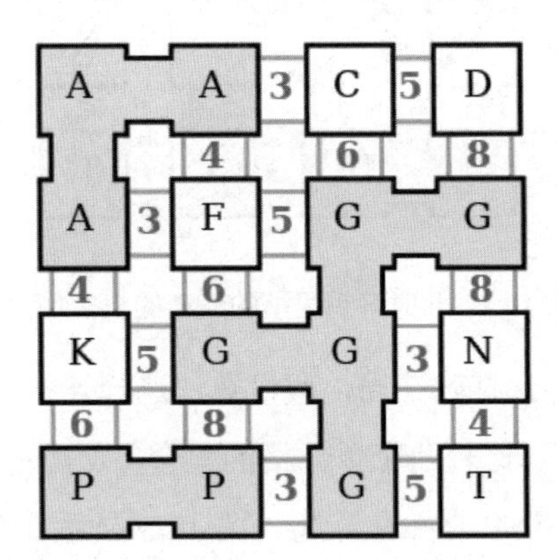

图 10.9 将权重为 2 的通道所连接的单元格都合并在一起

在接下来的几次迭代中，所有权重为 3 的通道都将被处理，继续像这样扩展那些雏形迷宫，如图 10.10 所示：

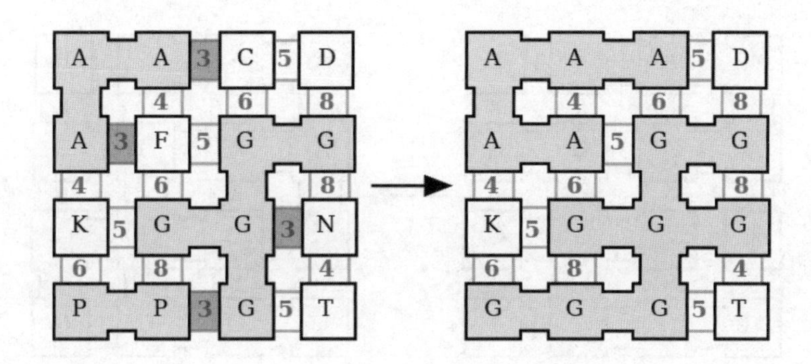

图 10.10　处理权重为 3 的通道

继续下一个通道，开销最小的通道现在的权重为 4，我们遇到了第一个小障碍。考虑图 10.11 左侧突出显示的通道。如果我们选择该通道并连接相应两个单元格，最终会连接属于同一组的两个单元格！由于每个集合代表一个完整的小迷宫，连接这两个单元格意味着向该迷宫添加一个环路，我们并不想这样。

（尽管这确实提出了一种生成编排型迷宫的有趣方法，不是吗？）

我们完全跳过该通道，勉强避免了灾难。

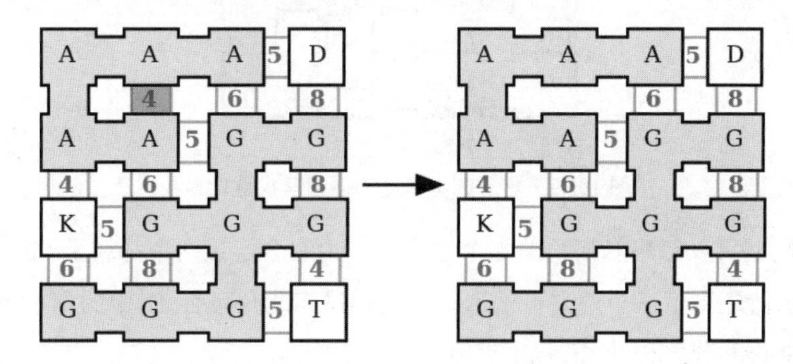

图 10.11　跳过这个突出显示的通道，避免环路产生

剩下的权重为 4 的通道都按正常处理了，如图 10.12 所示：

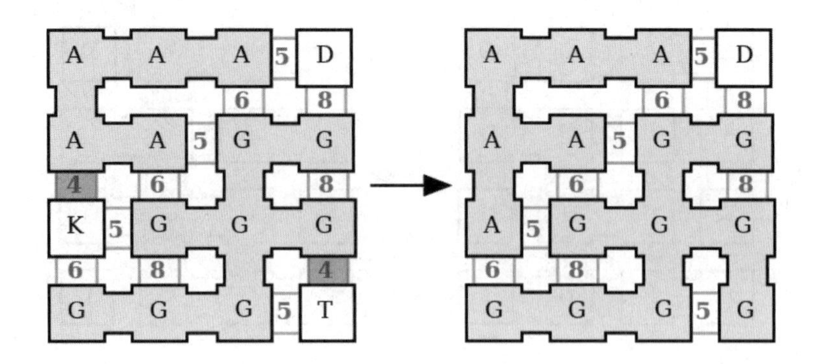

图 10.12 剩下的权重为 4 的通道都按正常处理

马上要完成了！剩下成本最低的通道其权重均为 5，如图 10.13 突出显示。

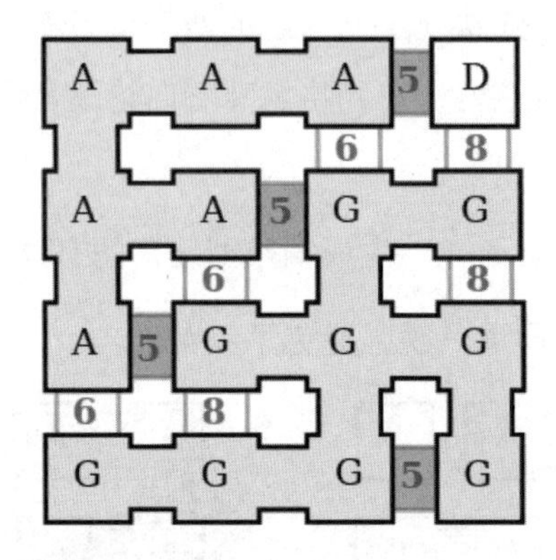

图 10.13 剩下成本最低的通道其权重均为 5

我们可以忽略东南角的那个通道，因为它会连接两个都属于 G 的单元格。那就还剩下三个通道可供选择。我们挑东北角集合 D 中的那个单元格并将其合并到集合 A 中，如图 10.14 所示：

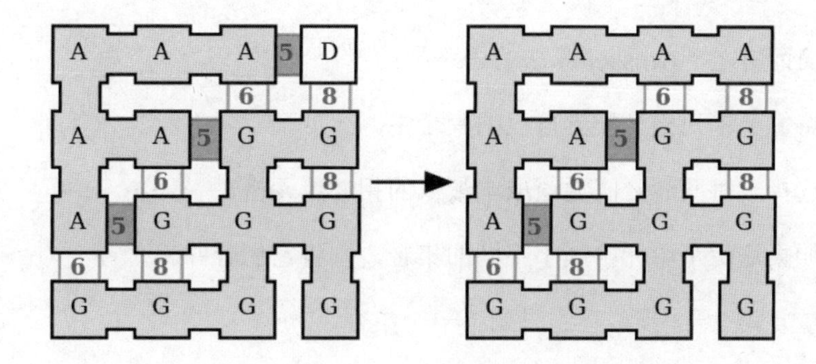

图 10.14 将东北角集合 D 中的单元格合并到集合 A 中

然后我们通过剩下两个权重为 5 的通道中的一个，来连接集合 A 和 G，如图 10.15 所示。

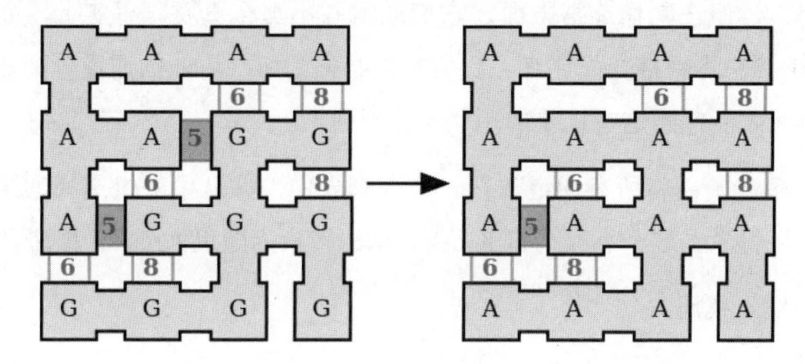

图 10.15 在剩下两个权重为 5 的通道中挑一个，来连接集合 A 和 G

此时，网格中的每个单元格都属于同一个集合 A，这意味着我们完成了迷宫生成的工作！最后的结果是一个完美迷宫，如图 10.16 所示。

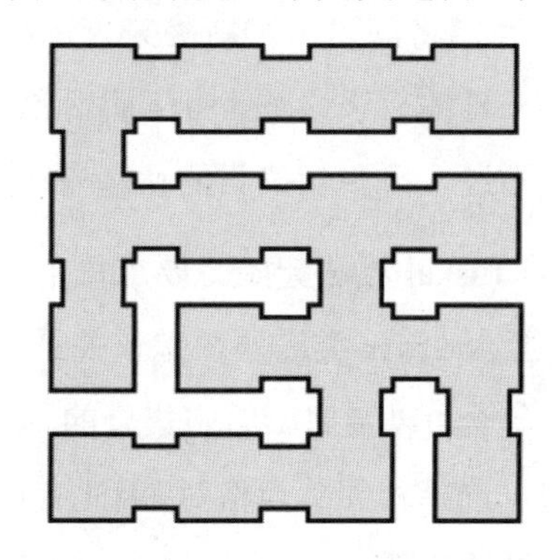

图 10.16 一个完美迷宫

简而言之，Kruskal 算法的思路是：

将每个单元格分配到自己的集合中。

选择一对两者之间通道成本最低的相邻单元格。

如果这两个单元格属于不同的集合，则将它们合并。

重复第 2、3 步，直到只剩下一个集合。

可以完全按照所描述的那样来实现代码——连接单元格之间的加权通道以完成任务，但事实证明，从我们的目标考虑，可以将算法简化一些。

虽然通道权重在某些应用程序中很重要（通道通常称为**边**，单元格称为**节点**），但在制作迷宫方面，它们通常并不那么重要。事实上，要使用 Kruskal 算法将网格变成迷宫，我们首先必须为所有可能的通道分配随机权重，然后才能按照这些权重的顺序来选择通道。

这多余了。将所有通道放在一个大列表中，并从中随机选择通道实际上要容易得多。这个小改动将 Kruskal 算法转换为随机 Kruskal 算法。

来实现代码。

10.2 实现随机 Kruskal 算法 Implementing Randomized Kruskal's Algorithm

为了实现该算法，我们将创建一个新类来表示算法的**状态**——在算法内部使用的一组信息。一旦编写了这个 `State` 类，Kruskal 算法的其余部分实现起来就很简单了。不过，不要相信我的话。自己好好瞧着！

正如上一节说的，Kruskal 算法起始时要求每个单元格都与一个唯一的集合相关联。这表明，至少 `State` 类需要跟踪该关系。我们需要一种方法来查询特定单元格所属的集合，以及属于给定集合的单元格列表。此外，该算法希望在每次迭代时随机选择相邻单元格对，因此有可能可以通过保留这些单元格对的列表来帮助解决问题。

将以下内容放入名为 kruskals.rb 的新文件中，我们开始工作了。

kruskals.rb

```
Line 1 class Kruskals
     -
     -   class State
     -     attr_reader :neighbors
     5
     -     def initialize(grid)
     -       @grid = grid
     -       @neighbors = []
    10       @set_for_cell = {}
     -       @cells_in_set = {}
     -
     -       @grid.each_cell do |cell|
     -         set = @set_for_cell.length
    15
     -         @set_for_cell[cell] = set
     -         @cells_in_set[set] = [cell]
     -
     -         @neighbors << [cell, cell.south] if cell.south
    20         @neighbors << [cell, cell.east] if cell.east
     -       end
     -     end
     -   end
     - end
```

我们将 State 类嵌套在 Kruskals 类中，因为它对别的算法没啥用处。initialize 构造函数（第 6 行）只有一个参数，即要处理的网格。第 8 行的 @neighbors 数组将用于跟踪相邻单元格对，@set_for_cell（第 9 行）将单元格映射到它们对应的集合标识符，@cells_in_set（第 10 行）执行相反的操作，将集合标识符映射到其名下的单元格。

然后将每个单元格分配给一个新集合（第 13~16 行）并构造 @neighbors 数组，每个相邻单元格对表示为一个简单的双元素数组。

现在，回想一下，算法将尝试合并每对单元格，只要它们不在同一组中即可。为了帮助做出这个决定，我们将添加一个 can_merge?(left, right) 方法来比较两个参数的集合。紧挨着 State 类的 initialize 方法之后添加它。

```
def can_merge?(left, right)
  @set_for_cell[left] != @set_for_cell[right]
end
```

这里的逻辑很普通——只是查询每个单元格对应的`@set_for_cell`并进行比较，如果值不同则返回`true`（因此，能够合并）。

然后引出合并操作本身。将这个最终方法添加到`State`类的`can_merge?`后面。

```
Line 1 def merge(left, right)
     -   left.link(right)
     -
     -   winner = @set_for_cell[left]
     5   loser = @set_for_cell[right]
     -   losers = @cells_in_set[loser] || [right]
     -
     -   losers.each do |cell|
     -     @cells_in_set[winner] << cell
    10     @set_for_cell[cell] = winner
     -   end
     -
     -   @cells_in_set.delete(loser)
     - end
```

这只是将两个单元格连接在一起（第 2 行），然后遍历`loser`集合（`right`所在的集合）中的单元格。该集合中的每个单元格都被移动到`winner`集合（`left`所在的集合），然后`loser`集合被删除（第 13 行）。

这是精华所在。有了这个保存和维护状态的类，随机 Kruskal 算法就变得很简单，这让我有点激动。在`kruskals.rb`的最后一个`end`关键字之前添加以下方法。

```
def self.on(grid, state = State.new(grid))
  neighbors = state.neighbors.shuffle

  while neighbors.any?
    left, right = neighbors.pop
    state.merge(left, right) if state.can_merge?(left, right)
  end
```

```
  grid
end
```

说真的，就是这样！给定一个网格和一个状态对象（如果没有另外指定，则默认为一个新的 State 实例），该方法简单地设置所有相邻单元格对的随机列表，然后循环遍历该列表，直到列表为空。每次通过循环时，都会从列表中删除一个对，并检查这个对是否可以合并，如果可以，则合并它们。

现在将以下内容放入 kruskals_demo.rb 中进行测试。

```
kruskals_demo.rb
require "kruskals"
require "grid"

grid = Grid.new(20, 20)
Kruskals.on(grid)

filename = "kruskals.png"
grid.to_png.save(filename)
puts "saved to #{filename}"
```

运行它并打开生成的 kruskals.png，应该会看到类似图 10.17 的内容。

图 10.17 运行 kruskals_demo.rb 的结果

在我看来这是随机的！

10.3 用 Kruskal 算法更好地交织迷宫 Better Weaving with Kruskal

这就是随机 Kruskal 算法，你现在可能想知道它与交织型迷宫有什么关系。毕竟在本章开始，我信誓旦旦地说过 Kruskal 算法很适合用在交织型迷宫上。我向你保证，它绝对适用。

回顾一下上一章介绍的交织型迷宫，算法会在机会出现时尝试随机在通道上方或下方移动。这当然是有效的，但并不是太一致。有时可能会得到一个有十几个交叉通道的迷宫，而另一些时候得到的迷宫却只有一两个相交通道（甚至没有！）。这就是**随机**的本质和结果。

然而，我们希望能够生成具有一致的、可预测相交数量的迷宫。不同的应用程序有不同的需求，所以我们生成的模块应该能够很好地将编织密度恢复为轻量级的交织型迷宫，或者把交叉点尽量挤在一块。

我们该怎么做？

假设我们能够指定这些交叉点的位置。这样我们就可以明确定义交织密度，还能根据特定的模式和设计来调整交叉通道。开始如图 10.18 所示，网格上放置了一些交叉通道（可能是随机的）。

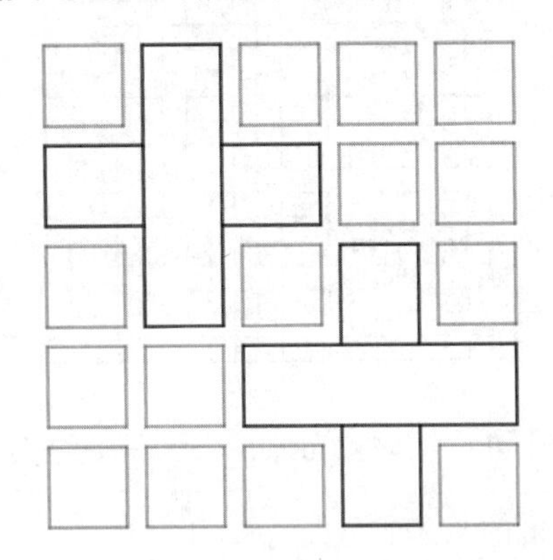

图 10.18 网格上放置了一些交叉通道

然后，我们需要以某种方式生成一个**包含**这些位置上的交叉点的完整迷宫。换句话说，我们需要把那些不相连、分离的通道，以某种方式合并成最终的迷宫……

听起来是不是很熟悉？应该是的。记住，这正是 Kruskal 算法所做的事情。如果我们将这个网格与图中的交叉点结合起来考虑，用唯一的数字为每个连续的单元格组编号，我们就会得到下面图 10.19 的内容，一个熟悉的构成，非常像 Kruskal 算法的初始状态。

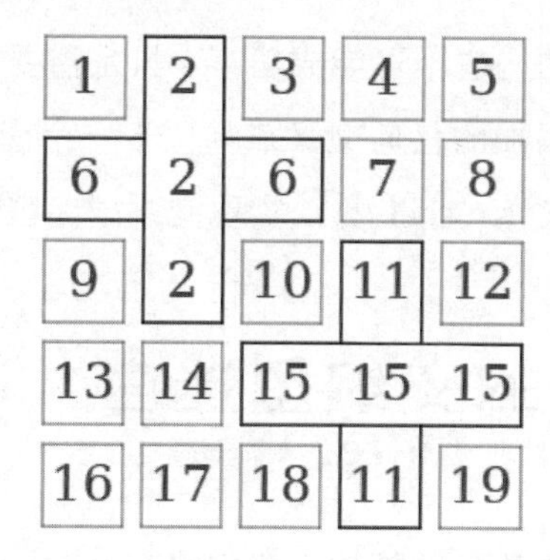

图 10.19 用唯一的数字为每个连续的单元格组编号

实际上，如果我们将 Kruskal 算法应用到这个网格上，按照这些数字来排列初始集合，我们确实能够得到一个包含这些交叉点的迷宫，如图 10.20 所示。

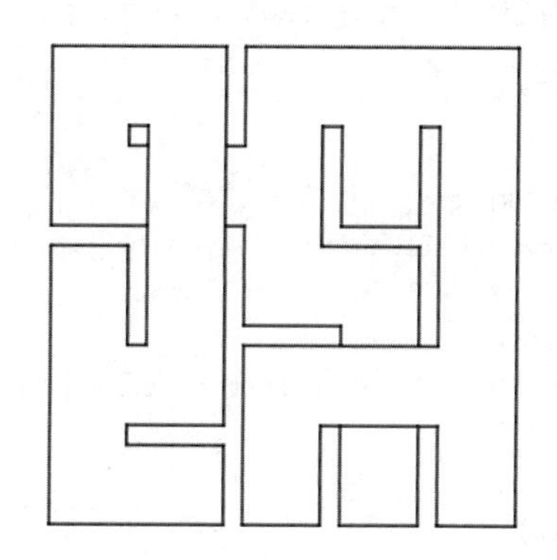

图 10.20 应用 Kruskal 算法，得到一个包含交叉点的迷宫

换句话说，这正是我们想要的！从理论上讲，我们可以将这些交叉点

放置在任何我们想要的地方，在网格中乱作一团，并产生一个非常密集的交织型迷宫！

但事实证明，我们不能就这么瞎胡闹。任何时候，当试图在一个已经连接到另一个单元格的单元格上设置一个新的交叉点时，都必须非常小心，否则就存在增加迷宫环路的风险，甚至更糟，使网格处于混乱状态。例如，在同方向通道的下方穿凿，穿凿出来的通道最终会被隐藏。

这并不是说我们的构想不可能成功——只是需要小心行事。一般来说，最简单的做法是确保添加的任何交叉点都位于一个尚未连接到任何邻居的单元格上。这是接下来 Kruskal 算法实现交织型迷宫时采用的方式。

10.4 实现更好的交织型迷宫 Implementing Better Weaving

为了确保顺利实现我们的构想，我们将在 Kruskals::State 类中添加一个方法，这样我们就可以在其中设置这些交叉点。该方法需要前一章 WeaveGrid 的一个简单子类的支持。有了这些变化，生成实际的迷宫将变得非常简单。

所以，先说重要的事，打开 kruskals。并在 Kruskals::State 中的 merge 方法之后添加以下方法。

```
Line 1 def add_crossing(cell)
     -   return false if cell.links.any? ||
     -                 !can_merge?(cell.east, cell.west) ||
     -                 !can_merge?(cell.north, cell.south)
     5
     -   @neighbors.delete_if { |left, right| left == cell || right == cell }
     -
     -   if rand(2) == 0
     -     merge(cell.west, cell)
    10     merge(cell, cell.east)
     -
     -     @grid.tunnel_under(cell)
     -     merge(cell.north, cell.north.south)
```

```
-       merge(cell.south, cell.south.north)
15    else
-       merge(cell.north, cell)
-       merge(cell, cell.south)
-
-       @grid.tunnel_under(cell)
20      merge(cell.west, cell.west.east)
-       merge(cell.east, cell.east.west)
-     end
-
-     true
25  end
```

这个方法将尝试添加一个以给定单元格为中心的新交叉通道，但它不会盲目处理。第 2 行确保交叉点不在已经连接了邻居的单元格上（正如之前讨论的），第 3~4 行确保添加交叉点不会在迷宫中创建环路。（举个例子，如果交叉点的东、西两个单元格碰巧之前通过某种方式连接在一起，就会发生环路的情况。）

一旦确保可以添加交叉点，就会检查`@neighbors`列表，并删除所有包含给定单元格的对（第 6 行）。这保证了最终在网格上运行随机 Kruskal 算法时，算法不会重复处理我们已经手动处理过的这个单元格。

在第 8 行，我们随机确定交叉点的方向。中心单元格可以是一个水平通道，下穿通道在它下面垂直移动；或者是一个垂直通道，下穿通道在它下面水平移动。如果我们总是只选择其中一个，那么最终的迷宫看起来是倾斜的，交叉通道总是朝一个方向去。

有了交叉点的方向之后，中心单元格两边的单元格就会与中心单元格合并，形成垂直或水平通道，然后网格就会在它下面穿凿通道。最后，下位单元格与交叉的下穿通道中的剩余两个单元格合并。

这是整个事情中最难的部分！剩下的都是下坡路，只需要两个简单的子类来帮助我们调整`WeaveGrid`的行为。我们想借助上一章中的一些交织行为（比如下位单元格，以及对那些下穿通道的相应渲染），但不希望迷宫算法本身添加新的下穿通道。我们要在算法运行之前明确地添加这些功能。为了关闭穿凿行为，只需要覆盖 OverCell 的 neighbors 方法，让它只返回紧挨着单元格的邻居（而不包括那些只能通过穿凿到达的）。

创建一个名为 kruskals_weave_demo.rb 的新文件，并以下面两行开始。

```
kruskals_weave_demo.rb
require 'kruskals'
require 'weave_grid'
```

这样就引入了我们之前的 Kruskal 算法实现和 WeaveGrid 类（及相关的单元格类）。

接下来对 OverCell 进行子类化，并覆盖 neighbors 方法，如前面说的。在这些 require 语句后面添加下面的类。

```
class SimpleOverCell < OverCell
  def neighbors
    list = []
    list << north if north
    list << south if south
    list << east if east
    list << west if west
    list
  end
end
```

这基本上就是 Cell#neighbors 的原始实现。（是的，这种重复或许散发出了一种设计味道，我们最终真的应该重构这一切，但在这里我们姑且先这样吧。）

现在有了这个单元格子类，我们需要告诉网格使用它而不是 OverCell。为了实现这一点，我们需将 WeaveGrid 子类化并覆盖 prepare_grid。把这个 WeaveGrid 的子类放在同一个文件中，就在 SimpleOverCell 之后。

```
class PreconfiguredGrid < WeaveGrid
  def prepare_grid
    Array.new(rows) do |row|
      Array.new(columns) do |column|
        SimpleOverCell.new(row, column, self)
      end
```

```
    end
  end
end
```

这就是我们要实现的目标！现在，让好戏上演吧。我们实例化网格和 Kruskals::State 对象，并在四周散布一些交叉通道。在 PreconfiguredGrid 的定义之后添加该实现。

```
grid = PreconfiguredGrid.new(20, 20)
state = Kruskals::State.new(grid)

grid.size.times do |i|
  row = 1 + rand(grid.rows - 2)
  column = 1 + rand(grid.columns - 2)
  state.add_crossing(grid[row, column])
end
```

这在网格中随机选取一个单元格，并在其上放置一个交叉点，网格上有多少个单元格就重复多少次这个操作。实际上可能的交叉点的数量会少得多（因为我们对这些交叉点的位置进行了限制），但是 grid.size 给了我们一个方便的上限。

一旦我们将尽可能多的交叉点塞进网格中，我们就可以进入这个节目的高光时刻：生成和显示迷宫。在 kruskals_weave_demo.rb 文件的最后添加：

```
Kruskals.on(grid, state)

filename = "kruskals.png"
grid.to_png(inset: 0.2).save(filename)
puts "saved to #{filename}"
```

这里唯一需要注意的是传递给 to_png 的 inset 参数。我们可以把 inset 回退到默认的 0.1 大小，但从美学上讲，由于交织如此密集，如果嵌入部分稍大些，迷宫就会更容易看到。

继续并运行它。你应该会得到像图 10.21 这样交织精美的东西。

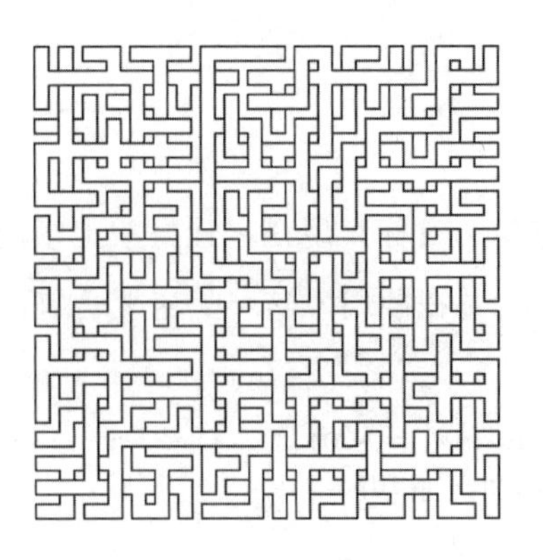

图 10.21 交织精美的迷宫

这才是交织型迷宫该有的样子！

10.5 小试身手 Your Turn

你学习了一种新算法，并且看到了它的一个实际应用，这个算法使得交织型迷宫比上一章的更加可靠和可配置。有了这个技巧，每次无论迷宫大小，都能得到一个交织型迷宫。

你还能把本章提出的想法用到哪里？考虑以下可能性。

调整交织密度

既然已经知道如何按照自己希望的密度来填充交织型迷宫，那么如何将密度调至某范围间呢？给定一些 0（无交织）和 1（最大交织密度）之间的连续数值，交织密度为 0.5 的迷宫会是什么样子？

探索模板

本章迷宫应用的交叉模式就是模板的一个例子。其他可能的模板包括螺旋形、开放式房间、之字形，以及其他各种廊道布置方式。

下图 10.22 显示了在迷宫上应用四次螺旋形模板的例子：

图 10.22 在迷宫上应用四次螺旋形模板

你会如何使用本章描述的技术来实现这样的螺旋形模板？你还能想到其他哪些模板？

组合模板

一旦你使用了几种不同的模板样式，尝试将它们组合起来。将螺旋形模板、开放式房间与交织型迷宫混合在一起，看看你能冒出什么样的疯狂想法？

应用不同的算法

本章介绍了 Kruskal 算法，它是一种把模板融入迷宫的好方法，但它肯定不是唯一的方法。其他算法也适用，例如 Aldous-Broder 或递归回溯算法。如何调整这些算法以将模板融入迷宫？

调整算法偏差

Kruskal 算法本身并没有强烈的偏差。它生成的迷宫往往比像 Aldous-Broder 这样的无偏差算法制作出来的迷宫有更多的死角，但这样的话，如果你给迷宫上色，迷宫里的路径并不能清晰显现出来。你怎么改变这种情况？例如，您可以对选择邻居的标准做些什么，从而使 Kruskal 算法生成具有明显视觉纹理的迷宫？

超密交织

请注意：这有点像科学项目！我前面附带提到，如果交叉点仅落在没有连接其他单元格的单元格上，那么交织型迷宫构建起来最容易了。如果你无视这个警告，就会发现交织过程会出现重叠倾向，（例如）东西向下穿通道试图在东西向通道下方移动。对于极度密集的交织型迷宫，如何解决这个问题？

掌握了随机 Kruskal 算法后，是时候看看另一种算法了：Prim 算法，它最初是作为最小生成树算法出现的。

第 11 章

Prim 算法之旅

Growing With Prim's

整个“最小生成树”问题已证明有很多应用，比如寻找电话线的最佳构建方法，或者计算机网络的最佳构建方法。Kruskal 的算法是解决该问题的一种方法，但它不是唯一的方法，这意味着应该能够找到如我们所愿的其他算法。

（哈哈哈哈哈哈！）

果然，还有另一个称为 Prim 的算法。它真的很适合用来生成随机迷宫。我们将看到这个算法是如何工作的，然后还会了解它用于迷宫实现的两种常用方式：简化版本和“原装正版”。最后，我们将认识一个联系紧密的算法，称为生长树算法（Growing Tree），实际上它的行为不仅可以配置为像 Prim 算法，甚至可以像递归回溯算法！

11.1 Prim 算法介绍
Introducing Prim's Algorithm

Prim 算法最初由一位名叫 Vojtěch Jarník 的捷克数学家于 1930 年研究出来，但它的名字来源于计算机科学家 Robert C. Prim，他于 1957 年独自重新研发了该算法。Prim 算法的工作原理与 Dijkstra 算法类似，从网格中的一个点开始，然后像水流一样向外流动。但在 Prim 算法里，并不仅仅是测量距离和成本。Prim 算法的最终结果是一个巧妙的最小生成树——或者，在我们的例子中，是一个迷宫。

与 Kruskal 算法一样，Prim 算法的工作原理也是考虑单元格之间连接的权重——通道成本——而不是单个单元格自身。我们将看到该算法的实现思路，但之后我们会回退一步，考虑一些简化措施来降低实现难度。因此，与 Kruskal 算法一样，我们从一个网格开始，并标出单元格之间潜在连接的所有成本。假设网格是如图 11.1 这样设置的（给定了通道成本）。

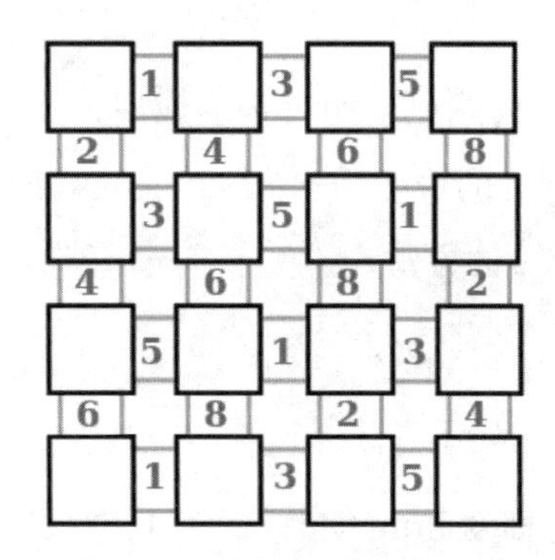

图 11.1 设置了通道成本的网格

Prim 算法和 Dijkstra 算法一样，都从一个任意的单元格开始，然后向外工作，所以我们的下一步是选择一个起点，如图 11.2 所示。

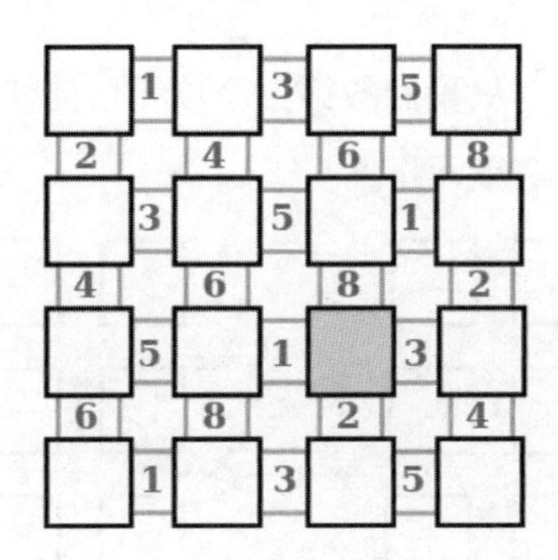

图 11.2 选择一个起点

我们在这里把起点单元格涂成黄色，表明它已经被加入到迷宫中。（白色单元格尚未进入迷宫，它们还在等待机会。不过，当我们完成时，它们也会染成黄色）。

接下来，我们看一下从起始单元格开始的所有可能的通道，然后选择一个成本最低的通道。在本例中，成本为 1 的通道是向西走的，所以我们选择它，并将当前单元格与它的西边邻居连接起来，像图 11.3 这样：

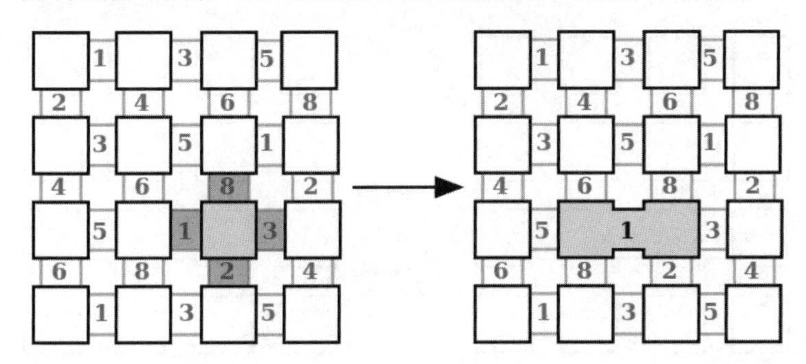

图 11.3 从起始单元格开始的所有通道中，选择一个成本最低的通道

请注意，我们现在把西边那个邻居也染成了黄色，因为它已经被添加到了迷宫中。我们正在向外扩展迷宫，一次一个通道。

现在我们再做一次，只是这次我们想从连接到任何已访问单元格的所有通道中，选出成本最低的那条。这就像一摊水从第一个单元格开始，现在可以向外扩散到其所接触到的任何单元格。图 11.4 表明成本最低的单元格是标记为 2 的单元格——从我们的第一个单元格向南走，所以我们选择这个南边的邻居并连接这两个单元格：

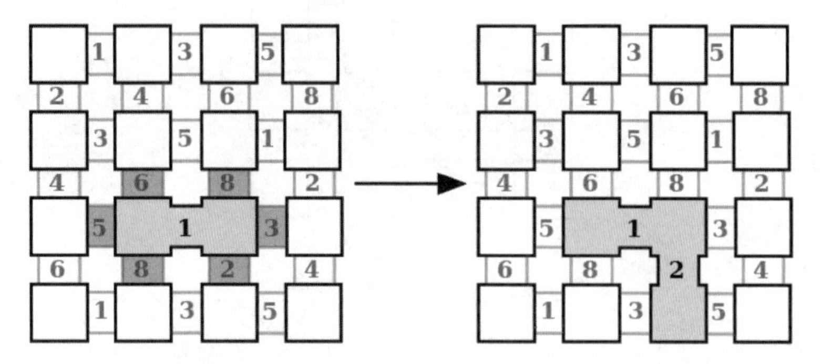

图 11.4 从连接到任何已访问单元格的所有通道中，选出成本最低的那条

你可能猜到了下一步是什么——我们要再做一次，寻找连接到这三个单元格中任何一个的最低成本通道。这一次，我们有了一个平局：有**两个**单元格，值都是 3。在这种情况下，我们任意选择一个来打破平局，所以我们如图 11.5 这样选择：

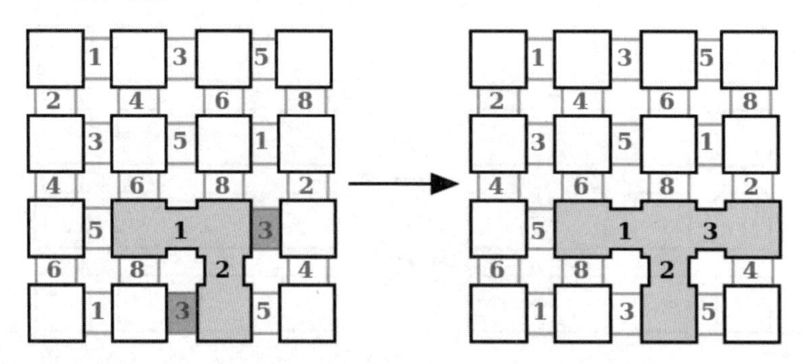

图 11.5 再次选择最低成本通道，遇到多个相同成本通道则任选一个

算法就这样继续下去，每一次都会选择成本最低的下一个通道。再经过几次迭代，我们可以看到迷宫开始形成了，如图 11.6 所示：

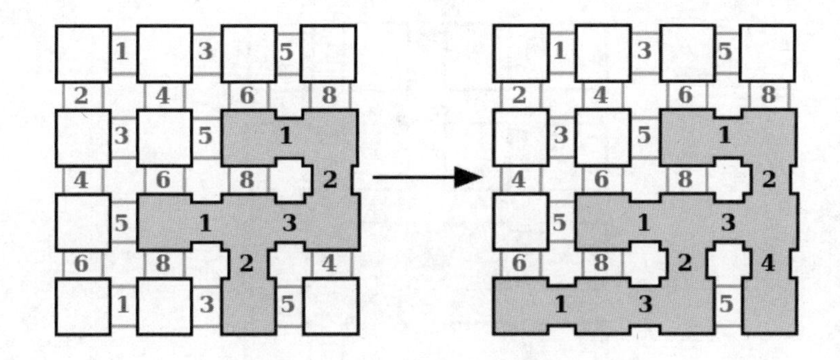

图 11.6 经过几次迭代，迷宫逐步形成

但最终，我们可能会遇到如下面图 11.7 这样的情况：

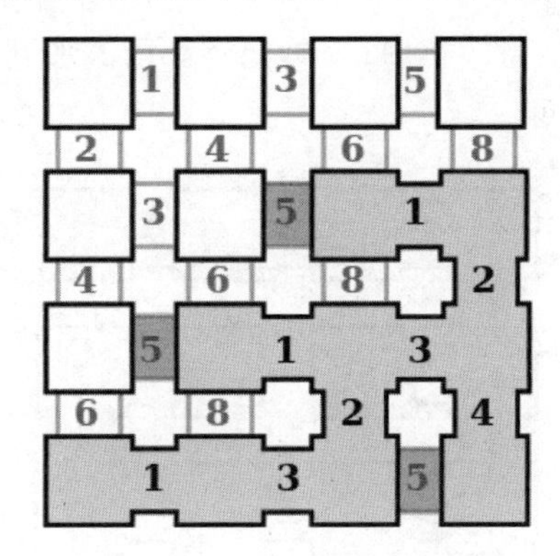

图 11.7 另一种平局情况

这是另一种平局，我们足够熟悉，但请注意东南角的通道。它连接两个已经在迷宫中的单元格。如果要选择该通道，则将添加一个环路，这是我们想禁止的。解决方案是像我们对 Kruskal 算法所做的那样，跳过这些连接，只考虑那些连接到迷宫外单元格的连接。在这种情况下，这给我们留下了两个可能的通道。我们任意选择一个，像图 11.8 这样：

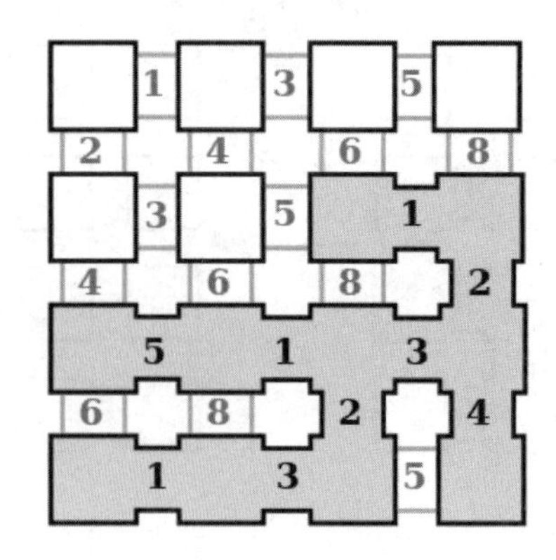

图 11.8 排除环路之后，在两个最低成本的通道中任选一个

Prim 算法重复进行，直到每个单元格都已添加到迷宫中，此时会得到如图 11.9 所示的内容。

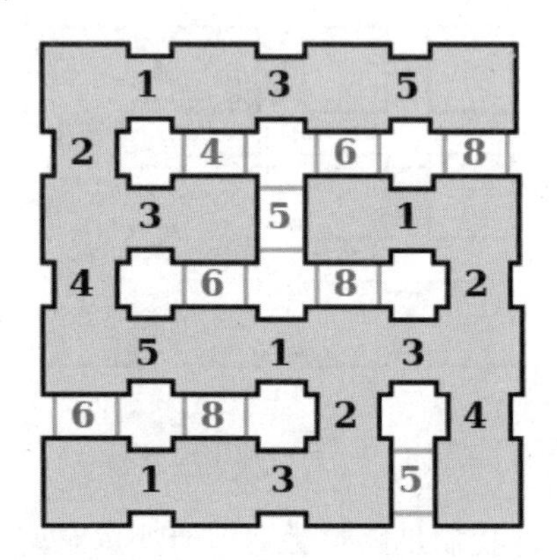

图 11.9 最终的迷宫

非常完美。（真的！）

现在我们已经介绍了整个 Prim 算法是如何工作的，我们接下来看看它的两种实现方法，首先是一种常见的变体，我们称之为“简化版”Prim 算法。

11.2 简化版 Prim 算法 Simplified Prim's Algorithm

Prim 算法的简化版本在迷宫生成器中的应用相当普遍，而且许多资料来源通常仅将其称为 Prim 算法。然而，与真正的 Prim 算法不同的是，这些简化版本实际上并不在意不同的通道成本和权重。事实上，简化版算法的效果往往类似于：在每个通道都有相同成本的一个网格上，运行真正的 Prim 算法。

回顾一下 Prim 算法是如何开始的，在随机选取一个单元格作为起点之后：寻找连接到该起点单元格的最低成本通道。但如果每条通道都有相同的权重，就会出现平局，我们就会在候选者中随机选择以打破平局。

因此，如果整个网格中的每条通道都有相同的权重，Prim 算法就会在每一步随机选择一条连接通道。这恰好是这些简化版算法所做的事情，但简化版有一个明显的区别：通常不是选择通道，而是选择单元格。

我们可以实现几种可能的变化，但在此我们将坚持使用最简单的一种。将以下内容放入 prims.rb 中。

prims.rb

```
Line 1 class SimplifiedPrims
     -
     -   def self.on(grid, start_at: grid.random_cell)
     -     active = []
     5     active.push(start_at)
     -
     -     while active.any?
     -       cell = active.sample
     -       available_neighbors = cell.neighbors.select { |n| n.links.empty? }
    10
     -       if available_neighbors.any?
     -         neighbor = available_neighbors.sample
     -         cell.link(neighbor)
     -         active.push(neighbor)
    15       else
     -         active.delete(cell)
     -       end
     -     end
     -
    20     grid
     -   end
```

```
-
- end
```

程序过程从第 4 行开始，初始化一个叫做 active 的数组，然后将我们的起点加入其中（默认是网格中的一个随机位置）。然后，只要该列表中还有单元格，算法的其余部分就会重复进行。

每次通过循环，算法从 active 列表中选择一个随机单元格（第 8 行），然后找到该单元格的尚未被连接的邻居（第 9 行）。

如果没有任何这样的邻居，就意味着所选的单元格被迷宫包围，不能再产生任何通道。在这种情况下，该单元格就从 active 列表中删除（第 16 行），然后循环又重新开始。如果存在这样的邻居，就从这些可用的邻居中随机选择一个，然后与当前单元格相连，并添加到 active 列表中（第 12~14 行）。

用下面的程序测试该算法：

```
prims_demo.rb
require "prims"
require "grid"

grid = Grid.new(20, 20)
SimplifiedPrims.on(grid)

filename = "prims-simple.png"
grid.to_png.save(filename)
puts "saved to #{filename}"
```

运行这段代码，应该会产生类似下面的迷宫：

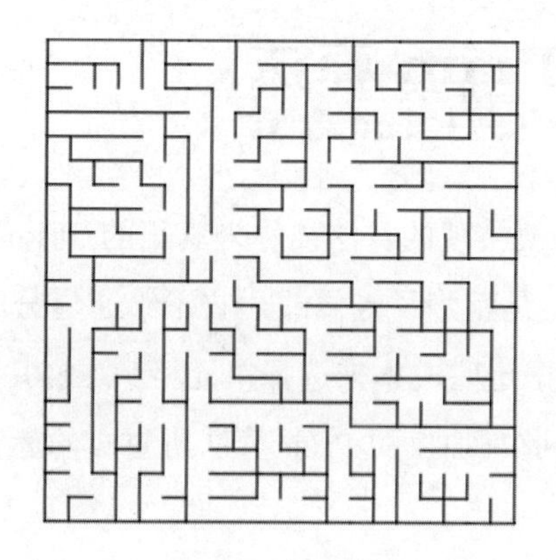

图 11.10 运行 prims_demo.rb 的结果

这看起来足够好了，但可以察觉到算法偏差的一些印迹。如果给迷宫着色，就会看得很清楚，如图 11.11 所示。这里，Dijkstra 算法（参见第 3.5 节）从 Prim 算法开始的同一单元格处运行。

图 11.11 给迷宫着色，出现“破裂玻璃”的偏差

这种放射状纹理是均等加权通道的结果。在所有其他条件相同的情况下，算法简单地从起点单元格处向外均匀扩散，制造出那种“破裂玻璃”的图案。

不过，只要稍加努力，我们还可以做得更好。而这只要求我们更忠实于原始算法并考虑成本。

11.3 真正的 Prim 算法 True Prim's Algorithm

尽管我们接下来要实现的算法被称为真正的 Prim 算法（所谓的"原装正版"算法），但它还是稍作了点修改。它不给通道分配权重，而是给单元格分配权重，然后根据这些成本来选择单元格。这样，我们得到的迷宫，就非常相似于完全以通道来加权的 Prim 算法所生成的迷宫，而且工作量大大减少。

再次打开 prims.rb，在底部添加以下类：

```
class TruePrims

  def self.on(grid, start_at: grid.random_cell)
    active = []
    active.push(start_at)
➤   costs = {}
➤   grid.each_cell { |cell| costs[cell] = rand(100) }

    while active.any?
➤     cell = active.min { |a, b| costs[a] <=> costs[b] }
      available_neighbors = cell.neighbors.select { |n| n.links.empty? }

      if available_neighbors.any?
➤       neighbor = available_neighbors.min { |a, b| costs[a] <=> costs[b] }
        cell.link(neighbor)
        active.push(neighbor)
      else
        active.delete(cell)
      end
    end

    grid
  end

end
```

这几乎与该算法的简化版本相同，除了突出显示的地方。首先，创建一个 costs 哈希表，为每个单元格随机分配一个成本值（0~99）。然后，利用该哈希表，通过数组的 min 方法来找到成本最低的单元格。实际上在每次循环中进行了两次查找——一次是在 `active` 列表中找到成本最低的活动单元格，然后再一次找到该活动单元格的可用邻居中成本最低的单元格。

简单起见，上述代码使用 Ruby 的 Array#min 方法来寻找开销最少的单元格。不过在实际应用中，类似于优先队列的结构会更有效率。

运行这段程序，我们会得到一个具有明显不同纹理的迷宫，如图 11.12 所示。

图 11.12 真正的 Prim 算法生成的迷宫

按照我们对简化版算法所做的同样方式给迷宫着色，就可以看到放射状纹理已经消失，如图 11.13 所示。

图 11.13 给迷宫着色，放射状纹理已经消失

事实上，这个迷宫的纹理，与你从 Kruskal 算法中得到的相当相似，这不应该令人惊讶，因为这两种算法都是为了生成同一种迷宫。

因此，现在有了两种类型的 Prim 算法：简化版和所谓的原装正版。它俩产生的迷宫纹理明显互不相同，但算法本身几乎是相同的。实际上，它们之间唯一明显区别是，从活动列表 active 中选择单元格的方式。

这个简单的观察结果变成了另一种迷宫算法的基础，该算法叫做生长树。让我们接下来了解该算法。

11.4 生长树算法 The Growing Tree Algorithm

让我回退片刻，再次考虑我们已经看过的 Prim 算法的两个版本。两者都是从一个任意的单元格开始工作，然后从该单元格并通过选择相邻的单元格来向外生长。简化版中，邻居单元格是随机选择的。对于“原装正版”，单元格则都是根据成本来选择。

但这并不是从活动列表中选择单元格的唯一方法。如果你总是试图选择离起点最近的单元格呢？或者选择最近添加到列表中的单元格？或者，这里有一个很好的办法——如果你以某种方式组合多种条件，一半时间随机挑选单元格，另一半时间则根据权重挑选单元格，会怎样？

我们在这里说的是生长树算法的基础。它是这样工作的：

1. 从网格中随机选择一个单元格。把它添加到 active 列表中。

2. 从 active 列表中选择一个单元格。

3. 随机选择该单元格的一个未访问邻居。将这两个单元格连接在一起，并将邻居单元格添加到 active 列表中。

4. 重复步骤 2 和 3，直到每个单元都被连接起来。

神奇的事情发生在第 2 步，即选择一个单元格。通过植入不同的单元格选择标准，可以构建出大不相同的迷宫。事实上，本章的简化版算法和真正的 Prim 算法的实现都只是这个生长树算法的特例！

让我们来实现生长树算法。使用 Ruby 的代码块（blocks，匿名函数）特性来定义单元格选择逻辑。

把下面的代码放在 growing_tree.rb 中。

growing_tree.rb

```
class GrowingTree

  def self.on(grid, start_at: grid.random_cell)
    active = []
    active.push(start_at)

    while active.any?
➤     cell = yield active
      available_neighbors = cell.neighbors.select { |n| n.links.empty? }

      if available_neighbors.any?
        neighbor = available_neighbors.sample
        cell.link(neighbor)
        active.push(neighbor)
      else
        active.delete(cell)
      end
    end

    grid
  end

end
```

再一次地，你会注意到这段代码与我们已经接触的 Prim 算法实现基本相同，只有一个显著差异。突出显示的行使用 Ruby 的 yield 关键字来调用传递给 on(grid)方法的任何匿名代码块。活动单元格的列表被传递给该匿名块，该匿名块应该返回列表中的某个单元格。

要了解这段代码在实践中的工作原理，请参看以下代码：

```
growing_tree_demo.rb
require 'growing_tree'
require 'grid'

def save(grid, filename)
  grid.to_png.save(filename)
  puts "saved to #{filename}"
end

grid = Grid.new(20, 20)
➤ GrowingTree.on(grid) { |list| list.sample }
save(grid, "growing-tree-random.png")

grid = Grid.new(20, 20)
➤ GrowingTree.on(grid) { |list| list.last }
save(grid, "growing-tree-last.png")

grid = Grid.new(20, 20)
➤ GrowingTree.on(grid) { |list| (rand(2) == 0) ? list.last : list.sample }
save(grid, "growing-tree-mix.png")
```

这很像我们以前的那些程序，但是引入了一个单独的方法 save，以集中处理保存网格为图像文件。

有趣之处在突出显示的行上，在此将生长树算法应用于网格。在第一个突出显示行，提供了一个块，这个代码块只是从传递给它的列表（list.sample）中返回一个随机元素。第二个突出显示行总是返回列表的最后一个元素（list.last），第三个高亮位置处的代码则变得有些值得关注，其一半时间里选择最后一个元素，另一半时间里却随机选择。

运行该段程序将生成三个不同的图像。打开它们，看看长啥样？图 11.14 并排显示了这三个不同的迷宫，并着色以更清楚地看到纹理的差异性。

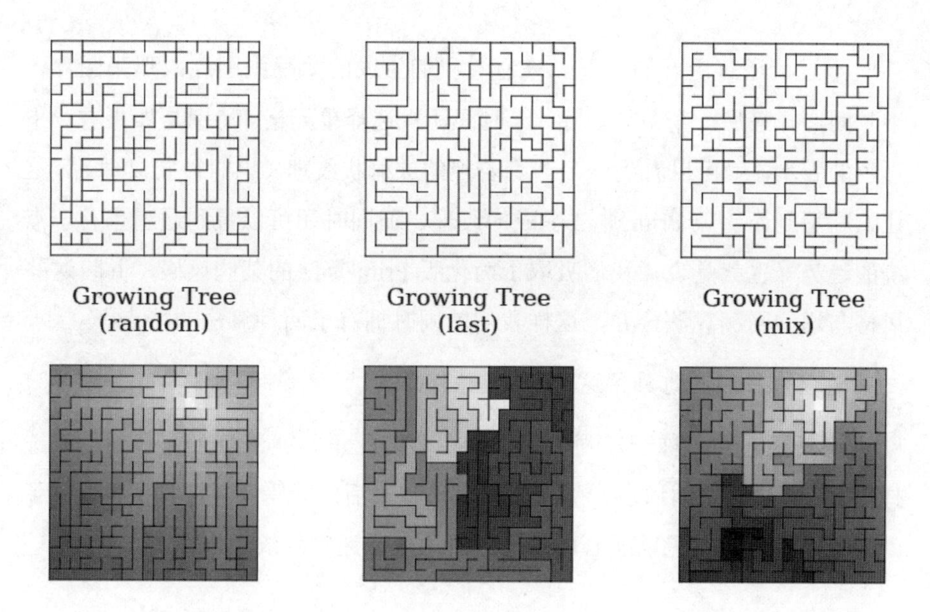

图 11.14 并排显示三个不同的迷宫

左边的图像在每次迭代中从活动列表随机选取单元格位置，正如我们想的那样，它看起来与简化版 Prim 算法生成的迷宫一模一样。不过，中间那个看起来也很眼熟，因为始终从活动列表选择最后一个元素，我们生成了一个长路弯弯的迷宫……

它是递归回溯算法！

如果需要，请回顾第 5.4 节，以刷新对该算法的记忆。回想一下，递归回溯算法始终将栈顶部的单元格视为当前单元格，并且始终在每一步中选择这个当前单元格的随机未访问邻居。

将递归回溯算法与这里始终从活动列表中选择最后一个元素的生长树算法相比较。在每一步，生长树算法都会在列表末尾添加一个新元素。然后下一次循环里生长树算法再次选择这个新添加元素，这样这个新添加元素实际上与递归回溯算法中的当前单元格相同。

换句话说，通过一个非常简单的改变，生长树算法可以重新创建简化版 Prim 算法或递归回溯算法！

不过，还有更好的情况。来看看我们生成的第三张图片，那张图片一半时间选择最后一个单元，另一半时间随机选择单元格。特别是如果看一下彩色的版本，就可以看到一个若隐若现的放射状纹理（也叫径向纹理），这让人联想到简化版 Prim 算法生成的纹理，但同时还可以看到通道也有一点绕的趋势。也就是说，我们吸取了简化版 Prim 算法的某些风格，并将这些风格与递归回溯算法合并，这样我们就同时拥有了两种算法的特点。

这就像我们同时具备这两种算法的 DNA！

这就跟它的名称一样强大。想要更多的死角？就请赋予更多的随机选择机会。想要更长的通道？那么就多多选择最后的元素。这就像我们手握了一个灵活的滑块，可以随心所欲地控制所生成迷宫的纹理！

11.5 小试身手 Your Turn

我们刚刚在你的工具箱中添加了一个非常强大的工具。了解了 Prim 算法的两个简单变体后，我们学习了如何将其扩展到第三种算法——生长树算法，并进一步看到生长树算法可以配置来同时表现出不同算法的特性！

还有**很多**值得你尝试的领域。如果不确定接下来想尝试什么，请考虑以下一些想法，但也不要对其他尝试感到犹豫不前！

“改进版”Prim 算法

如前所述，Prim 算法有几种“简化”变体。一种通常被称为“改进版”Prim 算法，其结果比本章中给出的简化版本稍微好一些。实施起来会有点麻烦，这非常适合“小试身手”的挑战！

其实现思路如下：

- 初始化三个集合（set）：`in`、`frontier` 和 `out`。
- 将起始单元格放入 `in` 集合，并将它的所有邻居放入 `frontier` 集合。

把所有剩余的单元格放入 `out` 集合。

• 只要 `frontier` 集合里还有单元格，就随机删除一个单元格，并把该单元格加到 `in` 集合，然后把该单元格连接到一个随机的在 `in` 里的邻居。接下来把该单元格的所有 `out` 里的邻居移到 `frontier` 集合，如此重复。

试一试，检验一下自己的思路！

最纯正的 Prim 算法

构建并使用一个邻居单元格对（Pair）的列表，来实现一个纯正的、Kruskal 风格的 Prim 算法。列表初始化为只包含那些带有起始单元格的对，在算法的每一步，从列表中做选择，同时使用包含新单元格的对来扩展列表。一旦实现了该算法，请想办法将它与本章介绍的真正的 Prim 算法实现进行比较。给迷宫着色和计算死角数量是两种方法，但你还能想到什么方法来量化这两种算法所生成迷宫的差异或相似程度吗？

其他的单元格选择方式

本章介绍了生长树算法中的三种单元格选择方法：随机选择单元格、选择最后一个单元格，以及两者的混合。不过，这些只是浅尝辄止。你还能想到什么其他的单元格选择方法？这里有几种可能的尝试：

• 最先的——总是选择列表中的第一个单元格。

• 中间的——总是选择列表中间的单元格。

• 同一个单元格——先随机选择，但是一旦选定一个单元格，就一次次选择它，直到它没有了未访问邻居。然后再随机选择另一个单元格，如此反复。

• 最远的——始终选择距离前一个选定单元格最远的单元格。

带有单元格成本的生长树

如果你跟踪单元格成本，并将这些成本作为生长树的单元格选择依据，会怎么样？如果你混合“选择最后一个单元格”和“成本选择”这两种方式，又会怎么样？这种方式又如何跟“选择最后一个单元格”、“随机选择单元格”的混合方式进行比较？当你把简化版本和原装正版这两种 Prim 算法拼接在一起时会发生什么？

按通道考虑的生长树

生长树通常会保留一个单元格列表，如本章前面所述，但如果你改成追踪通道呢？你可以用该思路来实现真正的 Prim 算法，此外，其他选择方法的工作方式是否不同？

配置邻居选择

请仔细观察本章真正的 Prim 算法的实现，并将其与生长树算法实现相比较，你可能已注意真正的 Prim 算法实际上是根据权重来选择邻居单元格，而生长树只是随机选择。如果让生长树算法选择邻居单元格的方式变成可配置呢？如果生长树算法总是打算选择当前单元格的西边邻居，会发生什么？你甚至可以增加区域差异，比如东半区的单元格趋向选择北边邻居、西半区单元格趋向选择东边邻居。

既然你已经探索了生长树算法，那么，朋友们，我们不妨再来探索两个特别新颖的算法，以完备你的迷宫算法库。一个有点类似于 Sidewinder 算法，但另一个......好吧，继续阅读，自己瞧！

第 12 章

组合与分割

Combining, Dividing

这么多算法！从二叉树和 Sidewinder 算法，到 Kruskal、Prim 和生成树算法，我们已经学了很多随机迷宫的生成方法。准确地说，有十种方法——如果算上 Dijkstra 算法，则有十一种。现在，只剩下最后两种了！

第一种称为 Eller 算法，这是一种快速、高效且巧妙的技术，看着像源于 Sidewinder 和 Kruskal 算法的意外结合。

第二种是称为递归分割的独特算法，它的运行方式与我们介绍过的其他任何算法都大不相同。它的分形特点带来了一些有趣结果，我们将利用这些结果在迷宫中生成房间。

但首先，我们从 Eller 算法开始！

12.1 Eller 算法

Eller's Algorithm

Eller 算法由 Marlin Eller 于 1982 年研究出来。它与 Sidewinder 算法（第

1 章）有一些显著的相似之处，但通过结合 Kruskal 算法（第 10 章）的一些特征，设法避免了 Sidewinder 算法的明显偏差。

与 Sidewinder 算法一样，它的工作原理是一次只考虑一行，同时构建集合（set，Kruskal 风格）以跟踪哪些单元格可以从其他单元格访问。来看一个例子。

我们将从顶行开始（方便起见），以黄色突出显示当前行，跟踪我们所处的位置，如图 12.1 所示。

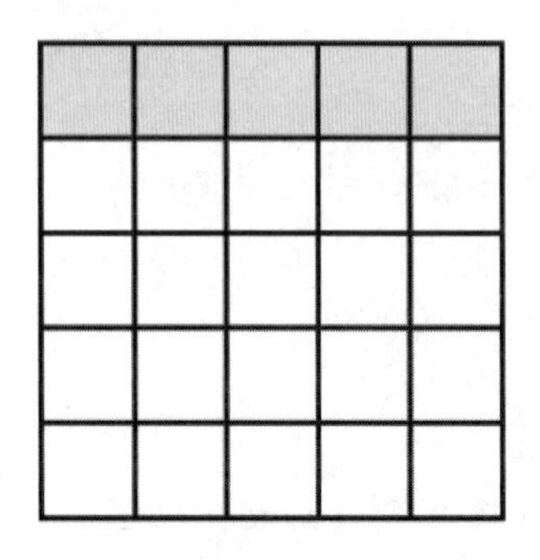

图 12.1 从顶行开始，突出显示当前行

我们要做的第一件事是给该行的每个单元格分配一个数字，有效地把每个单元格放到一个集合中，就像我们对 Kruskal 算法所做的那样（但规模较小）。像图 12.2 这样：

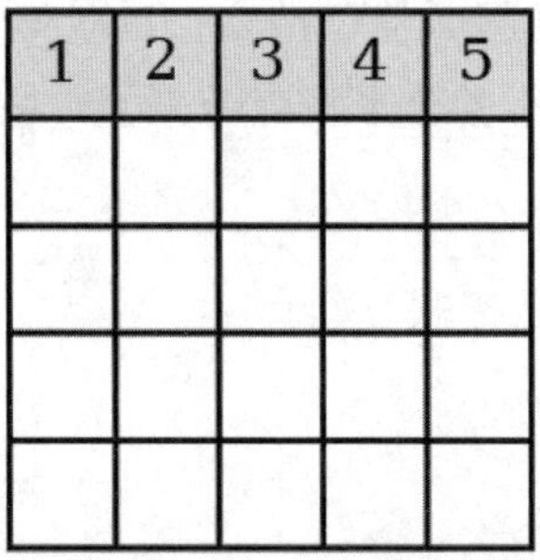

1	2	3	4	5

图 12.2 给该行每个单元格分配一个数字，把每个单元格放进一个集合

然后，我们随机地将相邻单元格连接起来，但前提是它们不在同一集

合中。与 Kruskal 算法一样，当我们连接相邻的单元格时，我们也会合并这两个集合。这里，我们决定将单元格 1 和 2（合并到集合 1 中），以及单元格 3 和 4（合并到集合 3 中）连接起来。我们得到图 12.3 这样的结果：

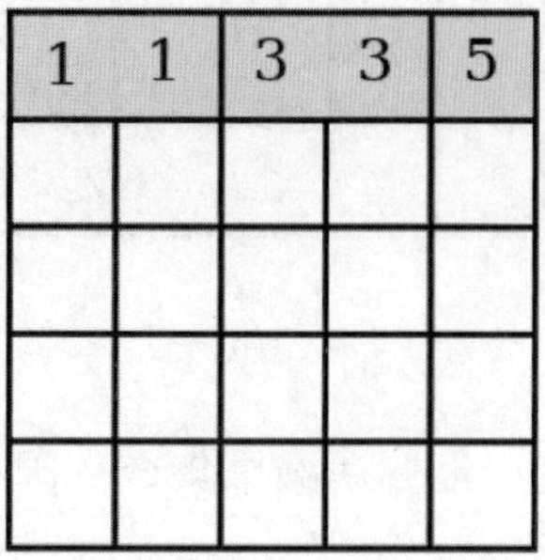

1	1	3	3	5

图 12.3 连接单元格 1 和 2（合并到集合 1）、单元格 3 和 4（合并到集合 3）

下一步是从每个剩下的集合中随机选择至少一个单元格，然后向南开凿通道。如果愿意，我们可以从某个任何给定的集合中选择多个单元格，但我们必须至少选择一个。选择了几个单元格并向南开凿后，我们可能会得到如下图 12.4 的内容。

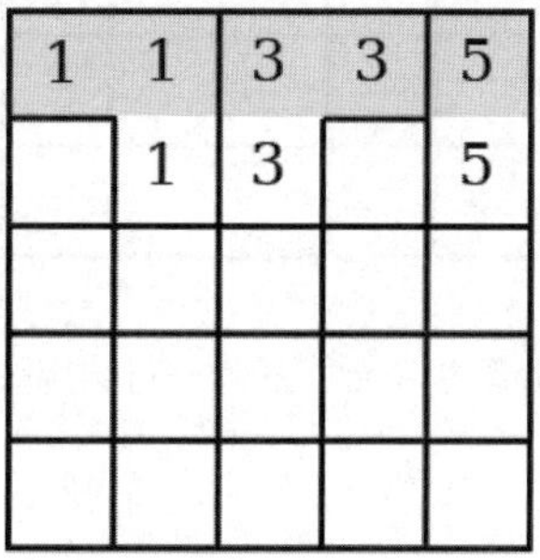

1	1	3	3	5
	1	3		5

图 12.4 从每个剩下集合随机选择至少一个单元格，向南开凿

请注意，向南开凿也会将开凿出的单元格添加到连接它们的单元格所在的集合中，这使我们能够跟踪哪些单元格最终在行间连接。（这是该算法与 Sidewinder 算法的一个关键区别！）。

向南开凿通道，就完成了这一行，我们进入了下一行，如图 12.5 所示：

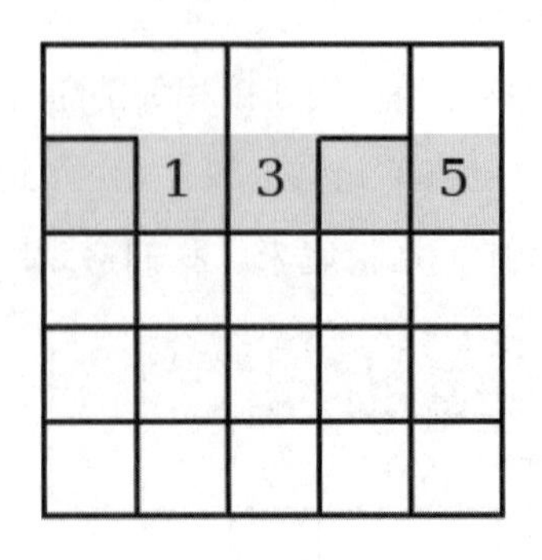

图 12.5 进入下一行

这一行的三个单元格已经归属某个集合，因为它们连接到了前一行的单元格。不过，该行的另外两个单元格需要分配新集合。这些新的集合可以随便分配，只要它们是唯一的就可以了。在这里，我们选择从前一行结尾处继续计数，如图 12.6 所示：

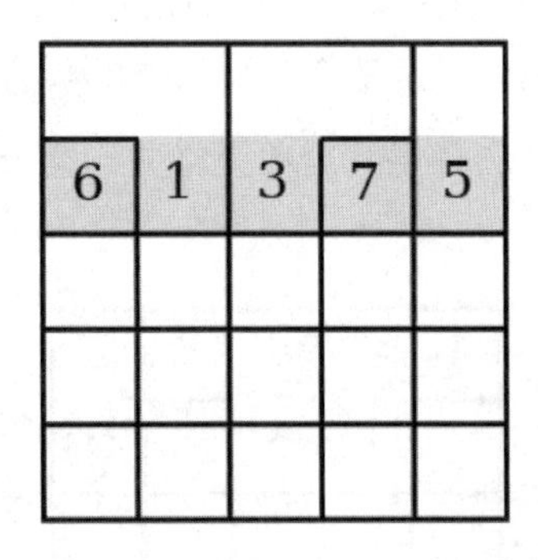

图 12.6 分配新集合，从前一行结尾处继续计数

然后我们再重复一遍，如图 12.7 所示。我们：随机连接相邻的单元格（只要它们不共享一个集合），从每个集合中选择至少一个单元格来向南开凿，然后：进入下一行。

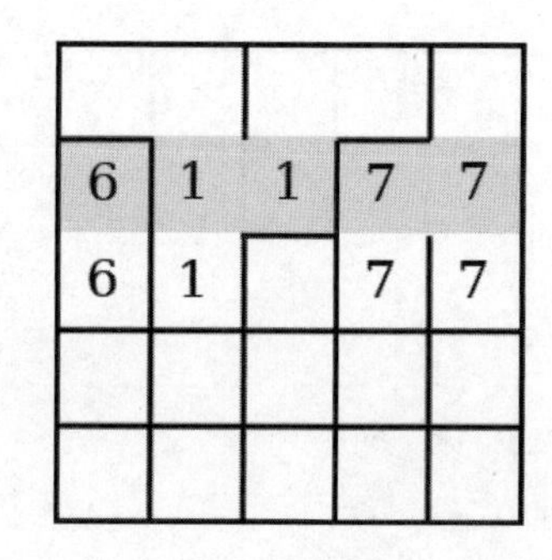

图 12.7 再重复一遍前面的步骤

我们对每一行重复这三个步骤，一直到底部。当到达最后一行，我们的迷宫看起来像图 12.8 这样：

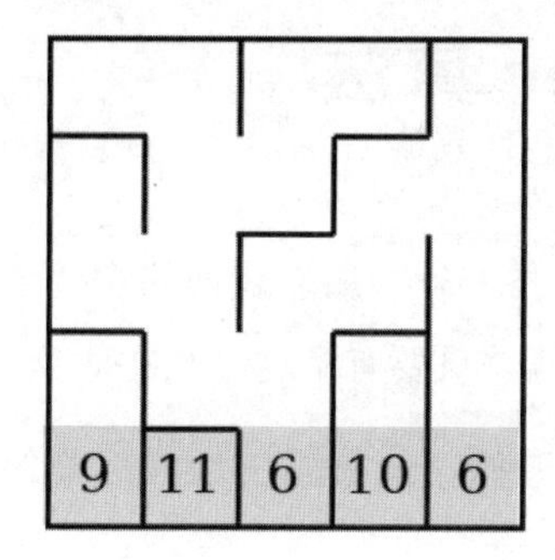

图 12.8 到达最后一行时的情况

这时候，我们做的事情就要变得有点不同了。每一个集合都可以被认为是一条松散的线，从我们刚刚构建的这幅“挂毯”的边缘垂下来。为了使迷宫能够彻底完成，这些线必须全部都系好。也就是说，剩余的集合需要合并在一起。

我们检查最后一行的每个单元格，然后将每个单元格与它的邻居连接起来（并合并），只要这些邻居属于不同的集合即可。（永远不要合并同属一个集合的两个单元格！这将会在迷宫中引入一个环路）。最后的结果如图 12.9 所示。

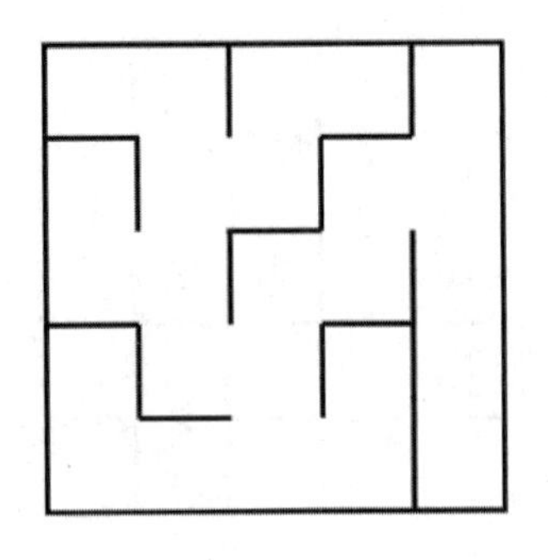

图 12.9 最后的结果

很不错！接下来看看如何用代码实现上述思路。

12.2 实现 Eller 算法
Implementing Eller's Algorithm

Eller 算法一次只工作一行，所以我们的实现依靠一个以行为中心的状态对象，以利用这个特性。只要有了这个状态对象，其余部分就不难了。

我们从 RowState 类开始，把它放在 Ellers 类的命名空间下。这一切都将在 ellers.rb 中进行。

```
ellers.rb
class Ellers

  class RowState
    def initialize(starting_set = 0)
      @cells_in_set = {}
      @set_for_cell = []
      @next_set = starting_set
    end
  end

end
```

代码还不多。initialize 方法有一个 starting_set 参数（默认值为 0），用来决定新集合使用什么值。然后 initialize 方法设置了几个实例变量，这些变量将用于跟踪当前行中的集合。

接下来的三个方法允许我们查询和操作这些集合。在 RowState 类里、initialize 方法之后添加这些方法。

```
def record(set, cell)
  @set_for_cell[cell.column] = set

  @cells_in_set[set] = [] if !@cells_in_set[set]
  @cells_in_set[set].push cell
end

def set_for(cell)
  if !@set_for_cell[cell.column]
    record(@next_set, cell)
    @next_set += 1
  end

  @set_for_cell[cell.column]
end

def merge(winner, loser)
  @cells_in_set[loser].each do |cell|
    @set_for_cell[cell.column] = winner
    @cells_in_set[winner].push cell
  end

  @cells_in_set.delete(loser)
end
```

record 方法为给定单元格记录一个给定集合。set_for 方法检查给定单元格是否属于一个集合（如果不是，则将该单元格分配给一个集合），然后返回该集合。merge 将所有单元格从 loser 集合移到 winner 集合。

下面是 RowState 类的最后两个方法。

```
def next
  RowState.new(@next_set)
end

def each_set
  @cells_in_set.each { |set, cells| yield set, cells }
  self
end
```

next 方法返回新的 RowState 实例，从当前实例结束处为集合计数。each_set 方法遍历当前行中的集合，将每个集合和该集合的所有单元格委托（yield）给附加块。

剩下的事情就是实现 Eller 算法本身。把下面的方法放在 RowState 类的后面，但在 Eller 命名空间内。

```
Line 1 def self.on(grid)
     -   row_state = RowState.new
     -
     -   grid.each_row do |row|
     5     row.each do |cell|
     -       next unless cell.west
     -
     -       set = row_state.set_for(cell)
     -       prior_set = row_state.set_for(cell.west)
    10
     -       should_link = set != prior_set &&
     -                     (cell.south.nil? || rand(2) == 0)
     -
     -       if should_link
    15         cell.link(cell.west)
     -         row_state.merge(prior_set, set)
     -       end
     -     end
     -
    20     if row[0].south
     -       next_row = row_state.next
     -
     -       row_state.each_set do |set, list|
     -         list.shuffle.each_with_index do |cell, index|
    25           if index == 0 || rand(3) == 0
     -             cell.link(cell.south)
     -             next_row.record(row_state.set_for(cell), cell.south)
     -           end
     -         end
    30       end
     -
     -       row_state = next_row
     -     end
     -   end
    35 end
```

我们做的第一件事是创建一个 RowState 对象，然后开始循环检查网格中的每一行。对于给定的每一行，对其单元格逐个处理（第 5 行），但跳过最西边的单元格（第 6 行），因为我们想把每个单元格与它的西边邻居连接起来，显然最西边的单元格没有西向邻居。

第 8 行和第 9 行查询当前单元格和它的西部邻居所属行的状态，然后检查是否应该将这两个单元格连接在一起（第 11~12 行）。请记住，只有当它们属于不同集合时，才能将它们连接起来。假设它们分属不同集合，如果在最后一行（即 cell.south.nil?），那么就总是把它们连接起；否则我们就随机决定。

一旦需要连接当前单元格和它的西部邻居，就将它们连接起来，然后合并两个集合（第 16 行）。在这里，我们向西合并，这样当前单元格的集合就会消失，被前一个单元格的集合所取代。

完成了当前行的相邻单元格的连接，我们就进入第二阶段：选择哪些单元格向南连接。我们只在南边确实存在一行的情况下才这样做（第 20 行）。这里的工作原理是首先为下一行准备一个新的 RowState 实例（第 21 行），然后检查当前行的每个单元格集合（第 23 行）。对每一个集合，我们对相应单元格列表进行随机化（第 24 行）并遍历。

因为我们必须从每个集合中的至少一个单元格向南开凿，所以我们规定索引为 0 的单元格是这个幸运赢家（第 25 行）。（请记住，我们在前一行“洗牌”了，所以这里的“第一个”单元格其实是随机选择的）。如果这个集合中有多个单元格，后面的单元格也有 1/3 的选中机会。

如果单元格被选中，我们就从它向南开凿（第 26 行），然后把那个南边的单元格跟这个刚刚被选中的单元格放在同一个集合中（第 27 行）。

在对当前行的每一个单元格做完这些之后，我们用新的行状态替换当前的行状态（第 32 行），然后再做一遍。明白这些了吗？

试试惯用的演示程序。把以下内容放在 ellers_demo.rb 中。

```
ellers_demo.rb
require "ellers"
require "grid"

grid = Grid.new(20, 20)
Ellers.on(grid)

filename = "ellers.png"
grid.to_png.save(filename)
puts "saved to #{filename}"
```

运行该程序将产生类似下图 12.10 的结果，一个可爱的小迷宫：

图 12.10 运行 ellers_demo.rb 的结果

为了比较 Eller 算法与 Sidewinder 算法，我们生成两个迷宫并着色。把它们并排放在一起，我们得到图 12.11 的结果。

图 12.11 着色并比较 Eller 算法与 Sidewinder 算法

左边是用 Eller 算法生成的迷宫，右边则是 Sidewinder 算法。Sidewinder

迷宫有明显的垂直条纹！俗话说：一分钱一分货。

但有时回报可以比付出多。让我们来看一个算法，它的价值真的超过算法本身。

12.3 递归分割算法 Recursive Division

递归分割算法相较于我们看过的算法是独一无二的，原因有二：首先，它将迷宫视为一个分形（fractal）——组成部分的形状与整体的形状相同（或几乎相同）。其次，这个算法并不像其他算法那样开凿通道，而是从一个宽阔的开放空间开始，砌墙，直到产生一个迷宫。这种性质的算法被称为砌墙器（与之相对的是通道开凿器）。

该算法的工作原理是将网格划分为两个子网格，在它们之间添加一堵墙，并添加连接它们的单一通道。然后在每一边重复这个算法，递归地进行，直到通道达到所需规模。让我们来走一遍。

我们从一个开放的网格开始，其内部没有墙，如图 12.12 所示。（网格线在这里显示为浅灰色，以便更容易看到单元格的位置，但这只是为了说明问题）。

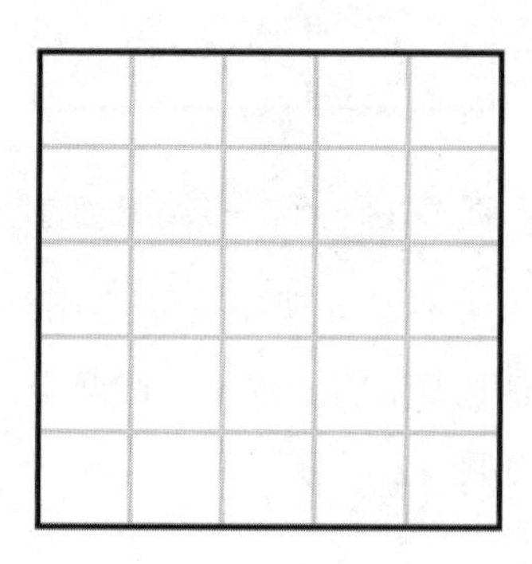

图 12.12 开放的网格

我们沿着这些网格线中的任何一条将网格分成两半，可以是水平的，也可以是垂直的。在这里，我们将其垂直分割，在西侧留下两列，东侧留下三列，如图 12.13 所示。

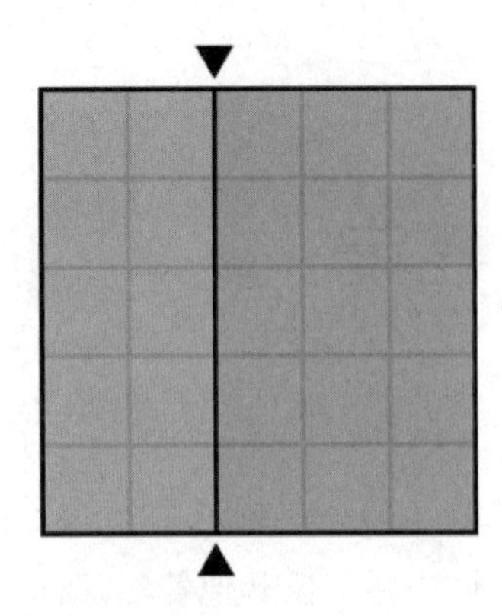

图 12.13 垂直分割网格，在西侧留下两列，东侧留下三列

接下来我们沿着这堵墙的任一处，添加一条穿墙通道。不妨把它放在如图 12.14 所示位置。

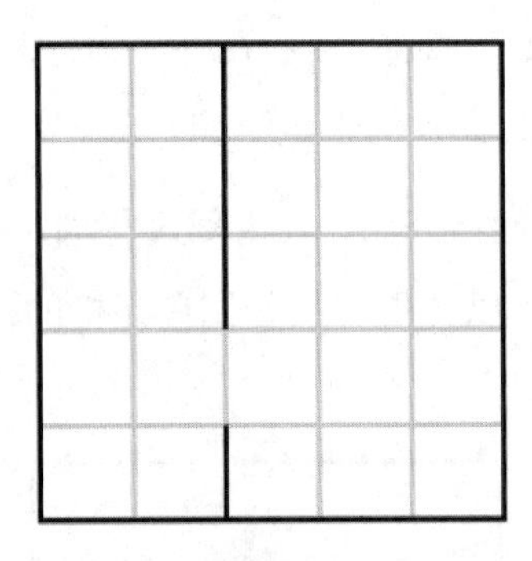

图 12.14 添加一条穿墙通道

这就完成了算法的一次迭代。现在在每一半区域递归地重复这个过程。接下来让我们来处理西侧区域，将其水平分成两半，然后留下一条通道来连接新分割的两个区域，如图 12.15 所示。

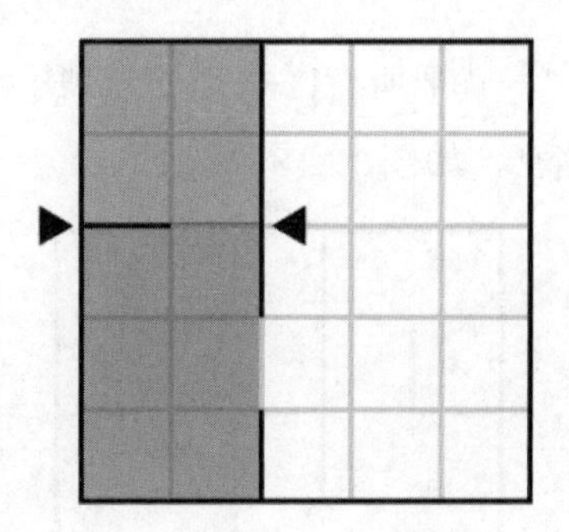

图 12.15 处理西侧区域，将其水平分成两半，并留下一条通道

这个过程再次重复，这里将西北区域一分为二，如图 12.16 所示：

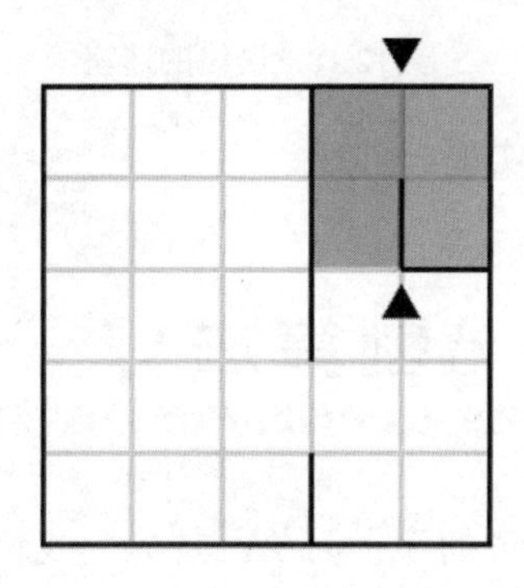

图 12.16 将西北区域一分为二

这时候，最新分割出来的区域太小了，无法进一步分割。我们并不想把单个单元格劈成两半，所以我们跳过这里并开始处理其余的区域，如图 12.17 所示。

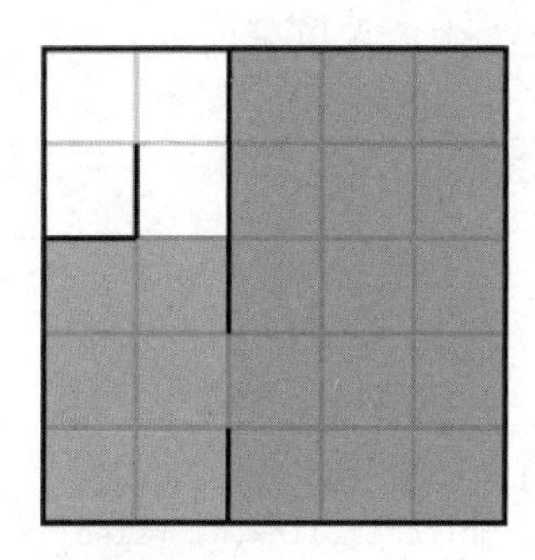

图 12.17 跳过最新分割出来的区域，处理其余的区域

当我们全部完成后，就把所有区域都处理到了一个单元格的粒度，这样我们就拥有了一个迷宫，如图 12.18 所示：

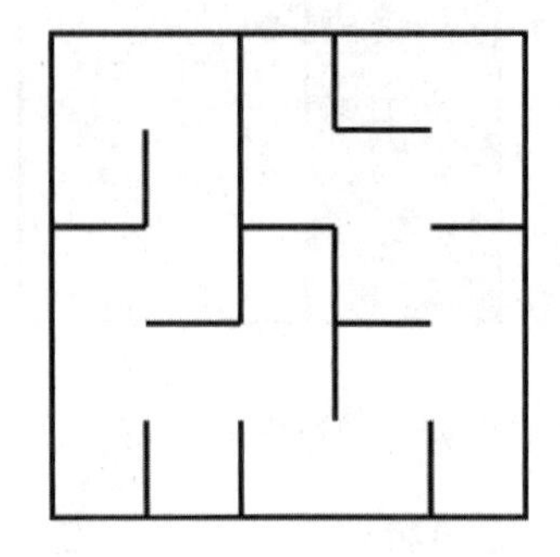

图 12.18 最终的迷宫

接下来我们来具体实现。

12.4 实现递归分割算法 Implementing Recursive Division

该算法确实如前面说的那么简单。首先，我们把每个单元格跟其邻居连接起来（有效地移除所有内墙），以“清空”网格，然后重新砌墙，递归地将网格一分为二。

与我们实现的其他算法不同，我们将把这个算法分成几个不同的方法来帮助实现递归。不过，这一切都是从我们经典的 `on(grid)`方法开始的。在 `recursive_division.rb` 文件中放入以下内容。

recursive_division.rb

```
Line 1 class RecursiveDivision
     -
     -   def self.on(grid)
     -     @grid = grid
     5
     -     @grid.each_cell do |cell|
     -       cell.neighbors.each { |n| cell.link(n, false) }
     -     end
     -
```

```
10    divide(0, 0, @grid.rows, grid.columns)
 -  end
 -
 - end
```

第 6~8 行将每个单元格连接到其每个邻居。（这里将 false 传递给了 link 方法，以阻止该方法创建相互连接。毕竟我们已经在遍历每个单元格了。）然后，第 10 行触发递归，开始把网格一分为二的过程。

接下来看一下 divide 方法。继续，并在 on 方法之后添加以下代码：

```
Line 1 def self.divide(row, column, height, width)
     2  return if height <= 1 || width <= 1
     3
     4  if height > width
     5    divide_horizontally(row, column, height, width)
     6  else
     7    divide_vertically(row, column, height, width)
     8  end
     9 end
```

第 2 行的判定条件检查区域是否太小而无法细分。如果是，则递归在此特定区域结束。否则，我们决定是水平还是垂直分割该区域。尽管分割区域可以随机进行，但基于区域的纵横比进行分割往往会产生好的结果，避免区域出现大量垂直或水平的长通道。

最后这两个方法很相似。将这些添加到 RecursiveDivision 类的末尾处：

```
Line 1 def self.divide_horizontally(row, column, height, width)
     -  divide_south_of = rand(height - 1)
     -  passage_at = rand(width)
     -
     5  width.times do |x|
     -    next if passage_at == x
     -
     -    cell = @grid[row + divide_south_of, column + x]
     -    cell.unlink(cell.south)
    10  end
     -
     -  divide(row, column, divide_south_of + 1, width)
     -  divide(row + divide_south_of + 1, column, height - divide_south_of - 1, width)
```

```
- end
15
- def self.divide_vertically(row, column, height, width)
-   divide_east_of = rand(width - 1)
-   passage_at = rand(height)
-
20  height.times do |y|
-     next if passage_at == y
-
-     cell = @grid[row + y, column + divide_east_of]
-     cell.unlink(cell.east)
25  end
-
-   divide(row, column, height, divide_east_of + 1)
-   divide(row, column + divide_east_of + 1, height, width - divide_east_of - 1)
- end
```

我们先研究下 divide_horizontally。（你会发现 divide_vertically 长得也很像。）

在第 2 行和第 3 行，我们先确定分割区域的位置以及连接两半的通道的位置。我们在这里进行水平分割，因此目标网格线位于所选行的正南方。

然后，对于沿着这条分界线的每个单元格（除了通道所在位置），断开该单元格与其南部邻居的连接（第 8~9 行），以有效地在两个单元格间建立一堵墙。

一旦这堵墙砌成，就将区域分割成两半，第 12、13 行在这些新分割的区域上调用 divide，进一步递归处理网格。就是这样！

我们来整理演示程序，测试递归分割算法的实现。创建 recursive_division_demo.rb，并使其看起来像这样：

```
recursive_division_demo.rb
require "recursive_division"
require "grid"

grid = Grid.new(20, 20)
RecursiveDivision.on(grid)

filename = "recursive_division.png"
```

```
grid.to_png.save(filename)
puts "saved to #{filename}"
```

运行它，将输出一个递归分割算法生成的迷宫，如图 12.19 所示：

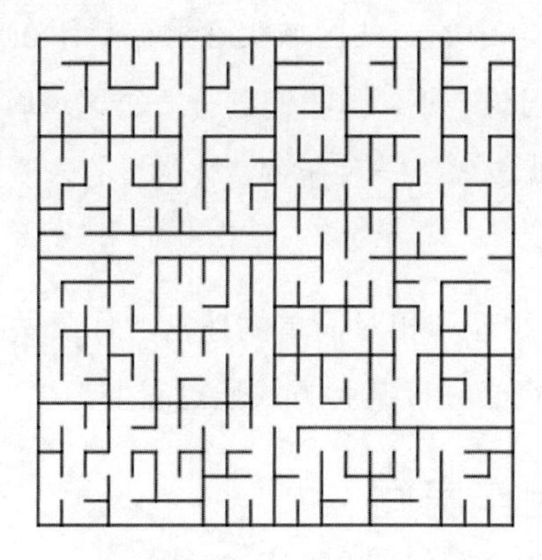

图 12.19　运行 recursive_division_demo.rb 的结果

如此而已！

12.4.1　递归分割算法的偏差 The Recursive Division Bias

如果观察了足够久，可能就会看出这种算法的一个偏差——重复二分网格导致的一种“方形”纹理。不过，如果偏差痕迹不易察觉，那没关系。我们可以为网格着色，使纹理更加明显。

下图 12.20 展示了由递归分割算法生成的 100×100 的迷宫，并用 Dijkstra 算法着色。为了使纹理更清晰，图里省略了墙。

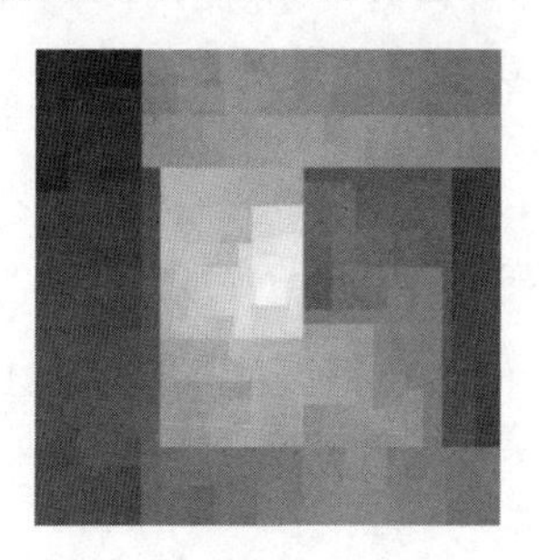

图 12.20　递归分割算法生成的 100×100 的迷宫，用 Dijkstra 算法着色

迷宫的“像素化”纹理现在看起来更加清晰了。（在某种程度上，这真的很美！）但我们看到了什么？这种纹理到底意味着什么？

好吧，这表明迷宫中的一些区域实际上被封闭在这些矩形区域中，很少有通道通向外面。回想一下，当我们划分一个区域时，我们总是在两半之间留出一条通道。这就造成了一种瓶颈，从迷宫的一侧到另一侧的任何路径都**必须**穿过这条通道。

结果就是方形的纹理和相对简单的迷宫。你要做的就是寻找到相关瓶颈。毕竟，实现的路径必须以某种方式通过它们！

12.4.2 通过递归制作房间
Making Rooms with Recursion

因此，递归分割算法是一个新颖的算法，但在这里，它的用处可能相当有限。我的意思是，那个彩色版本确实漂亮，但除非想实现一些立体派艺术，否则可能很难理解为什么要使用这种算法。

我的朋友，答案是制作房间。

回想一下 divide 方法的开头，我们测试区域的宽度和高度。测试目的是观察区域是否已经足够小，但如果随机地强制递归在该测试条件通过前停止，那么就可以防止一部分区域变得太小。这带来了开放型区域——房间、院子、停车场，或者在迷宫背景之下任何有意义的东西。让我们试试吧！

再次打开 recursive_division.rb，找到 divide 方法的第一行——如果高度或宽度太小就返回。尝试用以下内容替换该行：

```
return if height <= 1 || width <= 1 ||
  height < 5 && width < 5 && rand(4) == 0
```

现在运行演示程序，应该会得到如下图 12.21 所示的迷宫：

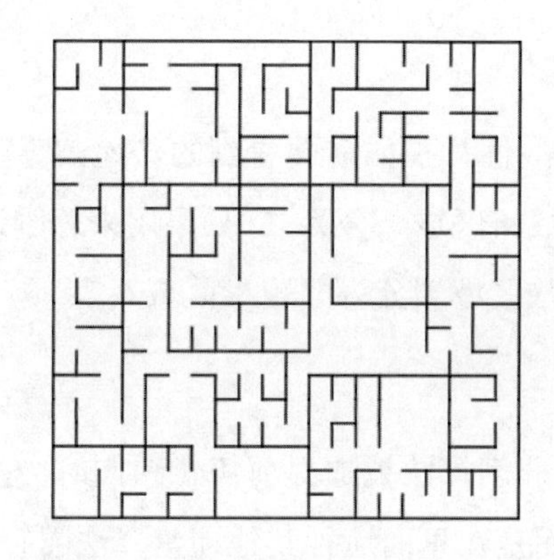

图 12.21 迷宫出现了方形（房间）纹理

看看这张图！现在它是一张平面图。这些方形纹理就差谁来帮忙把它装扮成办公大楼了。

12.5 小试身手
Your Turn

这就是你得到的：承诺教给你的十几个算法中的最后两个。

Eller 算法工作起来就像是 Sidewinder 算法和 Kruskal 算法结合的产物，而递递归分割算法只跟自己玩，它把东西切成两半，以制造出分形迷宫。

尽情折腾这些算法吧，看看它们会把你带往何方。当你学到它们的时候有什么想法？追上它们并做点啥！也许以下想法可以帮你开始。

无限的 Eller 算法......

Eller 算法一次在一行上运行，直到最后一行。但如果你从来没有给过算法最后一行呢？如何使用 Eller 算法生成任意（无限）长的迷宫？

Eller 算法在其他地方的应用

Eller 算法跟 Sidewinder 算法一样，在规则的正方形网格上效果最好。然而，只要一点点创意，Eller 算法就可以在六边形网格上工作，甚至可以在圆形网格上工作。你会怎么做？

不规则分割

这种分割极具挑战性！正如前面看到的，递归分割算法的方形纹理源起使用水平线和垂直线将区域一分为二。如果用来分割这些区域的线不一定是直的呢？如何将这些区域划分为非矩形区域？

混合算法

你看到了当递归分割算法被迫提前停止递归时会生成房间。如果你不想让这些房间空着，而是在里面运行其他迷宫算法呢？毕竟，每一个“房间”都是一个微型网格！

砌墙器与通道开凿器

有些算法作为通道开凿器时（如递归回溯算法）效果最好，而有些算法作为砌墙器（如递归分割算法）时效果最好。但是，也有某些算法可以充当其中任一种角色。记住，“砌墙器”只是描述了一个算法创建墙而不是通道的过程。鉴于此，如何将 Aldous Broder 算法（参见第 4.2 节）实现为砌墙器？顺着想下去，还有哪些算法也可以这么做？

你可能认为你已经可以出师了，因为你已经学习了所有十二种迷宫算法（或十三种，算上 Dijkstra 算法的话）。不过，请稍等。最令人兴奋的部分还在后面！后续内容一开始就将把你的迷宫带入更高维度......

第13章 将迷宫扩展到更高维度

Extending Mazes into Higher Dimensions

到目前为止，我们生成的所有迷宫基本上都是平面的，它们牢固地粘在一个平面的表面上。在这些迷宫中，不管它们是规则的、极坐标的、六边形的还是三角形的，你都只能在两个维度上移动，北或南，东或西，或者这些方向的某种组合。

诚然，交织型迷宫试图摆脱这种限制，通过移动到其他通道的上方或下方，部分通道短暂地抬升到平面之上。尽管如此，交织型迷宫的大部分区域仍然是不幸的二维空间。我们可以认为，交织型迷宫充其量是 2.5 维的。

现在，这些二维（或 2.5 维）迷宫对许多事情来说已经足够了——像《吃豆人》和《毁灭战士》（仅举两例）这样的游戏只需用两个轴来限制运动就可以了。非常感谢二维迷宫！在本书，我们在二维迷宫方面已经做了很多工作。

但是一旦我们添加了第三维，甚至是第四维，我们可以玩的事情就多了去了。像洞穴系统、办公区、地牢、死亡星球、时间旅行和传送门跳跃这些个只是其中的一小部分。

在这一章，我们将了解这些更高维度的迷宫，并讨论个中意义。我们将从三维**规则**网格（那些单元格为矩形的网格）开始，探索为了适应第三维需要对我们的 `Grid` 类进行哪些修改，并会讨论如何将我们的迷宫算法应用于这些修改后的网格。一旦我们实现了三维模式，我们将简要了解更高维度给迷宫带来的魔力，通过考虑四维网格，来打开脑洞。

13.1 理解维度 Understanding Dimensions

在“二维”或“三维”这样的词中，“维”指的是“维度”，即在某些空间内指定任何点所需的坐标轴数。在我们的二维迷宫中，我们用行和列来描述这些点（或单元格）——两个坐标轴，因此是二维。

如果你去掉所有维度，去掉所有坐标轴，你就会发现一个零维空间。这样的空间看起来非常像禅道，没有位置感，只有存在感。（哇，老兄！）就我们的迷宫而言，单个单元格就是一个零维空间，因为不存在其他单元格的上下文环境，所以它没有位置的概念。你不能从这样一个孤独的单元格**去往**任何地方。一个单元格并不能让人激动，但如果把一些这样的零维单元格列在一起，就可以整出一个一维的网格，像图 13.1 这样：

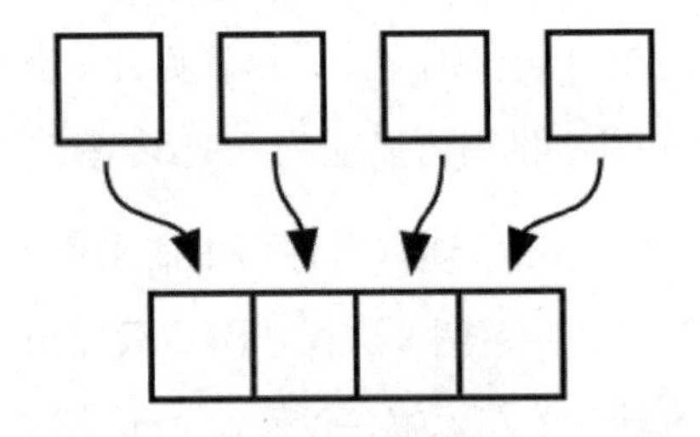

图 13.1 零维单元格列在一起，可以组成一个一维网格

可以看出，这样的网格只允许沿着一个轴移动，比如南北或东西方向。因此，其中的每个单元格可以简单地通过它与其中一个端点的距离来指代，

如 1 或 3。一个坐标轴，也就是一个维度。

这种网格上的迷宫会比零维空间的迷宫好一点，但也好不到哪儿去。仍然没有分支，没有蜿蜒曲折，也没有死角。它就是一个单一直道。图 13.2 显示了东/西轴上的一维迷宫。

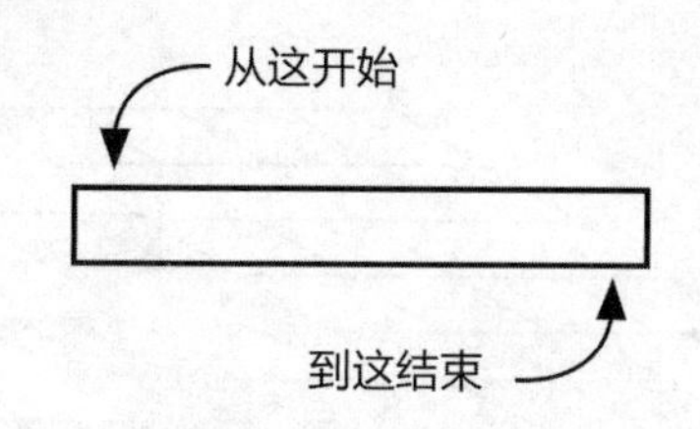

图 13.2 一维迷宫，仅为单一直道

同样，这并没多大吸引力，但如果把一些一维迷宫排列在一起，就会得到一个二维的网格，像图 13.3 这样：

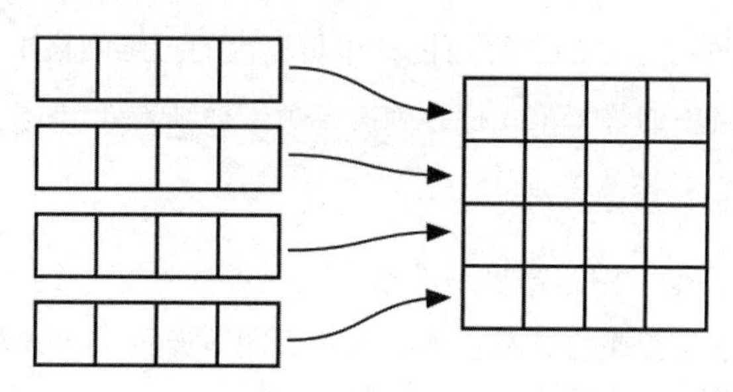

图 13.3 把一些一维迷宫排列在一起，得到一个二维网格

这又回到了我们开始的地方！在这样的网格中，每个单元格都必须通过其**行**和**列**两个坐标轴来定位。上图的网格是一个由正方形组成的**规则**网格，但也可以是一个六边形网格、三角形网格、极坐标网格，或者其他什么更奇特的东西。这并不重要，如果单元格是由两个坐标轴组成的，那么这个网格就是二维的。

让我们把维度话题带到一个更高层次。我们来看看具有第三维度的网格。

13.2 介绍 3D 迷宫 Introducing 3D Mazes

因此，零维单元格组合成一维的行，而一维的行排列堆积成二维的网格。以此类推，二维网格可以叠加形成三维网格......情况正是如此，如图 13.4 所示。

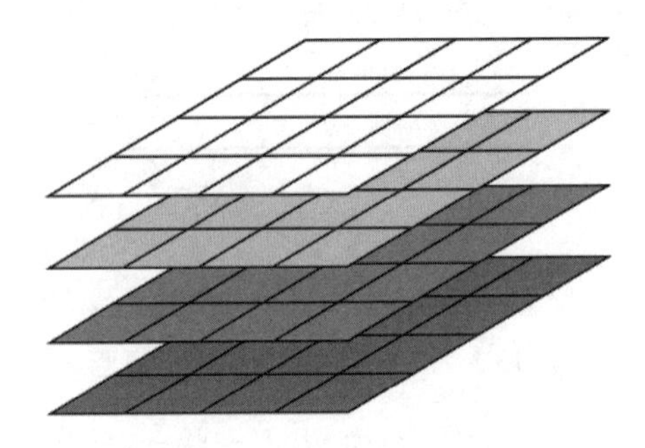

图 13.4 二维网格可以叠加形成三维网格

当我们把这些单独的二维网格看作是更大的三维网格中的层时，就会发现这样的网格中的每个单元格必须由三个坐标轴来处理：行、列和层。

三个坐标轴，就是三维。

不过，如果像上图这样显示的话，就很难看到每一个层，所以我们一般不采用透视法，而是将其显示为一组平面图，像图 13.5 这样：

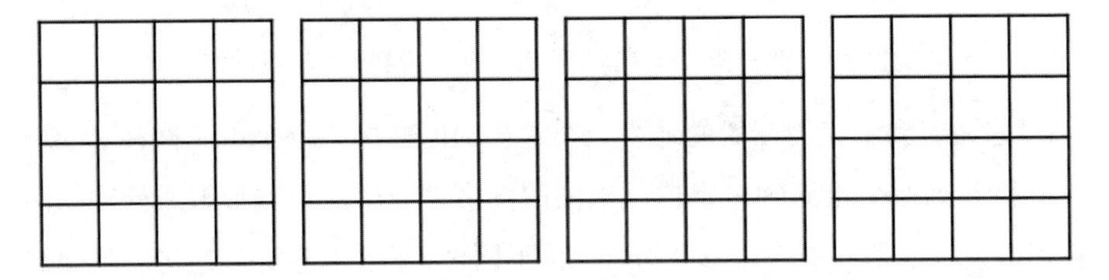

图 13.5 将三维网格显示为一组平面图

底部在最左边，从左向右的是逐渐升高的层。

因此，这给了我们一种描述和显示三维网格的方法。我们现在需要的是一种使用这样的布局来生成一个三维迷宫的方法。最简单的方法（如果不是最灵活的方法）是生成一些二维迷宫，将它们排列堆叠起来，然后在一个点上连接相邻层，像图 13.6 这样：

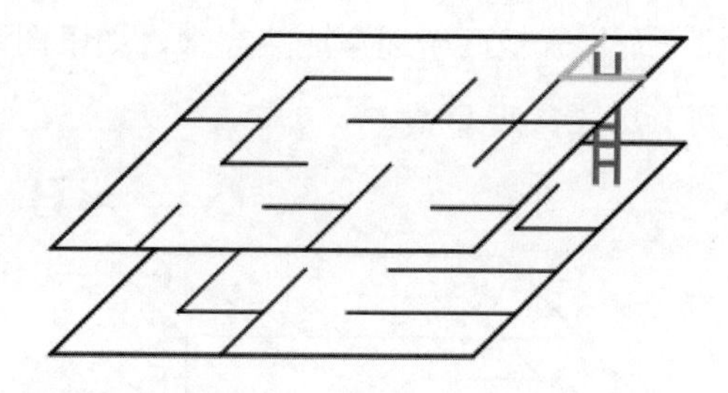

图 13.6 将二维迷宫排列堆叠起来，然后在一个点上连接相邻层

这样做很好，只要每层原来就是一个完美迷宫，则最终结果也是如此。还记得 Kruskal 算法是如何将那些小的原型迷宫一个个连接起来，最终构造出完整迷宫的吗？这里的道理其实也是一样的。就像 Kruskal 的算法再现，在那一点上把那些相邻迷宫连接在一起。

这种方法对许多应用来说已经足够了。只要仅存在一个连接相邻层的位置，就可以把每层当成一个独立的二维迷宫。

然而，如果想要一个在多处位置上上下下各层的迷宫怎么办？如果想要一条解决路径，让你一直走到塔顶，然后又一直回到塔底，又该怎么办？要保持一个完美迷宫，就不能只是在多个点上搭建梯子，因为这样搞就添加了一个环路。

来看看。我们给上面图 13.6 中用梯子连接的两个单元格贴上标签。下面的单元格称为 A，上面的单元格称作 B，像图 13.7 这样：

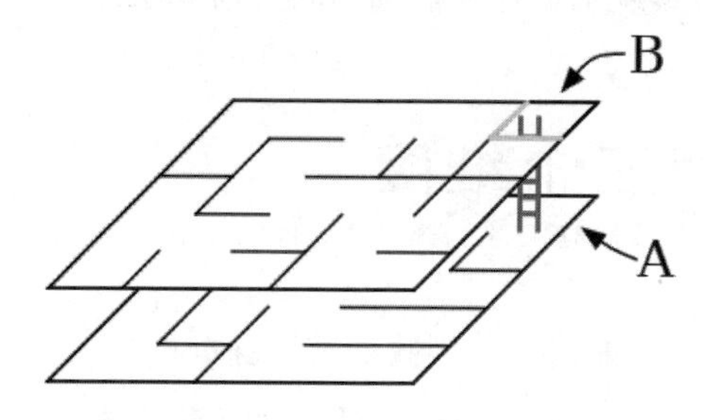

图 13.7 给梯子相连的两个单元格贴上标签

如前所述，只要作为组成部分的两个迷宫是完美的，最终生成的双层迷宫就也是完美的。但如果我们现在在两者之间再添加一个连接，就有问题了。假设我们再加一个梯子把两个迷宫连接起来，如下图 13.8 所示，下层迷宫的 C 点连接到上层迷宫的 D 点。

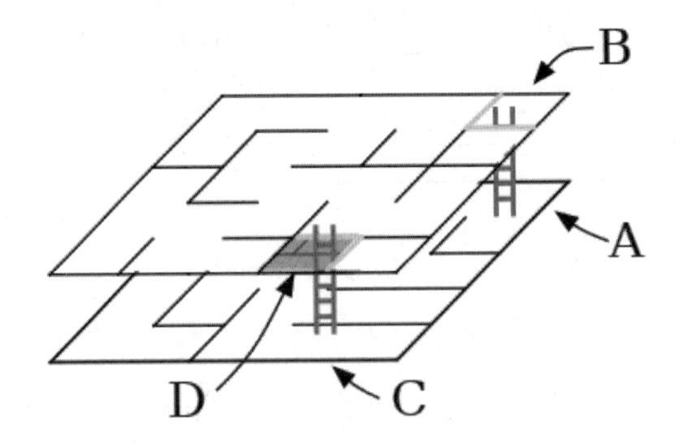

图 13.8 再加一个梯子把两个迷宫连接起来

现在，因为作为组成部分的两个迷宫本身都是完美的迷宫，于是我们就知道一个事实，即在下层迷宫正好有一条路径连接 A 和 C，以及在上层迷宫也正好有一条从 B 到 D 的路径。但是因为 A 和 B、C 和 D 都是相连的，我们现在有两条路可以从 A 到 C：通过下层迷宫，A 到 C；和通过上层迷宫，A 到 B，再到 D，再到 C。

这是一条环路！我们根本无法通过在完美的二维迷宫之间添加多个连接来获得一个完美的三维迷宫。我们必须求助于其他手段。

幸运的是，这些手段其实很简单。我们需要扩展网格，给它增加另一个维度，然后在该维度上运行我们选择的迷宫算法。

13.3 添加第三个维度 Adding a Third Dimension

回忆一下第 2 章的内容，当我们首次探究网格的实现代码时，我们用一个二维数组实现了 `prepare_grid` 方法。这不仅仅是巧合，正是它决定了我们网格的几何形状！我们将为该数组增加一个第三维，从而为网格添加一个第三维。

如果事情这么容易，那本章应该非常简短才是。不过，好消息是，除了修改该数组，其他的改变只是与修改该数组相关的轻微附带代价。单元格需要知晓它们新的上/下邻居，网格需要知道如何遍历其他层的单元格，诸如此类的。

情况没那么糟糕，最重要的是，一旦我们做了这些改变，我们所探究的大多数算法都会自动工作。即使是那些与这些变化冲突的算法，也可以通过一些简单的修改来保持一致。后面我们就会看到。

我们来实现代码。简单起见，把所有的东西——网格和单元格，全都放在同一个文件中，这个文件叫 grid3d.rb。从新的单元格类开始，像这样：

```
grid3d.rb
require "grid"

class Cell3D < Cell
  attr_reader :level
  attr_accessor :up, :down

  def initialize(level, row, column)
    @level = level
    super(row, column)
  end

  def neighbors
    list = super
    list << up if up
    list << down if down
    list
  end
end
```

Cell3D 类简单地扩展了我们原来的 Cell 类，并增加了 level（第三个维度，类似于 row 跟 column，称之为层），以及 up 和 down 方向（上下方向）邻居的访问器。neighbors 方法也被重写，以包括这两个新邻居。

网格本身几乎很简单，但我们需要重新实现其他那些假设网格只有一层高度的方法。我们在这里的想法是改变网格，使它不仅能代表一层(二维)，而且能代表堆叠在一起的多层。把以下内容也放到 `grid3d.rb` 中，就在 `Cell3D` 的定义之后。

```
class Grid3D < Grid
  attr_reader :levels

  def initialize(levels, rows, columns)
    @levels = levels
    super(rows, columns)
  end

  def prepare_grid
    Array.new(levels) do |level|
      Array.new(rows) do |row|
        Array.new(columns) do |column|
          Cell3D.new(level, row, column)
        end
      end
    end
  end

  def configure_cells
    each_cell do |cell|
      level, row, col = cell.level, cell.row, cell.column

      cell.north = self[level, row - 1, col]
      cell.south = self[level, row + 1, col]
      cell.west = self[level, row, col - 1]
      cell.east = self[level, row, col + 1]
      cell.down = self[level - 1, row, col]
      cell.up = self[level + 1, row, col]
    end
  end

  def [](level, row, column)
    return nil unless level.between?(0, @levels - 1)
    return nil unless row.between?(0, @grid[level].count - 1)
    return nil unless column.between?(0, @grid[level][row].count - 1)
    @grid[level][row][column]
  end
```

```
  def random_cell
    level = rand(@levels)
    row = rand(@grid[level].count)
    column = rand(@grid[level][row].count)

    @grid[level][row][column]
  end

  def size
    @levels * @rows * @columns
  end

  def each_level
    @grid.each do |level|
      yield level
    end
  end

  def each_row
    each_level do |rows|
      rows.each do |row|
        yield row
      end
    end
  end
end
```

这里所做的就是重新实现那些假定网格是二维的方法——prepare_grid、configure_cells、数组访问器等等，并让它们能够识别第三维。我们还添加了一个新的 each_level 方法，用来遍历网格的每层（每层都包含行、列二维）。

这样就可以了！随着网格识别到了第三维，以及每个单元格现在都已更新以包括其“上”、“下”邻居（那些在上层和下层的邻居单元格），我们算法的大部分实现应该就能正常工作了。请随意尝试……但请注意，我们还没有办法绘制这些三维迷宫。我们当下的 to_png 方法有待改进。

13.4 展示 3D 迷宫
Displaying a 3D Maze

我们把这些迷宫画成一组平面图，低层在左边，高层在右边。上下的通道用标在相应单元格中的红色箭头来表示，以表明每个通道通向哪个相邻的楼层。例如，一个 3×3×3 的迷宫可能看起来像图 13.9 这样：

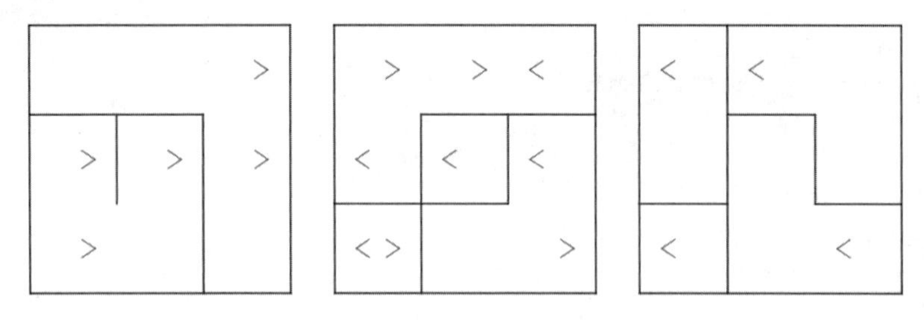

图 13.9　一个 3×3×3 的迷宫

指向右边的箭头就像通往上层的楼梯，而指向左边的箭头是通往下层的楼梯。如果我们从底层的西北角进入迷宫（最左边的那个单元格），我们可能向东走两步到东北角，走楼梯上到中层的同一个角落，向西走一步，然后再上一层楼梯，最终到达第三层。

这看起来有点让人费解！

但它很有效，而且实现起来也不难。实现如下所示。在 `grid3d.rb` 中，在 `Grid3D` 类定义的结尾处加上以下内容。

```
Line 1 def to_png(cell_size: 10, inset: 0, margin: cell_size / 2)
     -   inset = (cell_size * inset).to_i
     -
     -   grid_width = cell_size * columns
     5   grid_height = cell_size * rows
     -
     -   img_width = grid_width * levels + (levels - 1) * margin
     -   img_height = grid_height
     -
    10   background = ChunkyPNG::Color::WHITE
     -   wall = ChunkyPNG::Color::BLACK
     -   arrow = ChunkyPNG::Color.rgb(255, 0, 0)
     -
```

```
-   img = ChunkyPNG::Image.new(img_width + 1, img_height + 1, background)
15
-   [:backgrounds, :walls].each do |mode|
-     each_cell do |cell|
-       x = cell.level * (grid_width + margin) + cell.column * cell_size
-       y = cell.row * cell_size
20
-       if inset > 0
-         to_png_with_inset(img, cell, mode, cell_size, wall, x, y, inset)
-       else
-         to_png_without_inset(img, cell, mode, cell_size, wall, x, y)
25      end
-
-       if mode == :walls
-         mid_x = x + cell_size / 2
-         mid_y = y + cell_size / 2
30
-         if cell.linked?(cell.down)
-           img.line(mid_x - 3, mid_y, mid_x - 1, mid_y + 2, arrow)
-           img.line(mid_x - 3, mid_y, mid_x - 1, mid_y - 2, arrow)
-         end
35
-         if cell.linked?(cell.up)
-           img.line(mid_x + 3, mid_y, mid_x + 1, mid_y + 2, arrow)
-           img.line(mid_x + 3, mid_y, mid_x + 1, mid_y - 2, arrow)
-         end
40      end
-     end
-   end
-
-   img
45 end
```

这个实现引入了一个新的参数 margin，它代表了网格不同层之间的间距。默认情况下为一个单元格宽度的一半。

接下来，我们需要弄清楚图像该多大。计算一个网格的大小很容易，就是我们在第一个 to_png 实现中所做的，如第 4 行、第 5 行代码。图像本身将保持一个网格的高度，但是每层的宽度为一个网格的宽度，加上相邻两层之间的间隔。第 7 行为我们计算了这些。

在实际绘制迷宫之前，我们要做的最后一件事是在第 12 行设置箭头的颜色。我们使用纯红色，将颜色的绿色和蓝色成分设置为零。

然后，我们进行实际绘制。我们可以复用我们在前几章中实现的大部分内容——我们要做的就是计算每个单元格的正确位置，然后让我们独立的单元格绘制方法完成剩下的工作。第 18 行计算了单元格西北角的 X 坐标，下一行则对 Y 坐标进行同样的计算。

一旦单元格绘制完毕，剩下的就是绘制向上或向下通道的箭头。这段实现在第 27~40 行，画出相对当前单元格中心的每个箭头。

有了这些代码，就可以尝试建立和绘制一个三维迷宫了。递归回溯算法在这里是一个相当安全的算法——它对网格几何形状的变化非常宽容，所以我们在这里使用它。在 grid3d_demo.rb 中添加以下内容。

```
grid3d_demo.rb
require "grid3d"
require "recursive_backtracker"

grid = Grid3D.new(3, 3, 3)
RecursiveBacktracker.on(grid)

filename = "3d.png"
grid.to_png(cell_size: 20).save(filename)
puts "saved to #{filename}"
```

这段代码应该都已经很熟悉了，但我们把单元格画得更大了一些（每边 20 像素），这样上/下箭头就不会那么拥挤了。所得迷宫应该和图 13.9 很像。用不同的维度进行实验，看看你能得到什么！

你也许想用其他的算法进行实验，而且你也应该这样做！但并不是所有我们见过的算法都能如期实现。需要注意的是 Kruskal 算法、二叉树算法和 Sidewinder 算法——然而，事实上，即使这些算法也可以在 3D 网格中工作。出现各种问题时，都是我们的实现有问题，而非算法有问题。

在 Kruskal 算法的实现中，我们硬编码了 State 类的实现，以便在组织邻居对的列表时，将每个单元格与其南边和东边的邻居相匹配。在 State#initialize 方法中新增 up 或 down 方向（上下方向）的邻居，可以解决这个问题。

对于 Sidewinder 算法来说，每当单元格铺展被关闭，我们的实现就会从该铺展中选择一个单元格，并添加一个**向北**的通道。如果我们改变这个思路，使算法不再总是向北走，而是在**北**和**上**之间进行选择（或者，如果一个方向或对应邻居不存在，则选择任意一个可用的方向），那么，我们将得到一个具有 3D 能力的 Sidewinder 算法。

而对于二叉树算法，诀窍是把它变成一个三叉树。在每个单元格，不要只在北和东之间选择，而是尝试在北、东和上（或下）之间选择。这样的算法完全可以在三维网格上生成迷宫。

试一试吧，看看效果如何。当你准备好了，我们将在四维网格上做最后的短暂停留。

13.5 描述四维网格 Representing Four Dimensions

现在你已经看到了图案是如何形成的。零维的单元格组成一维的行（或列），这些行（或列）聚集在一起组成二维的层，这些层堆叠在一起组成三维的世界。

那么，如果把这些三维世界沿着垂直于我们已有的三个轴的另一条轴线堆叠起来，会发生什么？（暂时不去考虑很难想象一个同时与我们已有的三个轴垂直的方向）。你可能会猜到，我们最终会得到一个四维的网格，然后你是完全正确的。

为了说明四维的堆叠，我们可以把三维网格在页面上垂直排列，如图 13.10 所示。

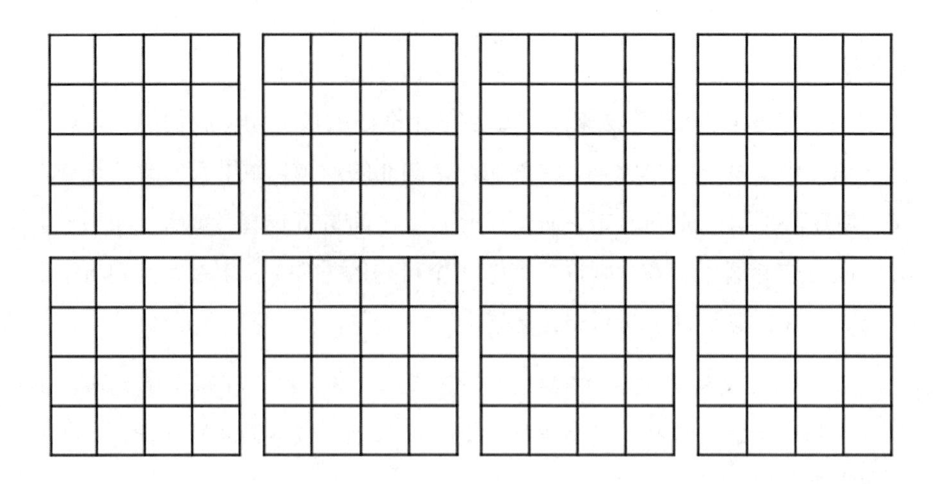

图 13.10 描述一个 4D 的堆叠排列

这个网格是 2×4×4×4 的——两组三维网格（或世界），每一组三维网格都是由四个二维网格（**层**）组成，而每一个二维网格都是一个 4×4 的单元格组（行和列）。四个轴，就是四个维度。相邻的三维网格之间的移动是通过 hither/yon（这/那）[译者注1]这条轴进行的，类似于 up/down（上/下），但发生在第四维。

邻居的处理方式与三维网格一样，但还连接了 hither 的单元格（当前网格上方的那个 3D 网格中的单元格）和 yon 的单元格（当前网格下方的 3D 网格中的单元格）。下面图 13.11 显示了一个 3×3×3×3 网格，其中有一个绿色单元格，与其相邻的所有单元格则以黄色绘制。

译者注 1 苏格兰语中，hither 是“这里”的意思，yon 则指“那里”。

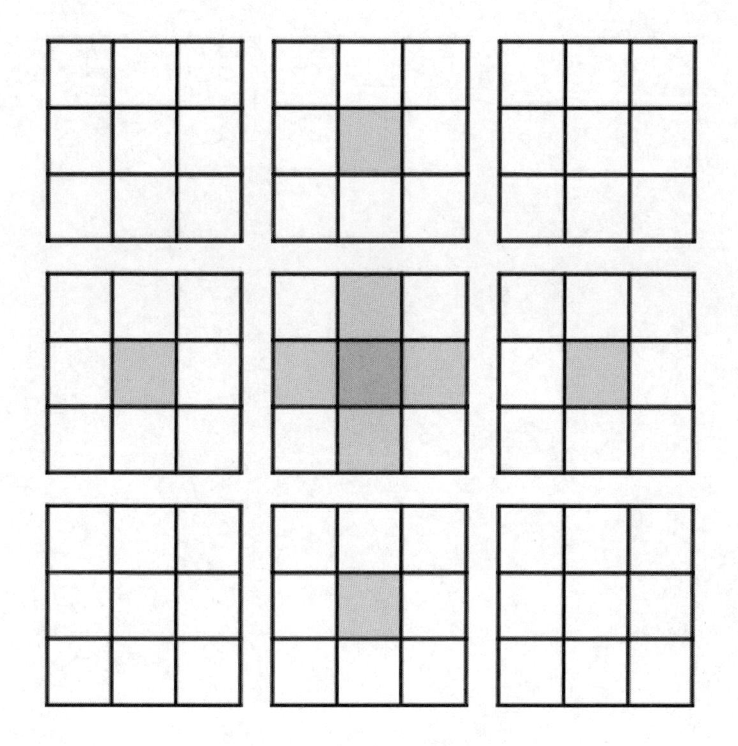

图 13.11 一个 3×3×3×3 网格

实现这样的网格与处理三维网格一样简单——向保存单元格的数组添加另一个维度，向 `Cell` 类添加新的邻居访问器（`hither` 和 `yon`），并更新各种 `Grid` 方法以适应这个新维度。完成这些更改后，就可以真正疯狂地生成不可思议的四维迷宫，如图 13.12 所示。

四维迷宫的移动处理也跟三维迷宫中的一样，左、右箭头充当上、下指向的楼梯。同时还添加了指向 hither 和 yon 方向的箭头。只有把这些箭头想象成传送门，你在世界间任意穿越，下面的图片可能才会开始变得有点意义！

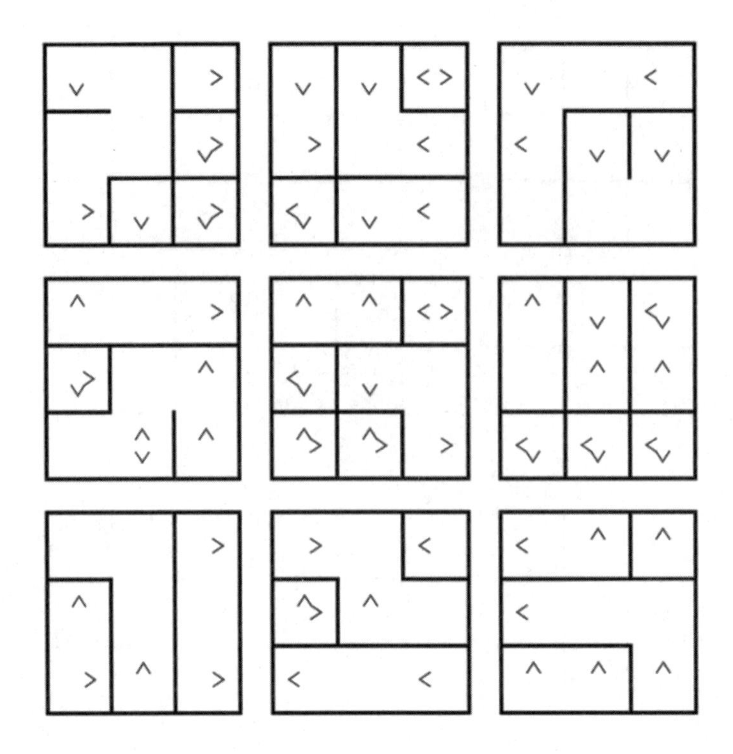

图 13.12　4D 迷宫

13.6　小试身手 Your Turn

这样，你就又完成了一次学习旅程，一次三维和四维迷宫的旋风之旅。我们研究了如何修改 `Grid` 和 `Cell` 类以适应这些新维度，并掌握了一种在此类网格上可视化迷宫的方法。

带着这些知识，你又会去向何方？如果你发现自己漫无目的，请考虑以下一些建议：

更改网格类型

本章的示例和图示都基于规则网格，即基于方形（或立方体）单元格的网格。如果要堆叠六边形网格或三角形网格，该怎么办？

三维圆形迷宫

试着把一些极坐标网格（参见第 7 章）堆叠在一起，形成一个圆柱塔状迷宫！如果你觉得特别刺激，可以试着随着高度的增加来改变圆的半径，将其减小到一个点，最后形成一个圆锥体。更具冒险精神的是，通过改变每一层的半径，使这些圆形成一个球体，从而形成一个“死亡星球”。（如果由你控制的话，欧比旺可能永远也找不到牵引光束的关闭开关！）

强制层的偏差

在这些三维网格上运行我们的迷宫算法，我们最终得到在层与层之间上下频繁的路径。然而，在现实生活中，多层建筑只在少数位置存在楼层之间的上下通道。如何修改这些算法，使算法更倾向于选择南北相邻或东西相邻的单元格，其次才考虑上下相邻的单元格？

第一人称视角

使用你喜欢的任何工具，在一个随机生成的三维迷宫中实现第一人称视角。要么让用户自己来导航，要么就把最长的路径做成动画。

多面体的单元格

对于真正的挑战，考虑一个由紧密相接的多面体组成的三维网格！例如，菱形十二面体可以堆叠起来铺设一个三维空间。不过，如果照着这条路走的话，就要和简单的平面图说再见了；你需要发挥创造力，以便将结果可视化！第一人称视角可能是这样的迷宫的理想选择......

更高维度

如果你觉得自己特别爱折腾，可以尝试生成一个五维或六维的迷宫！就像我们在绘制三维和四维迷宫时对二维网格所做的那样，取一组四维迷宫并将这些四维迷宫水平和垂直排列，以绘制这些更高维迷宫。你的描述方式需要更有创造性，以便在这些更高维度迷宫上描述邻居，但这可能只是你在这个主题上面临的最困难挑战，还有其他一些需要解决的问题。

你现在对平面网格已经很熟悉了，也已能在上面自如地构建迷宫。你甚至可以构建出三维、四维网格！现在是时候学习一个新技巧了：在非平面的表面上建造迷宫。

第 14 章 弯折迷宫 Bending and Folding Your Mazes

这是一次疯狂的旅程，但我们几乎就要走完了。迷宫算法，非矩形密铺迷宫、圆形迷宫、交织型迷宫和编排型迷宫等各种方式产生的网格，甚至在三维和四维中构建迷宫，都让我们走到了今天。

让我们一起出山走走吧。去江湖搞点事情。

回顾一下截至目前所创造的那些迷宫，它们都在平坦、可预测的表面上整齐地构建。即使是三维模型也由齐整的平面构成。但如果拿其中一个迷宫，稍微弄弯它、扭曲表面，使其在一个或多个维度上发生弯曲，会有啥结果？如果更进一步，把它折起来呢？

当廊道环绕在球体表面，或者带着你在狭长带状构造内部游绕时，那些第一人称游戏中的枪手们会有一种完全不同的感觉。想象一个游戏，迷宫拱门在你的头顶，然后目标就躲在你的上方，或者怪物可能潜伏在通道下方，隐藏在不远处的地平线上！

这些就是所谓的刨面（planair）迷宫，一类独特谜题的独特名称。圆柱体、立方体、圆锥体、金字塔、球体和圆环上的迷宫都是这些刨面迷宫的例子，说实话：这是一个很容易独立成书的主题。我们只是花点时间来品尝一下，但希望这足以帮助你自己探索更多。

本章研究四种类型的表面：圆柱体、莫比乌斯环、立方体和球体。在每种情况，我们都将学习如何在表面上生成迷宫。对于前三个，我们将使用简单的折纸方式来可视化结果迷宫，而对于最后一个，我们会使用 3D 渲染器在球体表面绘制迷宫。

14.1 圆柱体迷宫 Cylinder Mazes

圆柱体迷宫是一个很好的开始，因为它实际上非常、非常容易。可以生成一个长方形的迷宫，打印出来，然后把它包在一个罐头上，让两端接触，像图 14.1 这样就制作出了一个简单的圆柱体迷宫：

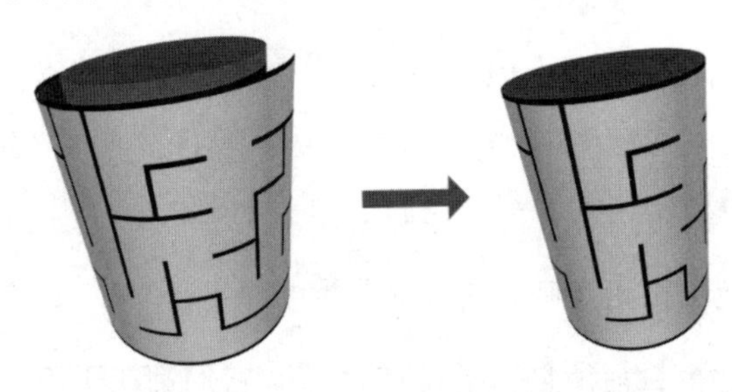

图 14.1 一个简单的圆柱体迷宫

这种方法的问题在于，最终会在迷宫东西边界相遇的地方找到一条缝：

是不是想起来什么？也许还记得，我们在前面讨论圆形迷宫时，最后也遇到了一个类似的问题。可以在这里使用当时采取的同样技巧来解决这个问题：重写`[]`方法，以确保 `column` 参数平滑地从一边包到另一边。这样一来，东部和西部边界上的列就会被视作它们实际上是彼此相邻的。

整个圆柱体网格的实现看起来是这样的：

```
cylinder_grid.rb
require "grid"

class CylinderGrid < Grid
  def [](row, column)
    return nil unless row.between?(0, @rows - 1)
    column = column % @grid[row].count
    @grid[row][column]
  end
end
```

按惯例做一个演示程序来测试它：

```
cylinder_demo.rb
require "cylinder_grid"
require "recursive_backtracker"

grid = CylinderGrid.new(7, 16)
RecursiveBacktracker.on(grid)

filename = "cylinder.png"
grid.to_png.save(filename)
puts "saved to #{filename}"
```

这样的迷宫看起来会有点奇怪，如图 14.2 所示：

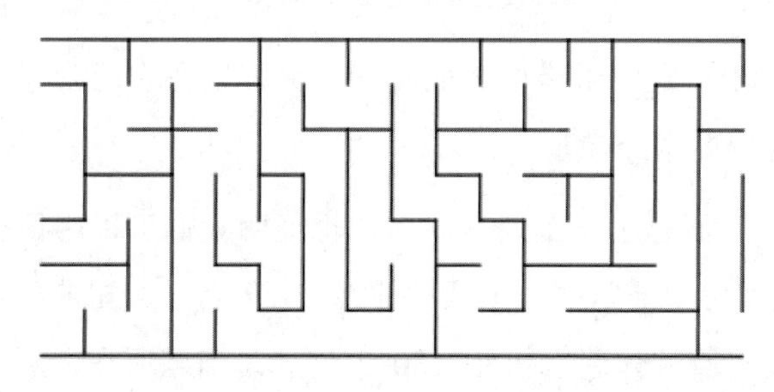

图 14.2　运行 cylinder_demo.rb 的结果

但请记住，这个迷宫是要用来环绕的，所以东西两边实际上应该是相邻的。这里的尺寸是有意选择的，跟罐头标签的长宽比差不多，所以如果愿意，可以将图像放大到大约 8.25 英寸×3.625 英寸（21 厘米×9.2 厘米），打印出来，把它扮作储藏室里你最不喜欢的那种罐头。运气好的话，厨师会被你的无缝圆柱体迷宫迷住，这样你就可以向他提出更美味的菜单了！

我们接下来把事物提升一个档次，考虑把迷宫放在莫比乌斯环上。

14.2 莫比乌斯环迷宫 Möbius Mazes

莫比乌斯环（Möbius，有时也拼成 Moebius 或 Mobius）是只有一个面的新奇表面。你可以用一条纸带，把一端扭转 180°，然后把两端粘在一起，就可以很容易地做出一个莫比乌斯环。结果（假设你碰巧使用了方格纸）看起来就像图 14.3 这样：

图 14.3 莫比乌斯环

一只蚂蚁沿着这条纸带的表面爬行，会发现在它回到起点之前已经跨越了两边。就像魔术一样！

这就像在上面建了一个迷宫，而这也证明我们可以用很少的努力就做到这一点。它实际上非常像一个圆柱体迷宫，但有一个扭曲——的确就是这样！我们需要将圆柱体迷宫扭曲 180°。这就是问题所在。圆柱体迷宫只需要存在于纸张的一面，因为其内部和外部分得很清楚。添加扭曲意味着我们的迷宫需要存在于纸的两面，这样的话，当我们扭曲迷宫并连接两端时，边沿和通道都得正确排列。

可以尝试生成两幅图像，以实现此目标，每幅图像对应纸带的一面，然后尝试将它们背靠背打印出来，但要让打印机正确对齐两幅图像将是一项非常棘手的任务。我们可以更容易地做到这一点。

首先，我们在一个狭长的网格上生成迷宫，如图 14.4 所示：

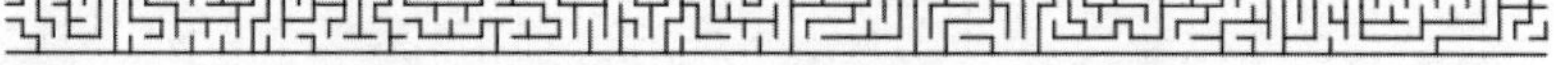

图 14.4 在一个狭长的网格上生成迷宫

然后，我们把网格分成两半，生成一张两半并排的图像，就像图 14.5 这样：

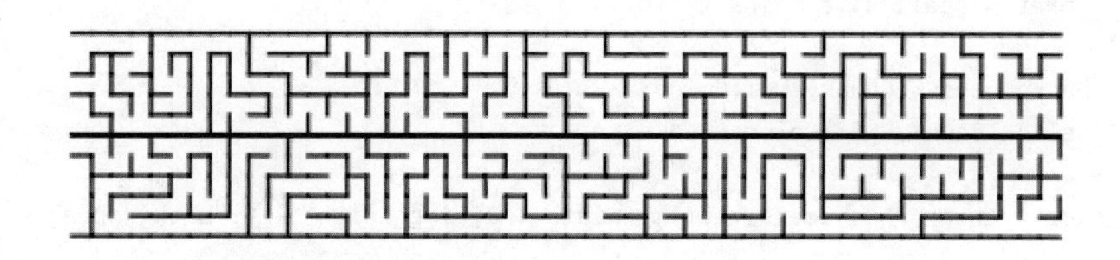

图 14.5 把网格分成两半，生成一张两半并排的图像

在打印好图像并切掉多余的纸张后，我们将结果纵向对折，这样迷宫的两半就会背靠背地挨在一起，如图 14.6 所示：

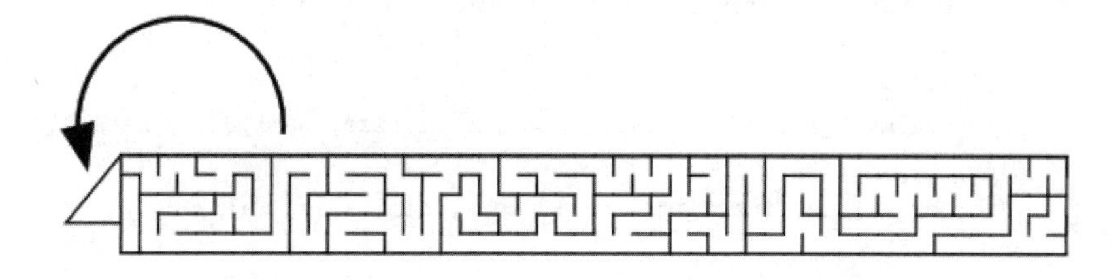

图 14.6 打印好图像并切掉多余纸张后，将结果纵向对折

这就生成了纸带两面的迷宫，正是我们最后所需！然而，不仅如此，像这样折叠纸张也会使两半纸张上下相对翻转，这意味着当我们最终将纸张扭转一半并连接两端时，边沿方向是正确的。这很巧妙不是吗？继续并理解该思路。你一定很想亲手试试了。

将以下内容放到 moebius_grid.rb 中。

```
Line 1 require 'cylinder_grid'
     -
```

```
- class MoebiusGrid < CylinderGrid
-   def initialize(rows, columns)
5     super(rows, columns * 2)
-   end
-
-   def to_png(cell_size: 10, inset: 0)
-     grid_height = cell_size * rows
10    mid_point = columns / 2
-
-     img_width = cell_size * mid_point
-     img_height = grid_height * 2
-
15    inset = (cell_size * inset).to_i
-
-     background = ChunkyPNG::Color::WHITE
-     wall = ChunkyPNG::Color::BLACK
-
20    img = ChunkyPNG::Image.new(img_width + 1, img_height + 1, background)
-
-     [:backgrounds, :walls].each do |mode|
-       each_cell do |cell|
-         x = (cell.column % mid_point) * cell_size
25        y = cell.row * cell_size
-
-         y += grid_height if cell.column >= mid_point
-
-         if inset > 0
30          to_png_with_inset(img, cell, mode, cell_size, wall, x, y, inset)
-         else
-           to_png_without_inset(img, cell, mode, cell_size, wall, x, y)
-         end
-       end
35    end
-
-     img
-   end
- end
```

我们将 CylinderGrid 子类化，这样我们就得到了从东到西的封包，然后在构造函数中我们做了一些看起来有点奇怪的事情：第 5 行告诉超类把网格宽度设为我们指定的两倍宽。这样做的目的是让我们知道纸带需要多少列，然后自动分配相应列到纸带另一面的网格。

其余的实现只是更新 to_png 方法的代码。基本上是我们以前看过的，但有一些调整。在第 10 行，计算用来拆分网格的列。中点（midpoint）用于确定第 12 行的图像的宽度，第 13 行将图像高度设置为网格高度的两倍。（回想一下，我们正在渲染网格的两半内容，一半内容在另一半内容之上。）

中点值也用于计算图像中每个单元格的位置。第 24 行使用模数运算来确保网格的两半彼此相邻，第 27 行将网格的后半部分移到前半部分之下。剩下的代码都跟先前一样——调用对应方法来绘制每个单元格，我们简单地传递坐标以确保单元格绘制在它们的相称位置上。

使用以下代码测试新的 MoebiusGrid 类。

moebius_demo.rb

```
require "moebius_grid"
require "recursive_backtracker"

grid = MoebiusGrid.new(5, 50)
RecursiveBacktracker.on(grid)

filename = "moebius.png"
grid.to_png.save(filename)
puts "saved to #{filename}"
```

这里给出的网格尺寸是根据经验选择的，以提供一个扭曲及连接齐整的纸带，但可以随意尝试不同尺寸，看看有什么结果。请记住，列的数量描述了纸带一面的宽度，网格本身实际上是其两倍长！

从这个小程序获得图像，经过前面所描述过程（打印、剪切、折叠等），应该得到如图 14.7 所示的类似结果：

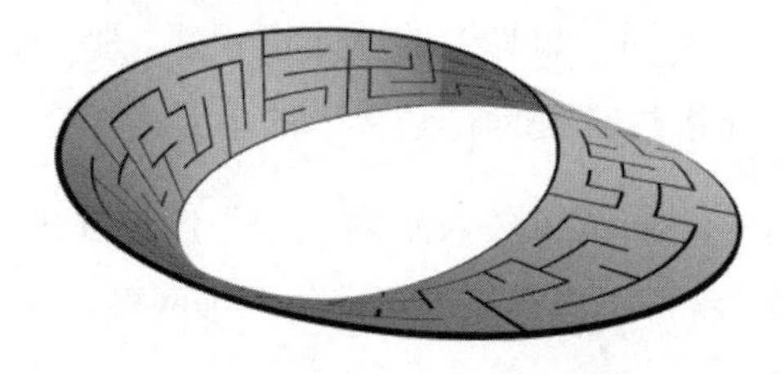

图 14.7 得到一个莫比乌斯环

把它带到你的下次聚会上！这将是一个很好的话题。

14.3 立方体迷宫 Cube Mazes

接下来讨论的是立方体迷宫。我们在这里讨论的不是立方体**内部**的通道网络；这将为我们提供上一章介绍的3D迷宫。相反，我们考虑的是纯粹在立方体表面呈现的迷宫。

与圆柱体迷宫相比，这些绝对是高级迷宫。诚然，虽说立方体迷宫与圆柱体迷宫有一些共同点（毕竟，立方体上的蚂蚁也可以一路快乐地围绕着立方体爬一圈），但它俩之间还存在着更多不同。为了帮助理解两者的区别，我们需要一种简单的方法来可视化立方体迷宫是如何构造的。

首先想象一个立方体就像一个大纸箱。如果你把箱子展开，在接缝处拆开，然后放平，就会得到六面正方形，如图14.8所示。我们从0到5标记这些面，以便后续参考。

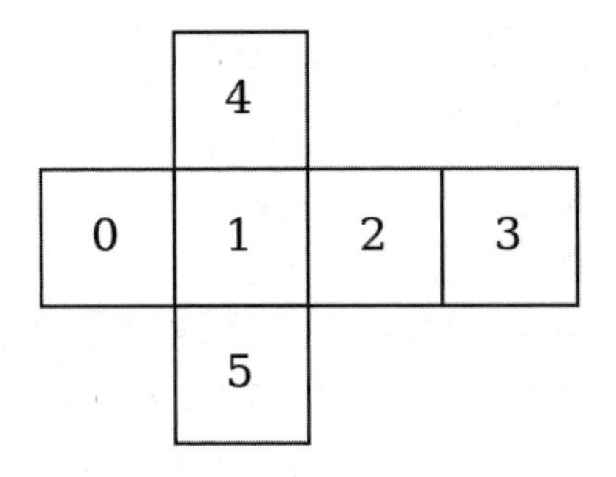

图14.8 展开的立方体

我们的目标是在每个面上绘制一个网格，并进行排列，使得每个面边界上的单元格与相邻面同一边界上的单元格相邻。换句话说，我们希望#1面东部边界上的单元格与#2面西部边界上的单元格相邻，以此类推。

这恰好提出了一种将立方体表示为一个整体的方法：作为六个独立的面。我们将这样做，将每个面存储为不同的二维网格。每个单元格将跟踪其所属的面、行和列。

让我们继续。将以下内容放入 `cube_grid.rb` 中。

```
cube_grid.rb
require "grid"

class CubeCell < Cell
  attr_reader :face

  def initialize(face, row, column)
    @face = face
    super(row, column)
  end
end

class CubeGrid < Grid
  alias dim rows

  def initialize(dim)
    super(dim, dim)
  end

  def prepare_grid
    Array.new(6) do |face|
      Array.new(dim) do |row|
        Array.new(dim) do |column|
          CubeCell.new(face, row, column)
        end
      end
    end
  end
end
```

这里没有啥惊喜。CubeCell 子类化 Cell，我们只需添加一个 face 属性。

CubeGrid 的开始几乎同样简单。设置 rows 属性的别名为 dim（如“dimension”，这里是指尺寸/大小/范围），构造函数只有一个参数并将其作为 dim 的值（每个面上的行数和列数）。然后 prepare_grid 方法使用 dim 为六个面中的每一个实例化 2D 网格。

代码实现可能看起来非常像上一章中的三维网格，但请不要上当，立方体的表面实际上是二维的!我们只是为了便于组织子网格而添加了第三个轴——面（face）。

接下来，我们将覆盖更多的方法以适配立方几何体的六个面。将这些方法添加到 CubeGrid 类中，放在 prepare_grid 方法之后。

```
def each_face
  @grid.each do |face|
    yield face
  end
end

def each_row
  each_face do |face|
    face.each do |row|
      yield row
    end
  end
end

def random_cell
  face = rand(6)
  row = rand(dim)
  column = rand(dim)
  @grid[face][row][column]
end

def size
  6 * dim * dim
end
```

这样我们就能够遍历网格的面、行和单元格，以及随机选择一个单元格、计算网格中的单元格总数。

一旦我们完成这些，就到达了最困难的部分：确定单元格的邻居。具体地说，我们需要确定哪些单元格在边界处与其他哪些单元格相邻，这里存在着一些繁乱的边沿情况。我们将在 configure_cells 和[]方法中做如下基本设置：

```
def configure_cells
  each_cell do |cell|
    face, row, column = cell.face, cell.row, cell.column

    cell.west = self[face, row, column - 1]
    cell.east = self[face, row, column + 1]
```

```
    cell.north = self[face, row - 1, column]
    cell.south = self[face, row + 1, column]
  end
end

def [](face, row, column)
  return nil if face < 0 || face >= 6
  face, row, column = wrap(face, row, column)
  @grid[face][row][column]
end
```

除了数组访问器中高亮显示的行之外，一切看起来都很熟悉。我们要添加一个新的方法 wrap，它接受给定的面/行/列三部分，如果行或列在其所在的面发生溢出，就计算出在溢出目标面上的行列实际坐标。这将让 configure_cells 方法如期工作，configure_cells 方法只需从行/列中加上或减去一行/列，即可获得正确的邻居，即使这会溢出到相邻的面也无妨。

这就是边沿情况很复杂的原因，但它们并非都很糟糕。让我们从一个简单问题着手。再次考虑我们的展开立方体（见图 14.8），想象从面 0 移动到 1，再到 2，再到 3，再回到 0。这里的过渡很简单，可以从一个面的最后一列转到下一个面的索引为 0 的列（即第一列），同时保持在同一行上。类似地，反向移动将从一个面的第一列移动到下一个面的最后一列。图 14.9 说明了这一点：

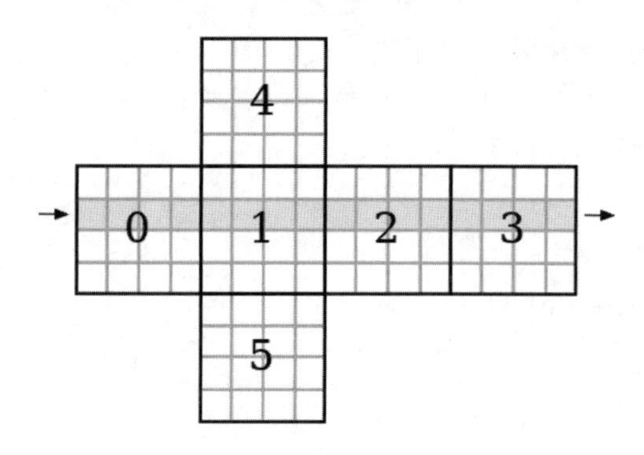

图 14.9 移动轨迹

很简单。要是事情都能这么直白就好了！让我们来看一个更棘手一些的问题：从#4 面向东移动时会发生什么？

哈，现在事情变得有趣了。假设我们位于#4 面索引为 r 的行中的最后一列，现在想向东移动。将立方体向上折叠，可以看到#4 面的东部边界实际上与#2 面的北部边界相邻。这意味着在移动到#2 面时，我们从索引为 r 的行移动到了索引为 $n-r$ 的列，行则变为索引为 0 的行（即第一行）。（我们将 n 设为每个面上最后一行或列的索引。）检验一下，如图 14.10 所示：

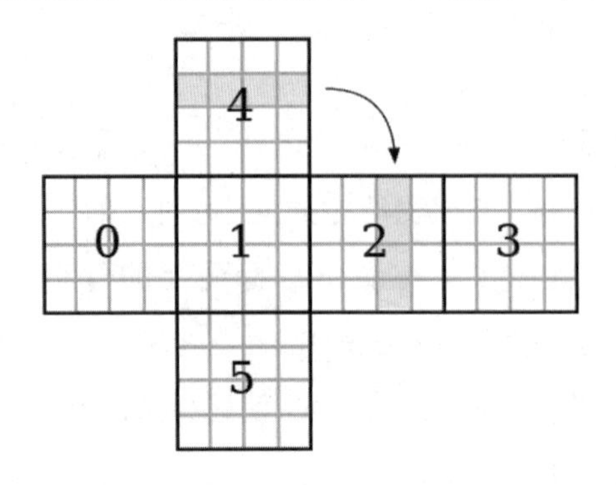

图 14.10 进一步复杂的转移情况

哇！

花点时间考虑一下其他的转移情况，比如从#5 面向西移动，或者（可能是最难想象的）从#3 面向北移动。这些都是我们需要封装在新的 wrap 方法中的转换类型。让自己绞尽脑汁思考了一番这些转移中的不同关系之后，请继续在 CubeGrid 类中添加以下内容：

```
Line 1 def wrap(face, row, column)
     -   n = dim - 1
     -
     -   if row < 0
     5     return [4, column, 0] if face == 0
     -     return [4, n, column] if face == 1
     -     return [4, n - column, n] if face == 2
     -     return [4, 0, n - column] if face == 3
     -     return [3, 0, n - column] if face == 4
    10     return [1, n, column] if face == 5
     -   elsif row >= dim
     -     return [5, n - column, 0] if face == 0
     -     return [5, 0, column] if face == 1
```

```
-     return [5, column, n] if face == 2
15    return [5, n, n - column] if face == 3
-     return [1, 0, column] if face == 4
-     return [3, n, n - column] if face == 5
-   elsif column < 0
-     return [3, row, n] if face == 0
20    return [0, row, n] if face == 1
-     return [1, row, n] if face == 2
-     return [2, row, n] if face == 3
-     return [0, 0, row] if face == 4
-     return [0, n, n - row] if face == 5
25  elsif column >= dim
-     return [1, row, 0] if face == 0
-     return [2, row, 0] if face == 1
-     return [3, row, 0] if face == 2
-     return [0, row, 0] if face == 3
30    return [2, 0, n - row] if face == 4
-     return [2, n, row] if face == 5
-   end
-
-   [face, row, column]
35 end
```

给定一个面、行和列，该方法将对其计算并返回坐标对应的实际面、行、列。默认情况下，如果行和列在当前面的网格边界内，则该方法只返回参数值，不做改变（第 34 行）。但如果行或列小于 0，或者大于当前面的网格的尺寸，魔法就会发生！

嗯，不是真的魔法。例如，考虑我们前面的简单案例。假设我们在#1 面的东部边界，向东移动。我们的 `face` 是 1，`column` 现在等于 `dim`。（我们在 `dim-1` 列，即面上的最后一列，然后向东移动，增加了一列。）这意味着 `wrap` 方法在第 25 行（`column >= dim`）执行分支，然后执行第 27 行（因为我们在#1 面上）。新坐标被确定为#2 面、0 列、与之前相同的行。

剩下的事情就是实现一种显示立方体网格的方法。我们将重写 `to_png` 以生成一个立方体六个面都展开的图像（参见图 14.8），这将允许我们打印、剪切并折叠出一个整齐的小立方体！除了 `to_png`，我们还需要重写 `to_png_without_inset`（做一点更改），并且我们将添加一个简单的方法来绘制立方体面的轮廓（以帮助折叠）。

我们从 to_png 开始。继续，在 CubeGrid 的末尾添加以下内容。

```
Line 1 def to_png(cell_size: 10, inset: 0)
     -   inset = (cell_size * inset).to_i
     -
     -   face_width = cell_size * dim
     5   face_height = cell_size * dim
     -
     -   img_width = 4 * face_width
     -   img_height = 3 * face_height
     -
    10   offsets = [[0, 1], [1, 1], [2, 1], [3, 1], [1, 0], [1, 2]]
     -
     -   background = ChunkyPNG::Color::WHITE
     -   wall = ChunkyPNG::Color::BLACK
     -   outline = ChunkyPNG::Color.rgb(0xd0, 0xd0, 0xd0)
    15
     -   img = ChunkyPNG::Image.new(img_width + 1, img_height + 1, background)
     -
     -   draw_outlines(img, face_width, face_height, outline)
     -
    20   [:backgrounds, :walls].each do |mode|
     -     each_cell do |cell|
     -       x = offsets[cell.face][0] * face_width + cell.column * cell_size
     -       y = offsets[cell.face][1] * face_height + cell.row * cell_size
     -
    25       if inset > 0
     -         to_png_with_inset(img, cell, mode, cell_size, wall, x, y, inset)
     -       else
     -         to_png_without_inset(img, cell, mode, cell_size, wall, x, y)
     -       end
    30     end
     -   end
     -
     -   img
     - end
```

它与我们初始的 to_png 方法非常相似，只做了一些改动。

第 4 行和第 5 行计算单个面的尺寸，然后将其用于第 7 行和第 8 行，以计算整个图像的尺寸。

从概念上讲，我们将面对齐到一个三行四列的网格，因此我们将用这个概念上的网格来帮助定位每个面。第 10 行的 offsets 变量描述了每个面在这个大网格中的位置（列和行）。第 22、23 行使用这些偏移量来计算每个单元格的位置。

此外，请注意第 18 行对新的 draw_outlines 方法的调用。如果没有这个调用，迷宫也是完全可以接受的，但这个方法可以在每个面的周围添加一些隐现的轮廓，帮助我们更好地把握在切割出迷宫后将各个面折叠到何处。

接下来看看这个方法。在 to_png 方法之后添加以下内容。

```
def draw_outlines(img, height, width, outline)
  # face #0
  img.rect(0, height, width, height * 2, outline)

  # faces #2 和 #3
  img.rect(width * 2, height, width * 4, height * 2, outline)
  # faces #2 和 #3 之间的线条
  img.line(width * 3, height, width * 3, height * 2, outline)

  # face #4
  img.rect(width, 0, width * 2, height, outline)

  # face #5
  img.rect(width, height * 2, width * 2, height * 3, outline)
end
```

这段代码非常简单，只是使用轮廓颜色（浅灰色）绘制一些矩形和线条。

最后一步是 to_png_without_inset 的重新实现。之前的默认实现只做单纯的判断，如果单元格在北向或西向上没有邻居，就绘制单元格的北墙或西墙。不过，这对现在的立方体迷宫来说是不合适的！一个单元格可能在北边存在一个邻居，但那个邻居可能在另一个面上。由于我们绘制迷宫的方式，这两个邻居不会被绘制成共有一堵墙……这意味着墙不会被绘制。这可不行！

请继续，在 draw_outlines 之后添加以下方法。

```
def to_png_without_inset(img, cell, mode, cell_size, wall, x, y)
  x1, y1 = x, y
  x2 = x1 + cell_size
  y2 = y1 + cell_size

  if mode == :backgrounds
    color = background_color_for(cell)
    img.rect(x, y, x2, y2, color, color) if color
  else
➤   if cell.north.face != cell.face && !cell.linked?(cell.north)
➤     img.line(x1, y1, x2, y1, wall)
➤   end
➤
➤   if cell.west.face != cell.face && !cell.linked?(cell.west)
➤     img.line(x1, y1, x1, y2, wall)
➤   end

    img.line(x2, y1, x2, y2, wall) unless cell.linked?(cell.east)
    img.line(x1, y2, x2, y2, wall) unless cell.linked?(cell.south)
  end
end
```

请关注突出显示的几行——这是我们的新版本区别于原始版本之处，即使一个单元格在北向或西向上有邻居，且该单元格及其邻居恰好分属不同面，这时也能确保会正确绘制墙。

就是这样！现在我们应该能够编写一个简单的演示程序来测试它，如下所示。

```
cube_demo.rb
require "cube_grid"
require "recursive_backtracker"

grid = CubeGrid.new(10)
RecursiveBacktracker.on(grid)

filename = "cube.png"
grid.to_png.save(filename)
puts "saved to #{filename}"
```

运行它，应该会生成一个像图14.11这样的图像：

图 14.11 运行 cube_demo.rb 的结果

打印出来，然后沿着迷宫的外侧小心地切割。接下来，折叠所有灰色线条，当立方体合拢就粘好各个面，一切都处理妥当之后，你可能就会得到像图 14.12 这样的耀眼成果：

图 14.12 立方体迷宫

但现在是时候告别折纸方式了。对于我们的最后一个曲面，我们将研究一种生成迷宫实际 3D 渲染的方法，这次是在球体表面上。

14.4 球体迷宫 Sphere Mazes

在球体表面创建迷宫与在圆形内部创建迷宫有很多共同之处。这并不奇怪！毕竟，一个半球只是一个被其原点抬高的圆，如下图 14.13 所示：

图 14.13 半球的形成

我们可以将两个半球放在一起来创建一个球体，这意味着应该能够依靠极坐标网格（参见第 7 章）来实现一个球面网格。我们需要改变单元格测量背后的许多计算（一个半球可能与一个圆有关，但这并不意味着它们都穿着同样尺码的衬衫），to_png 方法需要重写，但这只是一个开始。

下面是我们要做的事情。将 PolarGrid 子类化为 HemisphereGrid，然后将两个半球粘在一起，形成一个 SphereGrid。为了方便，我们把所有这些放在同一个文件中。

我们从 HemisphereGrid 着手。将以下内容放入 sphere_grid.rb 中：

sphere_grid.rb

```
Line 1 require 'polar_grid'
     -
     - class HemisphereCell < PolarCell
     -   attr_reader :hemisphere
     5
     -   def initialize(hemisphere, row, column)
     -     @hemisphere = hemisphere
     -     super(row, column)
     -   end
    10 end
     -
     - class HemisphereGrid < PolarGrid
     -   attr_reader :id
     -
    15   def initialize(id, rows)
     -     @id = id
     -     super(rows)
     -   end
     -
    20   def size(row)
```

```
-     @grid[row].length
-   end
-
-   def prepare_grid
25    grid = Array.new(@rows)
-
-     angular_height = Math::PI / (2 * @rows)
-
-     grid[0] = [HemisphereCell.new(id, 0, 0)]
30
-     (1...@rows).each do |row|
-       theta = (row + 1) * angular_height
-       radius = Math.sin(theta)
-       circumference = 2 * Math::PI * radius
35
-       previous_count = grid[row - 1].length
-       estimated_cell_width = circumference / previous_count
-       ratio = (estimated_cell_width / angular_height).round
-
40      cells = previous_count * ratio
-       grid[row] = Array.new(cells) { |col| HemisphereCell.new(id, row, col) }
-     end
-
-     grid
45  end
- end
```

HemisphereCell 类非常简单，它只是 PolarCell 的子类，并添加了一个属性来跟踪该单元格属于哪个半球（第 4 行）。

HemisphereGrid 类同样非常简单，它添加了一个 id 属性来指出描述的是两个半球中的哪一个（第 13 行），同时还添加了一个查询给定行中单元格数量的简单方法（第 20 行）。

prepare_grid 方法是我们开始进行一些数学运算的地方。在概念上，它与 PolarGrid 的同一方法非常相似，但计算已适配球面。特别注意 angular_height 变量（第 27 行），它是每行的高度（以弧度为单位）。（在一次奇妙的数学命运转折中，如果我们在单位球体上计算出这个高度，则这个高度也恰好与行间物理距离相同。）

然后在第 32~34 行使用 angular_height 来计算给定行所描述的圆的半

径，最终告诉我们该行应该有多少个单元格。

就是这些！现在我们已经对半球体网格有了很好的定义，可以用它来构建球体了。将以下内容添加到同一文件中，位于 HemisphereGrid 之后。

```
Line 1 class SphereGrid < Grid
     -   def initialize(rows)
     -     unless rows.even?
     -       raise ArgumentError, "argument must be an even number"
     5     end
     -
     -     @equator = rows / 2
     -     super(rows, 1)
     -   end
    10
     -   def prepare_grid
     -     Array.new(2) { |id| HemisphereGrid.new(id, @equator) }
     -   end
     -
    15   def configure_cells
     -     belt = @equator - 1
     -     size(belt).times do |index|
     -       a, b = self[0, belt, index], self[1, belt, index]
     -       a.outward << b
    20       b.outward << a
     -     end
     -   end
     -
     -   def [](hemi, row, column)
    25     @grid[hemi][row, column]
     -   end
     -
     -   def size(row)
     -     @grid[0].size(row)
    30   end
     -
     -   def each_cell
     -     @grid.each do |hemi|
     -       hemi.each_cell { |cell| yield cell }
    35     end
     -   end
     -
     -   def random_cell
```

```
-       @grid.sample.random_cell
40    end
- end
```

首先，构造函数进行检查，以确保为网格指定的行数是偶数（第 3 行）。这是因为我们使用两个半球作为一个整体来实现球体，所以总行数需要被 2 整除。接下来计算赤道行（第 7 行），并在 prepare_grid 方法中将其用于初始化两个半球（第 12 行）。

请记住，HemisphereGrid 实例已经配置了自己的单元格，但这还不够。我们需要告知每个半球的赤道上的单元格，它们之间也是彼此相邻的。这就是 configure_cell 在第 17~21 行所做的。

剩下的方法意图很明确，只是提供了网格单元格的查询方法。

快好了！但我们还缺少绘制迷宫的 to_png 方法，然而我们将其留到最后是有原因的。我们将在这里做一些不同的事情。

我们将依靠第三方工具，而不是试图自己实现 3D 渲染器，该工具称为 Persistance of Vision Raytracer，简称 POV Ray。它擅长绘制逼真的 3D 几何图形（如球体）。我们所要做的就是给它一些东西，然后画出几何体。（例如，一个迷宫！）

要了解这是如何工作的，请了解图 14.14 所示的南极地图。

图 14.14 南极地图

观察这张图，你会发现他与你印象中的南极不一样。为什么它看起来像这个样子呢？

答案是，地图失真了。因为地球是一个球体，它的表面不可能很容易地画出来或者投射到一个平面上，而且不可能没有一点失真。我们的地图使用的是所谓的圆柱投影（cylindrical projection），它将两极附近的区域拉长，以填充一个矩形区域。

安装 POV-Ray

除非你以前玩过 POV-Ray，不然你可能还没有安装它。幸运的是，它是免费的，而且设置起来也很简单。如果使用的是 Windows 机器，你可以从 http://povray.org/download 下载一个安装程序。

如果你使用的是 Mac OS X，则可以使用 Homebrew：[a]

```
$ brew install povray
```

或使用 MacPorts：[b]

```
$ sudo port install povray
```

如果使用 Linux，则可以通过你选择的包管理器安装 POV-Ray。

[a] http://brew.sh
[b] https://www.macports.org

我们将使用同样的技术来绘制迷宫，对两极附近的单元格进行变形，以便将所有东西都放进矩形网格中。然后，POV-Ray 会将投影应用到球体上，整齐地将投影绕球体一圈，就像模型飞机上的贴纸，并一次性修复变形。这让我们可以通过绘制 2D 图像，来渲染 3D 曲面上的迷宫，这是我们已经非常熟悉的技术。

具体实现如下。将下面的 `to_png` 方法添加到 `SphereGrid` 类的结尾处。

```
Line 1 def to_png(ideal_size: 10)
     -   img_height = ideal_size * @rows
     -   img_width = @grid[0].size(@equator - 1) * ideal_size
     -
```

```
5   background = ChunkyPNG::Color::WHITE
-   wall = ChunkyPNG::Color::BLACK
-
-   img = ChunkyPNG::Image.new(img_width + 1, img_height + 1, background)
-
10  each_cell do |cell|
-     row_size = size(cell.row)
-     cell_width = img_width.to_f / row_size
-
-     x1 = cell.column * cell_width
15    x2 = x1 + cell_width
-
-     y1 = cell.row * ideal_size
-     y2 = y1 + ideal_size
-
20    if cell.hemisphere > 0
-       y1 = img_height - y1
-       y2 = img_height - y2
-     end
-
25    x1 = x1.round; y1 = y1.round
-     x2 = x2.round; y2 = y2.round
-
-     if cell.row > 0
-       img.line(x2, y1, x2, y2, wall) unless cell.linked?(cell.cw)
30      img.line(x1, y1, x2, y1, wall) unless cell.linked?(cell.inward)
-     end
-
-     if cell.hemisphere == 0 && cell.row == @equator - 1
-       img.line(x1, y2, x2, y2, wall) unless cell.linked?(cell.outward[0])
35    end
-   end
-
-   img
- end
```

ideal_size 参数（第 1 行）是理想单元格的高度和宽度，还请记住我们在地图上看到的失真！这里的迷宫中也会看到同样的失真。我们的目标不是在投影中绘制相同大小的单元格，而是在将单元格映射到球体后，使单元格的大小大致相似。

ideal_size 参数用于计算第 2、3 行图像的大小。请注意计算宽度的行：

它取赤道处（单元格数最多的行）的行数，并用它来确定图像应该有多宽。当我们计算特定单元格的宽度时（第 12 行），图像宽度除以当前行中的实际单元格数。如果行中的单元格很少，结果可能会比理想尺寸宽很多。（特别是极点，每个极点只有一个单元格！）

知道了单元格的尺寸后，就可以计算矩形每个角的 x 和 y 坐标，然后我们做了一些有点出乎意料的事情。第 20~23 行翻转南半球的 y 坐标。

嗯？请记住球体由两个半球组成，而 HemisphereGrid 类的实现方式是，每个半球都认为极点位于顶部。然而，我们把南半球颠倒过来了，因此我们的计算是反向的。我们只需通过将图像高度减去计算的 y 坐标就可以应对南半球颠倒这个问题。

最后一个问题：我们为每个单元格画了“顶部”（或极点方向）的墙，假设下一行会考虑“底部”（赤道方向）的墙。然而，当到了赤道本身时，它恰好是两个半球的底部，如果不特别考虑赤道这个情况，赤道的“底墙”就会被完全省略。第 33~35 行确保了赤道被正确画出。

来试试看。我们的演示应用程序现在应该再熟悉不过了。

```
sphere_demo.rb
require "sphere_grid"
require "recursive_backtracker"

grid = SphereGrid.new(20)
RecursiveBacktracker.on(grid)

filename = "sphere-map.png"
grid.to_png.save(filename)
puts "saved to #{filename}"
```

运行该程序将生成迷宫图像并将图像保存为 sphere-map.png。继续并打开它。它应该看起来像图 14.15 这样：

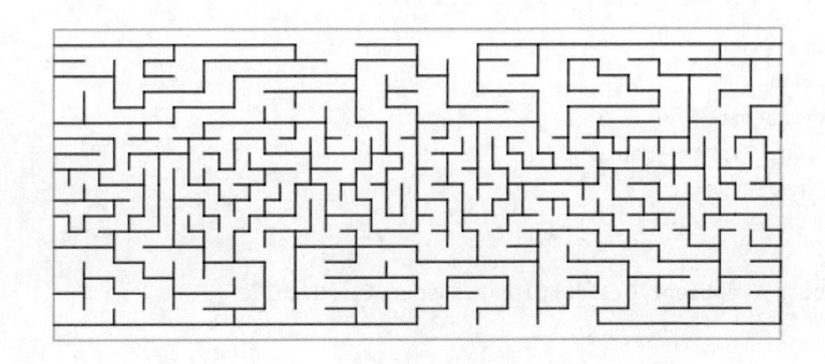

图 14.15 运行 sphere_demo.rb 的结果

这是不是有一些疯狂？两极各为一个单元格，所以这两个单元格从一边被拉伸到另一边，随着行数接近赤道，失真程度越来越小。

这确实是有趣之处，但目前还没释放出魔力。我们需要把网格应用到球体上，那时候才能看到全部光彩。

这就是 POV-Ray 的用武之地。POV-Ray 接受一个描述场景的文本文件并创建相应的图像。为了发挥作用，我们的场景需要包括一个摄像机（场景中绘制图像的位置），一个光源（用于照射球体）以及球体本身。

在 sphere.pov 中添加以下内容。

```
sphere.pov
#version 3.7;
#include "colors.inc"

background { color White }

camera {
  location <0,0,-2.5>
  look_at <0,0,0>
}

light_source {
  <-50, 50, -50>
  color White
}

sphere {
  <0,0,0>, 1
```

```
  texture {
    pigment {
      image_map {
        png "sphere-map.png"
        map_type 1
      }
    }
    finish { ambient 0.3 diffuse 0.5 specular 0.2 }
  }

  rotate z*30
  rotate -x*30
}
```

在未深入 POV Ray 场景描述语言的情况下，我来指出其中明显之处(希望如此)：场景包括一个相机、一个光源和一个球体。然后，POV Ray 将 `sphere-map.png` 图像作为纹理应用于球体（同时应用的还有一些材质属性，如漫反射和镜面反射效果），最后以恰当的角度旋转球体。

要生成此场景的图像，我们只需从命令行调用 POV Ray，如下所示：

```
$ povray +A sphere.pov
...
POV-Ray finished
```

我们用场景文件 `sphere.pov` 作为参数。另一个参数是`+A`，告诉 POV-Ray 对图像执行抗锯齿处理，使球体的边沿和迷宫的线条更平滑。POV Ray 会按预期工作。完成后，最终图像将保存到 `sphere.png`（见图 14.16）。

图 14.16 球体迷宫

14.5 小试身手
Your Turn

到此，我们结束了刨面迷宫的短暂之旅。你已经了解了如何在圆柱体、莫比乌斯环、立方体和球体等表面构建迷宫，并通过在真实和虚拟空间构建这些对象，让自己的折纸和 3D 建模技能得以锻炼。你能听到无限可能性的召唤声音吗？

试试下面的一些点子，或者追逐一些自己的想法。看看你能有何收获！

渲染圆柱体迷宫

你已经看到了如何使用 POV-Ray 来绘制一个带迷宫的球体。在圆柱体上这样做也很类似。尽管 POV Ray 文档[译者注 1] 声称其“适用于 Unix”（实际上它适用于所有平台），但还是相当易懂的。仔细阅读一遍该文档，思考如何利用在球体迷宫中的收获，对圆柱体进行同样的操作。

矩形棱柱

立方体只是名为矩形棱柱的更一般形状的特例。想象一个立方体，沿着一个或多个轴拉伸，使得相应面在形状或面积上不再都相同。最后的形状不再是立方体，但仍然是棱柱！你如何在这样的表面上画一个迷宫？

圆锥体迷宫

你实现过圆形迷宫和圆柱体迷宫。如果你把两者结合起来会怎么样？你最终会得到一个圆锥体迷宫。如何在这种形状的表面上实现迷宫？

带端盖的圆柱体迷宫

我们在本章中看到的圆柱体迷宫纯粹放在圆柱侧面。也就是说，圆柱体是开放的，因为它的顶部和底部都没有盖子。但这些盖子是圆形的......而你又恰好知道如何生成圆形迷宫。你如何将两个圆形迷宫合并进一个圆柱体迷宫，以充当圆柱体的顶部和底部盖子？

[译者注 1] http://www.povray.org/documentation

奇数的行数

我们的球体迷宫实现需要为它设置偶数行数，这样两个半球可以同样代表球体的两半。你仍然可以使用奇数行数，但需要将赤道行视为特殊情况。你会如何解决这个问题？

真实的墙壁

在本章的这些表面上画迷宫确实很有趣，但这只是第一步。如何为墙壁生成实际的几何图形？这并不像听起来那么难，但你需要确保你理解用来推导这些网格尺寸的数学。这一切归结为两件事：能够将迷宫中的一个点映射到墙面上的一个物理点，以及能够计算出该点的法向量——即在给定位置垂直于表面的方向。

四维物体

假若这些素材还没有让你震惊到，那把脑洞再打开一些呢？就像你可以在 3D 对象上绘制 2D 迷宫一样，你也可以在 4D 对象上“绘制”3D 迷宫。这到底意味着什么？这意味着你还要继续钻研！Tesseract（立方体的四维模拟、超立方体）、Duocylinder（双圆柱体）、Glome（一种三维椭圆表面，嵌在一个四维超球体中）只是你可能会遇到的几个疯狂名字。看看你能探究到什么程度！

你收获满满，我的朋友。你深入到生成随机迷宫的海洋深处，现在已经到达彼岸。魔法已不是魔法，剩下的只有规则、逻辑以及一片无限可能性的浩瀚大海。

你尝到了滋味，也已经了解使用这些工具可以做些什么。你下一步要去往何方？

无论去往何处，我都希望那儿有迷宫。

附录 A

回顾迷宫算法

Summary of Maze Algorithms

除非经常使用这些算法，否则一定会发现对它们的记忆将随时间的推移而消失。没关系！毕竟已经学过一次；通常你需要的只是一些复习，快速地回忆起算法重点。本附录的重点是帮助你跳过整个课程，快速回忆每个算法的突出特征和陷阱。实际应用时，请浏览本附录总结的算法，以及下一附录的分析，然后直接跳回你自己的项目！

A.1 Aldous-Broder 算法

Aldous-Broder

概述：从网格中任意位置开始，从一个单元格随机移动到另一个单元格。如果移动到了一个以前未访问过的单元格，就开凿一条通往它的通道。当所有单元格都已访问完，算法结束。如图 A.1 所示。

图 A.1 Aldous-Broder 算法

典型特征：开始时很快，但可能需要很长时间才能完成。值得注意的是，它没有偏见，这意味着它可以保证完全随机地生成迷宫，不偏好任何特定的纹理或特征。（另请参阅 Wilson 算法。）

参考：第 4.2 节。

A.2 二叉树算法
Binary Tree

概述：对于网格中的每个单元格，随机地向北或向东开凿。如图 A.2 所示。

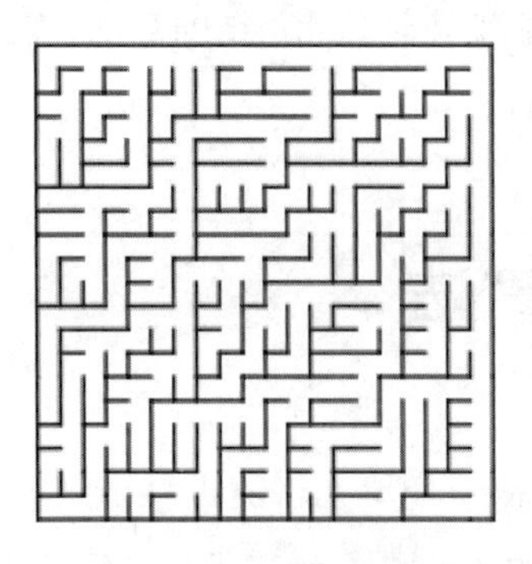

图 A.2 二叉树算法

典型特征：明显的对角线纹理，趋向网格东北角。廊道贯穿了所有北向的行、东向的列。较难与遮罩和一些非矩形网格一起使用。

变体：如果选择往南而不是往北或往西而不是往东开凿，则纹理会发生变化。此外，通过在每个单元上添加上下选项，该算法很容易适应 3D（和更高维）网格。

参考：第 1.2 节和第 2.2 节。

A.3 Eller 算法
Eller's

概述：按顺序每次一行地考虑网格。将当前行中未访问单元格分配给不同的集合。随机连接属于不同集合的相邻单元格，同时将集合合并在一起。对于每个剩余的集合，选择至少一个单元格并向南开凿，将该南部单元格也添加到集合中。对网格中的每一行重复此操作。在最后一行，连接属于不同集合的所有相邻单元格。如图 A.3 所示。

图 A.3 Eller 算法

典型特征：由于需要将多个集合合并在一起，最后一行的墙往往较少。较难跟遮罩和非矩形网格一起使用。

变体：一次只在内存中保留一行，并且从不渲染最后一行，从而渲染出无限长的迷宫。

参考：第 12.1 节。

A.4 生长树算法
Growing Tree

概述：该算法是 Prim 算法的延展。它首先创建一个集合并向其中添加一个任意的单元格，然后从集合中选择一个单元格。如果该单元格没有未访问邻居，就将该单元格从集合中删除；否则，从未访问邻居中选择一个，并将该单元格与此未访问邻居连接在一起。然后将邻居添加到集合中。重复此操作，直到集合为空。如图 A.4 所示。

图 A.4 生长树算法

典型特征：该算法很大程度上取决于从集合中选择下一个单元格的方法。迷宫可能是径向纹理的（像简化版 Prim 算法产生的纹理），或扭曲和蛇形的（像递归回溯算法的纹理），或介于两者之间的任何样式。

变体：改变从集合中选择单元格的方式。采取随机选择的方式会获得简化版 Prim 算法；选择最近添加的单元格会给出递归回溯算法。对单元格进行加权处理并选择权重最大的单元格，则是一个真正的 Prim 算法。将不同的选择方式结合起来，以获得更多变化，例如，一半时间里是随机选择，另一半时间则选择最近添加的单元格。

参考：第 11.4 节。

A.5 猎杀算法
Hunt-and-Kill

概述：从任意位置开始，执行随机游走，避开先前已访问单元格。当无法再移动时，扫描网格，在已访问单元格旁边查找未访问单元格。如果找到，将两者连接起来，然后继续随机游走。当网格中的单元格都被访问过时，算法终止。如图 A.5 所示。

图 A.5 猎杀算法

典型特征：长而曲折的通道（“高川”），有相对较少的死角。与递归回溯算法密切相关，但可能较慢，因为它可能会多次扫描每个单元格，尽管它的内存要求要低得多。

参考：第 5.1 节。

A.6 Kruskal 算法（随机）
Kruskal’s (Randomized)

概述：首先将每个单元格分配给不同的集合。随机连接两个相邻的单元格，但前提是它们属于不同的集合。合并这两个单元格所在的集合。重复此操作，直到只剩下一个集合。如图 A.6 所示。

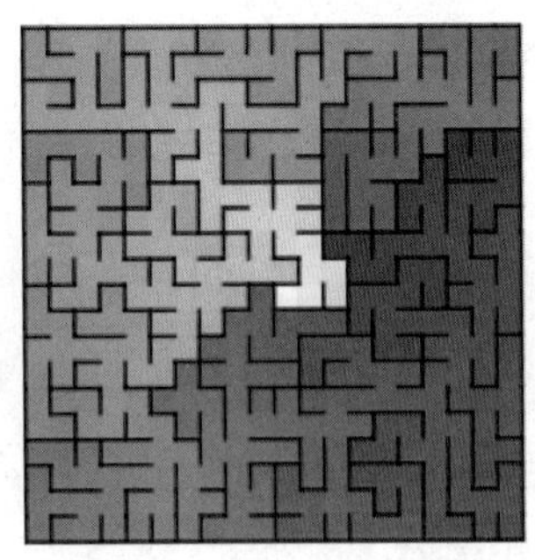

图 A.6 Kruskal 算法（随机）

典型特征：基本上无偏见（参见附录 B 比较迷宫算法，并请注意 Kruskal 算法产生的迷宫与 Aldous Broder 和 Wilson 算法产生的迷宫的相似程度）。生成非常规则、均匀的迷宫。它擅长生成不相交子集的并集迷宫，其中网格预先填充了一些在不同区域中已经连接了的单元格。

变体：带有螺旋、交织和其他图案的模板迷宫（在网格的不同位置应用模板设计，然后运行 Kruskal 算法来填充未完成的区域）。

参考：第 10.1 节。

A.7 简化版 Prim 算法 Prim's (Simplified)

概述：用任意单元格初始化集合。从集合中随机选择一个单元格。如果该单元格没有未访问邻居，则将其从集合中删除。否则，选择该单元格的一个未访问邻居，将两者连接在一起，然后将邻居添加到集合中。重复此操作，直到集合为空。如图 A.7 所示。

图 A.7 简化版 Prim 算法

典型特征：以起始单元格为中心的强烈径向纹理。迷宫往往比其他算法产生的迷宫有更多的死角和更短的路径。如果给算法一个其中每个单元格的权重都相同的网格，则其行为与真正的 Prim 算法相同。

参考：第 11.2 节。

A.8 真正的 Prim 算法
Prim's (True)

概述：首先，给每个单元格分配一个随机权重，并用任意一个单元格初始化一个集合。从集合中选择权重最大的单元格。如果它没有未访问的邻居，则将其从集合中删除。否则，选择该单元格的一个未访问邻居，将两者连接在一起，然后将邻居添加到集合中。重复此操作，直到集合为空。如图 A.8 所示。

图 A.8 真正的 Prim 算法

典型特征：生成的每个迷宫都有很多、很多的死角，路径通常相对较短。就纹理而言，迷宫具有“拼图风格”的外观。

参考：第 11.3 节。

A.9 递归回溯算法 Recursive Backtracker

概述：从任意位置开始，执行随机游走，避开先前已访问单元格。当无法再移动时，回溯到最近访问的单元格，然后从那里恢复随机游走。当算法试图从起始单元格回溯时，算法结束。如图 A.9 所示。

图 A.9 递归回溯算法

典型特征：长而曲折的通道（“高川”），有相对较少的死角。与猎杀算法密切相关，但可能更快，因为它保证只访问每个单元格两次，尽管需要更多的内存来跟踪之前的已访问单元格。

参考：第 5.4 节。

A.10 递归分割算法 Recursive Division

概述：从一个开放的网格开始，其内部没有墙。添加一堵墙，将网格一分为二，并用一条通道连接两半的区域。递归地在网格的每一侧区域重复，直到没有剩余的开放区域。如图 A.10 所示。

图 A.10 递归分割算法

典型特征：趋于方形、矩形纹理。求解路径通常很容易被发现，因为“瓶颈的存在”——限制了网格区域之间所有移动的通道。

变体：通过提前停止递归，可以创建开放区域（房间），以产生类似楼层平面图的迷宫。更具挑战性的是：网格可以沿不规则的线分割，以消除方形纹理。

参考：第 12.3 节。

A.11 Sidewinder 算法

Sidewinder

概述：一次考虑一行网格。对于每一行，随机连接相邻单元格铺展，然后从每个铺展中的一个随机单元格向北开凿。特殊对待最北行，将其所有单元格连接成一条廊道。如图 A.11 所示。

图 A.11 Sidewinder 算法

典型特征：明显的垂直纹理。一条廊道贯穿最北行。难以跟遮罩和非矩形网格一起使用。

变体：如果不选择北方转而选择向南方开凿，或者以东方/西方替代北方且按列而非按行来运行算法，纹理会发生变化。此外，通过在每个铺展中，在向北以及（例如）向上、向下中做选择，该算法很容易适应 3D（和更高维度）网格。

参考：第 1.3 节、第 2.4 节。

A.12 Wilson 算法 Wilson's

概述：选择任意单元格并将其添加到迷宫中。从任意其他单元格开始，执行环路擦除随机游走，直到遇到一个属于迷宫的单元格，然后添加生成的游走路径。重复此操作，直到添加完所有单元格。如图 A.12 所示。

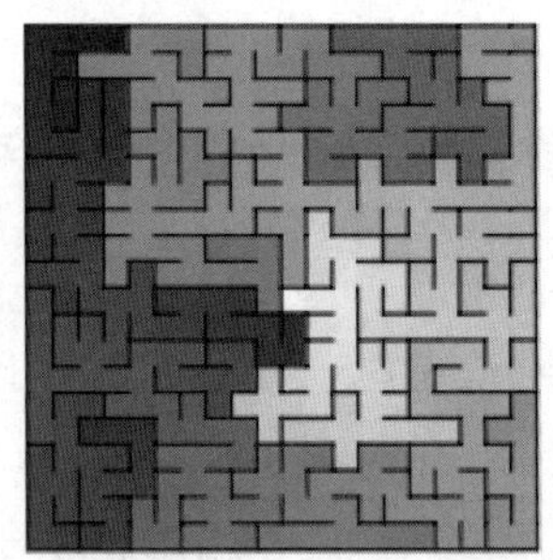

图 A.12 Wilson 算法

典型特征：刚开始时慢，但随着路径添加到迷宫中，速度提升很快。与 Aldous Broder 算法一样，它也是无偏见的，这意味着它可以保证完全随机地生成迷宫，且不偏好任何特定的纹理或特征。

参考：第 4.4 节。

附录 B

比较迷宫算法

Comparison of Maze Algorithms

看着迷宫来决定它的美感是否适合你，这是一回事。研究一种算法的实现并将其与其他算法进行量化比较则要困难得多。算法产生死角的可能性有多大？它的平均最长路径与其他算法相比如何？我们怎么知道这些呢？

为此，我们把目光投向统计分析。这真的很简单：在固定大小的网格上，每种算法运行固定次数；然后拾取我们关心的数据，并对其进行分析。这可能无法为你赢得任何博士学位，而且这些数字本身肯定无法告诉你全部情况，但我们仍然可以从中得出一些有用见解。

本附录的图表是通过在 32×32 网格上运行每种算法 1000 次来创建的。生长树算法采取最近添加单元格和随机选择单元 50/50 混合的方式。对每个网格的以下数据点集进行了测量和求取平均值：

- 死角数量

- 最长路径长度（包含的单元格数量）
- 水平或垂直通道的单元格数量（从东到西，从北到南）
- “弯型”单元格数量（通道从一侧进入，然后右转或左转）
- 三路交叉口数量
- 四路交叉口数量

然后将每个数字转换为网格全景的一个部分。例如，假设测得一个特定迷宫的最长路径为250个单元格，用此数字除以网格单元格数量（32×32，或1024），得到的结果大约是0.244。换句话说，这条路径将覆盖网格中24.4%的单元格。

Aldous Broder和Wilson算法是无偏差的（并且在统计上，它们的输出彼此相同），它们的平均值将用作比较所有其他算法的基线。不过，请记住，平均值只能说明事情的一部分！这些图表中的数字也许隐藏了通过更严格的分析可能暴露的令人惊讶的事情。我已经警告过你了。

B.1 死角 Dead Ends

死角定义为仅连接到一个邻居的单元格。较少的死角和较长的道路可能意味着漫长的支路，这种路径可能会让人迷失方向。

图B.1比较了各种算法所产生迷宫的死角数量。

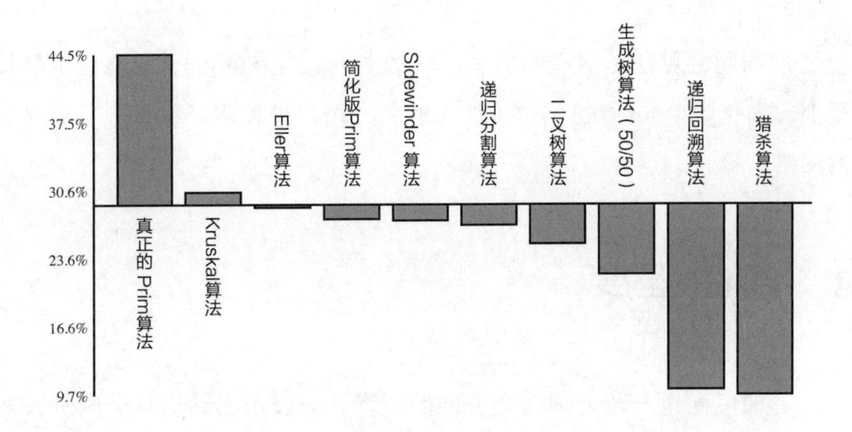

图 B.1 比较各种算法所产生迷宫的死角数量

Aldous Broder 和 Wilson 算法趋于生成约 30%的单元格是死角的迷宫。真正的 Prim 算法的死角生成数量比这高出约 50%，而猎杀算法和递归回溯算法的死角生成数量则要少得多。

B.2 最长路径 Longest Path

最长路径是使用 Dijkstra 算法计算的（参见第 3.4 节）。在下面图 B.2 里，最长路径表示为最长路径上的单元格在迷宫所有单元格中的占比。

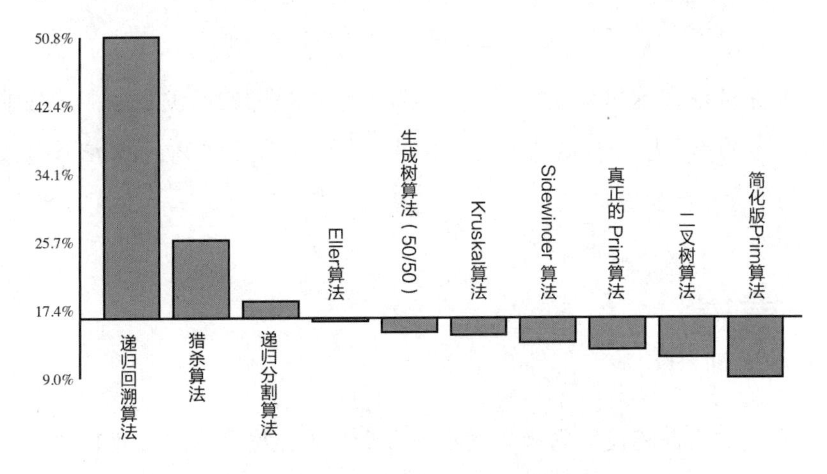

图 B.2 比较各种算法所产生迷宫的最长路径

递归回溯算法是这里的冠军，网格中平均有 50%的单元格位于最长路径上。简化版 Prim 算法则位于排名的另一端，最长路径仅覆盖了不到 10%的网格。

B.3 弯曲程度 Twistiness

弯曲度衡量一段通道改变方向的频率。它表示为通道从一侧进入并从左侧或右侧离开的单元格的百分比。如图 B.3 所示。

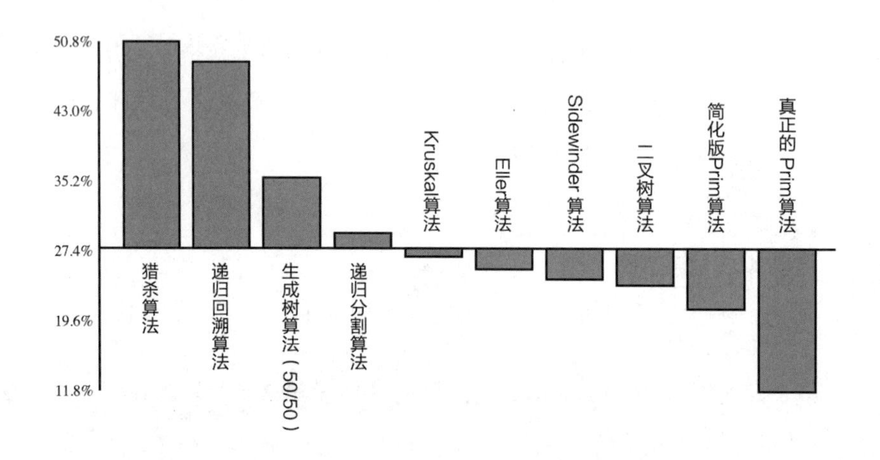

图 B.3 比较各种算法所产生迷宫的弯曲度

猎杀算法在这里赢取了蛋糕，紧随其后的是递归回溯算法，迷宫中大约有一半的单元格符合弯曲的定义。另一方面，真正的 Prim 算法只有大约 10%的单元格产生弯曲。

B.4 直道 Directness

直道与弯曲相反。它衡量网格中有多少单元格是水平或垂直的。如图

B.4 所示。

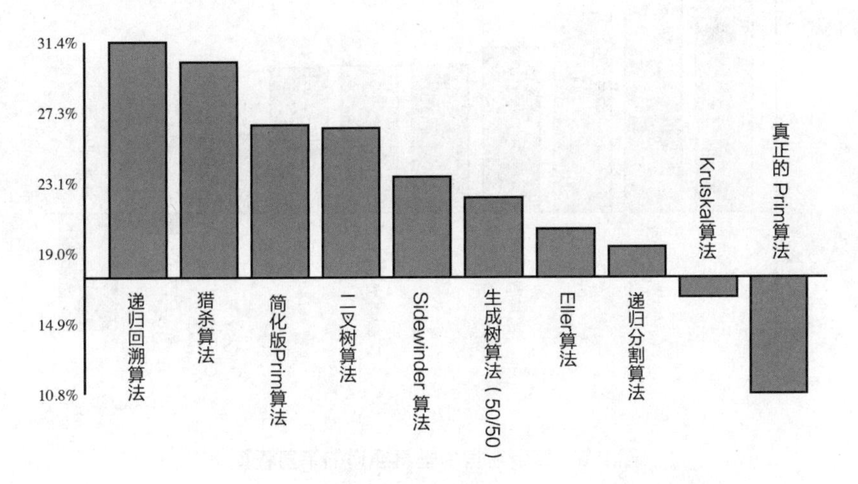

图 B.4 比较各种算法所产生迷宫的笔直程度

不过，通过分别展示水平通道和垂直通道的（直道单元格）数量，可以进一步细分。图 B.5 显示了每个迷宫中水平通道的相对数量。

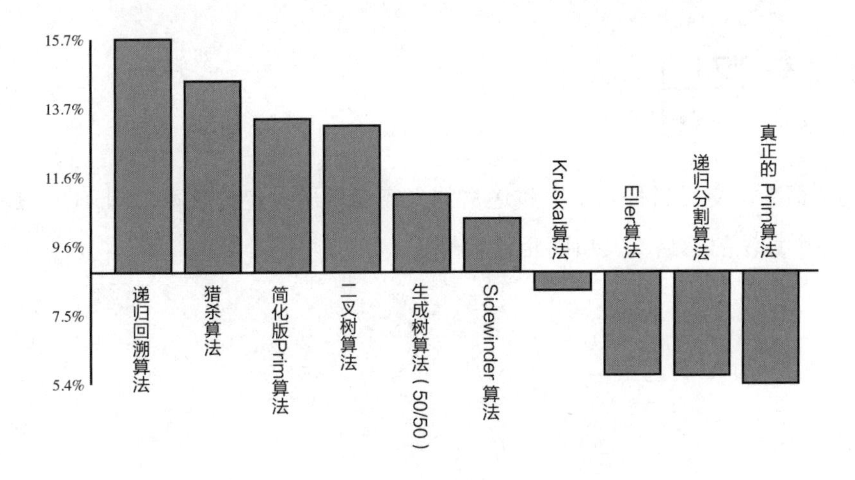

图 B.5 每个迷宫中水平通道的笔直程度

下面图 B.6 给出垂直通道的对应数量。

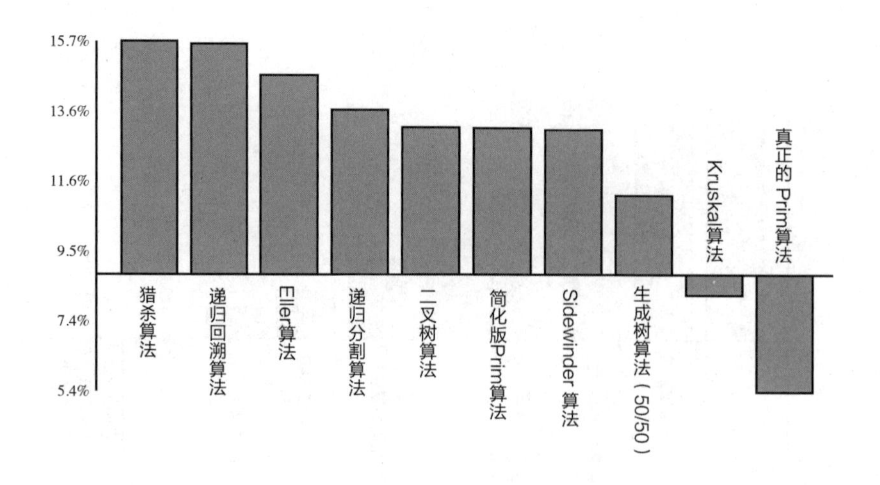

图 B.6 每个迷宫中垂直通道的笔直程度

如你期望，水平和垂直通道的基线基本相同，但这里存在两个特别有趣的数据点——递归分割算法和 Eller 算法。两者似乎都非常喜欢垂直通道而不是水平通道！猎杀算法和 Sidewinder 算法也有些类似偏好。

B.5 交叉口 Intersections

最后，交叉口代表了穿越迷宫的人需要做出决定的频率。图 B.7 显示了每个算法的三路交叉口的相对数量。

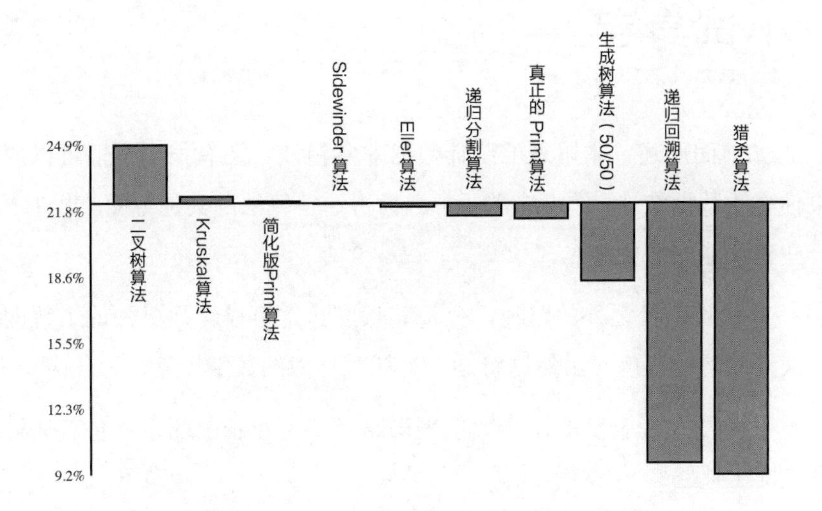

图 B.7 每个算法的三路交叉口的相对数量

正如图 B.7 所示，递归回溯算法和猎杀算法提供的选择比其他算法少得多！即使再考虑四路交叉口，这种趋势仍在继续，如图 B.8 所示：

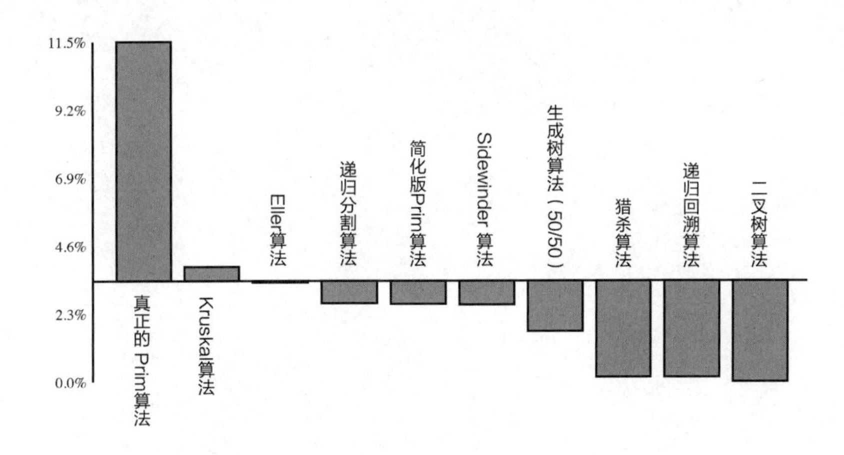

图 B.8 每个算法的四路交叉口的相对数量

再次，递归回溯算法和猎杀算法排在尾部，而二叉树算法位于最尾部，其四路交叉口的通道比例为零。不会有比这低的了！

B.6 小试身手 Your Turn

正如前面所述，本附录的统计数据非常粗浅。还有很多事情可以做。如果你喜欢数据统计，你可能需要考虑分析这些算法的其他方面。也许下面的一些建议能够激励你！

- 对最长路径之外的路径，分析其长度。这可以让你更好地了解闯迷宫时误入歧途的程度（虽然这将是一个耗时耗力的数字计算！）。

- 死角与路径长度的比。大量平均路径长度较长的死角意味着你可能会在支路上迷路！

- 直道与弯道的比。具有非常高比率的算法将具有相对较少的弯道数量。例如，吃豆人迷宫会有更多的直道、更少的弯道。

还想尝试其他哪些测量方法？看看你还能想出什么！